JN299138

【編著】
武藤 徹　三浦基弘

Dictionary of Mathematical Terms
MUTOH Tohru　MIURA Motohiro

算数・数学用語辞典

東京堂出版

まえがき

　私たちのまわりには，広大な世界が広がっています。太陽や月，星，海や山など，人手がかかっていないものを自然といい，人間が作り上げた世界を社会といいます。このような世界で生活をいとなむためには，自然や社会について，より深く知る必要があります。そのためにはどうしても，それらを支配している法則を知らなければなりません。したがって，その法則の土台となっている「数学」を学ぶことが必要となります。そのために，小学校では算数，中学・高校では数学という教科が設けられていて，数学について勉強することになっています。

　実は，「数学」は，自然や社会をモデルにして，人間が作り上げたものです。そのために，カード（トランプ）や囲碁・将棋がそうであるように，たくさんの約束ごとがあります。ただでさえ難しいのに，今では，それを記号で表すことが主流になっています。記号というのは，分かってしまえば大変便利なのですが，慣れるまでが大変です。

　そのためもあって，算数・数学では，一度つまずくと，いつまでも分からない感じを引きずってしまうものです。そんな時，手軽な辞書があれば，便利です。この辞典は，困った時にすぐに役立つことを目指して，算数や数学を勉強している小学生，中学生，高校生のために作りました。

　ことに，小学生や中学生の方にも使いやすいように，巻末に小学生用索引，中学生用索引も用意しました。また，用語の見出しには 小 中 などのしるしをつけて，小学生用の用語の説明文にはルビをつけました。解説文も，それぞれの学年の方にわかっていただけるように工夫してあります。

　この辞典を執筆した私どもは，長らく，学校，地域，あるいはテレビ放送などを通じて，小学生，中学生，高校生に数学を教えてきました。その中で，子どもたちから数々の素朴な質問や疑問が寄せられました。たとえば，ゼロ

は偶数なのか，奇数なのかとか，1はなぜ素数に入らないのか，などです。この本では，それらの疑問にも答えました。またノギス，測量，雲形定規など，今までの数学辞典に載らなかった項目も取り入れました。これは，数学を総合的な広がりをもって考えることができるようにと願って補った一つの試みです。本書が皆さんの期待に応えられることを願っています。文部科学省検定の算数・数学教科書とは一味違った数学の世界が，見えてくると思います。

　若いときに数学が苦手だった方々や，もう一度勉強したいと思い立った大人の方々，そして算数・数学を教えている先生方にも，ちょっと調べたいときなどに役に立てていただければ嬉しく思います。身近なところに置いて，活用していただければ幸いです。

　東京海洋大学名誉教授の中村滋さんには，貴重なご助言をいただきました。出版事情の悪い時期に，こころよく出版を引き受けてくださった東京堂出版の渡部俊一編集部長，ならびに編集に携わっていただいた酒井香奈さんに深甚なる謝意を表します。

　　2010年5月30日

武藤　徹・三浦基弘

算数・数学用語辞典◉目　次

　　はじめに　1
　　　この辞典の特色と使い方　4

　　算数・数学用語辞典　5

　　付　録　253

　　索　引
　　　小学校学習内容索引　270
　　　中学校・高等学校学習内容，一般索引　273
　　　人名索引　283
　　　書名索引　285

算数・数学用語辞典

◉この辞典の特色と使い方

1. この辞典は，小学生から高校生まで，また，もう一度数学を学びなおしたいという一般の方のために，算数・数学のおもしろさや楽しさを知っていただくことを目的として書かれたものです。また，算数・数学を教えている先生にも役立つ情報を適宜盛り込むように工夫しています。

2. 小学校から高校までに学ぶ算数・数学の学習範囲に登場する用語，そして身の回りの数学的事項を五十音順に配列しています。（長音符号「ー」は配列上無視しました。）
   各項目内は原則として次のようにしました。
   ・項目名のあとに読みと欧文表記（原則は英語表記）を付してあります。
   　（英＝英語，米＝米語，羅＝ラテン語，仏＝フランス語，独＝ドイツ語）
   ・その項目と内容の関連が深い項目については，「⇨」によって参照する項目を示しました。
   ・解説文中，その項目の理解に役立ち，それ自身項目として収録されている語には右肩に「*」を付し，あわせてご覧いただいて，その解説が掘り下げて理解できるように工夫しました。ただし，煩雑になるのを避けるため，必要と思われる箇所にのみ付しました。
   ・西暦表記における「前」は「紀元前」を示します。また，人名・書名については生没年・刊行年を（　）で示しました。

3. 小・中学校での学習内容については，見出し項目の右肩にそれぞれ 小 中 のマークを付してあります。また，小学生向けの項目の解説文は総ルビとし，学習の段階に合わせた解説をするように工夫しています。
   ・ひらがなの項目は，小学校低学年（1〜3年）用で，教科書の中でひらがなで表されているものです。たとえば，「数」には「かず」と「数」のふたつの項目があります。

4. 巻末の索引は，小学校学習内容と中学・高校・一般内容とに分け，解説文中の掲載箇所も示してあります。人名と書名については人名索引・書名索引としてそれぞれまとめて掲載しました。

算数・数学用語辞典

Dictionary of Mathematical Terms

あ

明るさ（あかるさ）　光源の明るさ⇨光度，照らされる面の明るさ⇨照度

アキレスと亀（かめ）［Achilles and tortoise］
古代ギリシャのエレアのゼノンが唱えた逆説。足が速いことで有名なアキレスも，亀に追いつけないという。なぜなら，アキレスが亀のいた所に着いたときには，亀は前にでているからだという。⇨逆説

⇨ゼノンの逆理

アークコサイン［arc cosine］

⇨逆余弦

アークサイン［arc sine］

⇨逆正弦

アークタンジェント［arc tangent］

⇨逆正接

足（あし）［foot］中
ある点からある直線に垂線*を引いたとき，その垂線がその直線と交わる点を，その垂線の足といいます。

値（あたい）［value］中
文字がある数を表すとき，その数を，その文字の値といいます。文字 x の値が3であるとき，$x=3$ と表します。x の関数* $f(x)$ において x がある数を表すとき，$f(x)$ も，ある数を表します。この数を，そのときの関数 $f(x)$ の値といいます。

たとえば $f(x)=2x+5$ において，$x=4$ であれば，$f(x)$ の値は13です。このとき，$f(4)=13$ と表します。

厚さ（あつさ）［thickness］小
本や，板，紙などの表の面と裏の面の間の長さを，厚さといいます。

圧力（あつりょく）［pressure］中
ある面を圧す力が圧力です。圧力は，単位面積当たりの力の大きさで示します。圧力の単位1パスカルは，1m² に 1ニュートンの力が働く場合の圧力です。⇨ニュートン(2)

アナログ［analogue］
変数が連続的に変化するとき，アナログといいます。

時計では，針が回転する方式が，アナログです。数字で時刻を示すのは，デジタルです。⇨デジタル

あまり小
たとえば，20の中に6がいくつ含まれるかを調べるには，20から6を，もうそれ以上引けなくなるまで引きます。

　　$20-6-6-6=2$

ですから，$20=3×6+2$ と表されます。このときの2が，あまりです。

このような計算をわり算といい，20はわられるかず，6はわるかず，3はわり算の答えといいます。

余り [remainder] 中

自然数 a, b に対して
$$a = b \times q + r \quad (0 \leq r < b)$$
が成り立つとき，q を，a を b で割った商，r を余りといいます。

整数 a, b の場合，
$$a = bq + r \quad (0 \leq r < |b|)$$
となる整数 q, r は，ただ一通りです。$|b|$ は，b の符号を正にしたものです。b の絶対値*といいます。

この q を，a を b で割った商，r を余りといいます。

A, B が多項式のときも，
$$A = BQ + R$$
$$(R の次数 < B の次数)$$
となる多項式 Q, R はただ1通りです。

この Q が商，R が余りです。 ⇨整数

余りの定理 [remainder theorem]

x の多項式 $P(x)$ を，1次式 $x - a$ で整除した余りを R とすれば，$R = P(a)$ が成り立つという定理です。

アーメス [Ahmes]

アアフ・メス，アフモセとも呼ばれます。前1650年頃活躍したエジプトの書記です。アーメスのパピルスと呼ばれる最古の数学パピルスを書き残しました。

書記像はいくつかありますが，どれも，あぐらをかき，パピルスを膝に置いています。

エジプトの書記像

アーメスのパピルス
[Papyrus of Ahmes]

アーメスが書き写したパピルスです。スコットランドのエジプト学者リンドが発見したので，リンドのパピルスともいいます。現在は，大英博物館にあります。「正確な計算。存在するすべての物および暗黒なすべての物を，知識へ導く指針。この書は，上下エジプトの王アウセルラーの33年，洪水の季節の4月に書き写された。この原本は，上下エジプトの王ニマアトラーの時代に書かれたようである。この書を書き写したのは，アーメスである。」と書かれています。

ニマアトラー王とは，アメンエムハトⅢ世（前1842〜前1797）のことです。アウセルラー王とは，ヒクソス時代の第15王朝の王アペピⅠ世です。

このパピルスには，分数を単位分数（分子が1である分数）の和として表す表があります。また，面積，体積の求め方があります。円の面積は，直径から，その9分の1を引いて，平方して求めています。誤差は0.6%です。

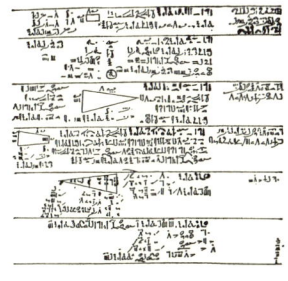

アーメスのパピルスの一部

ほかに，パンの分配や鳥のえさの問題など，実際の問題も扱われています。

アラビア数字 [arabic numerals]
⇨インド・アラビア数字

アラビアの数学
[arabian mathematics]

アラビア数学の担い手は，イスラムです。イスラムというのは帰依者という意味で，ムハンマドの始めた宗教の信者のことです。この宗教は，イスラム教と呼ばれています。

ムハンマドがメディナに聖遷（ヒジュラといいます）したのは622年ですが，それから10年足らずでアラビア半島を統一し，20年でエジプト，パレスチナ，シリアを征服しています。更に，ペルシャ，北アフリカも占領します。イスラムは661年には，シーア派とスンニ派に分裂し，711年には，スンニ派がイベリア半島も占領しています。イベリア半島では，キリスト教徒，ユダヤ教徒が平穏に共生していました。また，シーア派のウマイア朝は，現在のエジプト，イラクを統治していました。また，750年までに，東はインダス川，北は中央アジアの中国国境まで征服しました。750年には，アッバース朝（スンニ派）がウマイア朝に取って代わりますが，846年にブワイフ朝（シーア派）がバグダードを占拠し，アッバース朝は崩壊します。しかし国家の指導者であるカリフの地位は存続を許されます。

1055年にはセルジューク朝（スンニ派）がバグダードを占領しシーア派を追放しますが，アッバース朝カリフは保護されました。

歴代のカリフは，学問の擁護者として，古代インドのサンスクリット語やギリシャ語で書かれた数学，天文学の文献の翻訳に力を注ぎました。中でも，アッバース朝第7代カリフであったアル・マムーン（在位813〜833）は，バイト・アル・ヒクマ（知恵の館）を設立して，ギリシャの重要な文献をすべてアラビア語に翻訳させました。そのおかげで，プトレマイオス，ユークリッド，アリストテレスらの主要な論文が，バグダードからスペインまでの各大学に届けられました。ヨーロッパの人々は，主にスペインにおいて，これらギリシャの文献に接することとなったのでした。また，インドの記数法やインドの数学を学ぶことにもなりました。

こうした庇護のもとで，アル・キンディーは『インドの数の使用についての手稿』など11の著作を著しています。アル・フワーリズミー*も，『インドの計算の方式』という著書を書いています。

アリスタルコス
[Aristarchos]（前310〜前230）

サモス島生まれの古代ギリシャの天文学者。『太陽と月の大きさと距離について』という書物を書いています。

彼は，「月は太陽から光を受けている。月は，地球を中心とする円軌道を描く。月が半月のとき，明暗の境の大円はわれわれの眼に向かう。このとき，太陽は月と87度離れている（正確には89°50′）。地

球の影の幅は、月2つ分である」という仮定から、太陽の体積は地球の254倍から368倍であると考えました。

アリスタルコスは、この本では地動説を唱えていませんが、アルキメデスは『砂粒を数えるもの』という著書の中で、アリスタルコスが地球は動くという説を唱えたと紹介しています。

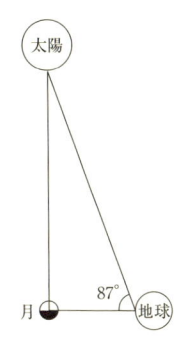

太陽と月の大きさと距離

アール [are] 小

メートル法の面積の単位です。1辺の長さが10メートルである正方形の面積を1アールといい、$1a$ と表します。$1a = 100$ m^2 です。⇨ヘクタール

アルキメデス

[Archimedes]（前287？〜前212）

シチリア島シラクサ生まれの数学者、物理学者、技術者です。天文学者であった父フェイディアスから教育を受け、アレクサンドリアに留学して、コノン、エラトステネスと親交があったといいます。アルキメデスの著作は、ドシテウス、エラトステネス、ゲロン王への書簡の形で、残されています。ドシテウスは、アレクサンドリアの数学者、天文学者です。コノンが亡くなったので、コノンに送るつもりであった著作を、コノンと親しかったドシテウスに送ったようです。

知られている著作は、『球と円柱について』、『円の測定』、『円錐体と球状体について』、『螺旋について』、『平面板の釣り合いについて』、『砂粒を数えるもの』、『放物線の求積』、『浮体について』、『方法』、『ストマキオン』などです。『球と円柱について』では、球の表面積が円の面積の4倍であること、球の体積が、外接する円柱の体積の3分の2であることを証明しています。アルキメデスは、この定理がお気に入りで、自分の墓に、球に円柱が外接する図を彫り付けるように遺言していました。

シラクサはローマと戦って敗れ、アルキメデスは、不幸にしてローマの兵士に殺害されますが、ローマの将軍マルケルスは、その死を悼んで、遺言通りの墓を作ったと伝えられています。

シラクサの遺跡

『円の測定』では、円周率は、223/71より大きく、22/7より小さいことを示しました。『浮体について』では、液体より比重の重い物体は、液体の中では底に沈み、排除した液体の重さだけ、重さが軽くなると書いています。『方法』で

は，定理を発見するときに重心を利用するなど，物理的手段を排除していません。

面白いのは『ストマキオン』で，これは，次の図のような14個のタイルを並べ替えて正方形を作るパズルについての論文です。

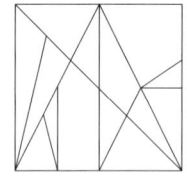

ストマキオン

現在では，答えが17152通りもあることが知られています。ストマキオンとは胃痛のことで，アルキメデスの時代には胃の痛くなるパズルとして知られていたようです。こんなパズルを熱心に研究するなど，アルキメデスの意外な一面が現れています。⇨ストマキオン

シラクサのヒエロンⅡ世は，神殿に奉納する金冠に混ぜ物が入れられているという告発を受けて，アルキメデスに真偽を確かめるよう命じました。冠の体積が分かれば，比重が分かり，混ぜ物が入っているかどうかは分かるのですが，冠を壊さずに体積を測る方法が分からず，アルキメデスは悩んでいました。そんなある日，浴場に行くと湯が満杯になっていて，入るとあふれ出ました。体が軽くなるのを感じたともいいます。それで何かが分かったらしく，「エウレカ（分かったぞ），エウレカ」と叫びながら裸で家まで走って帰った，という逸話が語られています。

入れ物に水をいっぱい入れて目方をはかり，冠を静かに沈めてそっと取り出して目方をはかれば，こぼれた水の目方が分かります。それで，冠の体積を知ることができます。

もうひとつは，冠の重さをはかり，水に沈めたまま重さをはかれば，押しのけた水の重さだけ浮力を受けますから，その浮力から，体積が分かります。水がこぼれるのを気にする必要はありません。

プルタルコスの『英雄伝』には，アルキメデスが，滑車や投石器などを使って，マルケルスの率いるローマの軍艦を沈めたと書かれています。また，鏡を使ってローマの軍艦を焼いたともいいます。しかし，これは実験によって，否定されました。アルキメデスが書き残した著作から見ても，これらの話は後世の作り話と考えた方がよいでしょう。

なお，ディオドロス・シクルスは，現在でもエジプトで用いられているスクリューと呼ばれる揚水器について，アルキメデスの発明したものであると書いています。

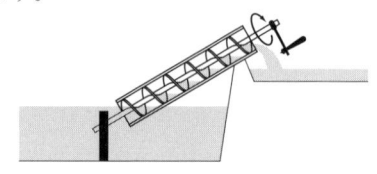

アルキメデスの揚水器

アルキメデスの原理

[principle of Archimedes]

固体の全部，またはその一部を液体の中に浸すと，排除した液体の重さに等し

アルキュタス
［Archytas］（前400〜前365）

ギリシャのピュタゴラス派の数学者です。立方体倍積問題を解決しました。
⇨立方体倍積問題

アル・コワリズミ［Al-khowarizmi］
⇨アル・フワーリズミー

アルゴリズム［algorithm］

中世ヨーロッパでは、インドから伝わった十進法*の筆算をアルゴリズムといいました。アルゴリズムは、この計算法をヨーロッパに伝えたアル・フワーリズミーの名前が訛ったものです。

現在では、アルゴリズムといえば、プログラムで書かれた一連の演算を意味します。

アル・フワーリズミー
［Al-khwarizmi］（780頃〜850頃）

ムハンマド・イブン・ムサ・アルフワーリズミーといいます。フワーリズム出身のムサの息子のムハンマドという意味です。フワーリズムは、ウズベキスタンのホレズム州、アム川がアラル海に流れ込むあたりです。

旧ソ連発行の切手から

彼はバグダード在住の頃、『ヒシャブ・アルジャブル・ワルムカバラ』という本を書きました。ヒシャブは本、アルジャブルは回復で、負の項を移項して正の項にしたり、分母をはらって整数にしたりすることを指します。ワルムカバラは縮約で、同類項をまとめたり、全体の公約数*で割って簡約したりする操作をいいます。ワルとなったのは、「と」という意味の「ウ」と、冠詞の「アル」が、一緒になったためです。

方程式*の解法の本です。方程式を扱

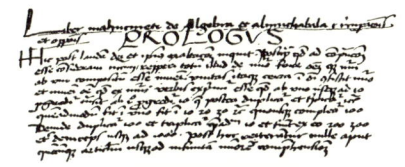

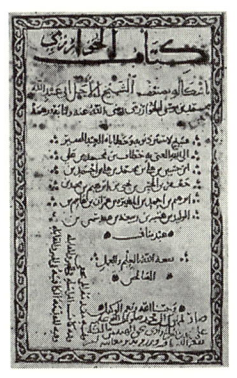

ラテン語訳（上）とアラビア語原本（下）の首部

う数学を代数学（Algebra）と呼ぶのは，このアルジャブルのラテン語訳がもとになっています。

あん算 [mental calculation] 小

筆記用具や計算機をつかわないで，頭の中で行う計算を，暗算といいます。

い

e

自然対数の底です。
$$\lim_{h \to 0}(1+h)^{\frac{1}{h}}$$
で定義され，無限級数*
$$1+\frac{1}{1!}+\frac{1}{2!}+\frac{1}{3!}+\frac{1}{4!}+\cdots$$
で計算されます。1!，2! などは階乗*です。
$$e = 2.718281828459045\cdots$$
となります。⇨自然対数の底

以下 [below, not greater than] 小

たとえば3以下の自然数というときは，1, 2, 3を指し，3を含みます。

5以下の数というのは，$x \leq 5$ を満たす数 x を指します。

移項 [transposition of terms] 中

たとえば，$4x-7=2x+3$ において，両辺に 7 を足すと $4x=2x+3+7$ となります。さらに，両辺から $2x$ を引くと，$4x-2x=3+7$ となります。

このように，等式において項の符号を変えて左辺から右辺に，あるいは右辺から左辺に移動することを移項といいます。

不等式においても，同じように，移項を行うことができます。

以上 [above, not smaller than] 小

たとえば 4 以上の自然数は，4, 5, 6, … を指し，4 を含みます。

2 以上の数というときは，$2 \leq x$ を満たす数 x を指します。

位相角 [phase angle]

単振動*を $x = A\sin(\omega t + \alpha)$ と表すとき，$\omega t + \alpha$ を位相角といいます。位相角というのは，位置だけでなく，相（運動の向き）も教えてくれるからです。

α は，初位相と呼ばれます。

1 [one] 小

ひとつを表す数です。個数を表す自然数 1, 2, 3, 4, … の最初の数です。また，順序を示す順序数の最初の数でもあります。

どんな数に 1 をかけても，その数の値は変わりません。このような数を，乗法の単位元といいます。1 は，乗法の単位元です。

1元方程式 [equation with one unknown] 中

未知数*がただ 1 つである方程式を，1元方程式といいます。
$$2x-3=5,$$
$$3t^2-7t+4=0$$
などは，1元方程式です。

1次関数 [linear function] 中

変数* y の値が，変数 x の 1 次式* $ax+b$ (a, b は定数で，$a \neq 0$) で与えられるとき，x の値が定まると，それに伴って，y の値がただ 1 つ定まります。このとき，y は x の 1 次関数であるといいます。

1 次関数のグラフは，直線です。

1次結合 [linear combination]

x がスカラー*，a がベクトル*であるとき，$x_1 a_1 + x_2 a_2 + x_3 a_3 + \cdots\cdots + x_n a_n$ を，$a_1, a_2, \cdots\cdots, a_n$ の1次結合といいます。

この1次結合は，

$$(a_1 \; a_2 \; \cdots \; a_n) \begin{pmatrix} x_1 \\ x_2 \\ \vdots \\ x_n \end{pmatrix}$$

$$= \begin{pmatrix} a_{11} & a_{12} & \cdots & a_{1n} \\ a_{21} & a_{22} & \cdots & a_{2n} \\ a_{m1} & a_{m2} & \cdots & a_{mn} \end{pmatrix} \begin{pmatrix} x_1 \\ x_2 \\ \vdots \\ x_n \end{pmatrix}$$

と表すことができます。

この $\begin{pmatrix} a_{11} & a_{12} & \cdots & a_{1n} \\ a_{21} & a_{22} & \cdots & a_{2n} \\ a_{m1} & a_{m2} & \cdots & a_{mn} \end{pmatrix}$ を，行列といいます。⇨行列

1次式 [linear expression] 中

次数が1次である多項式を1次式といいます。x に関する1次式は，$ax+b$ と表されます。a, b は定数で，a は0ではありません。

$2x+3y-7$ などは2元1次式，$x+y+z$ などは3元1次式といいます。⇨次数

1次従属 [linearly dependent]

ベクトル* $a_1, a_2, \cdots\cdots, a_n$ の間に，すべては0でない適当なスカラー $x_1, x_2, x_3, \cdots, x_n$ を選んだとき，

$$x_1 a_1 + x_2 a_2 + x_3 a_3 + \cdots\cdots + x_n a_n = 0$$

となる関係が成り立つとき，これらベクトルは，1次従属であるといいます。

1次独立 [linearly independent]

ベクトル $a_1, a_2, \cdots\cdots, a_n$ に対して，適当なスカラー $x_1, x_2, x_3, \cdots, x_n$ を選んだとき，

$$x_1 a_1 + x_2 a_2 + x_3 a_3 + \cdots\cdots + x_n a_n = 0$$

となる関係が成り立つのは，

$$x_1 = x_2 = x_3 = \cdots = x_n = 0$$

のときに限るならば，これらベクトルは，1次独立であるといいます。

1次の項 [term of first degree] 中

多項式の中で，次数*が1次である項を指します。たとえば $3x^2 - 4x + 7$ においては，$-4x$ が1次の項です。

1次不等式 [linear inequality, inequality of the first order] 中

移項して整理した結果 $ax+b>0$，あるいは $ax+b \geqq 0$ (a, b は定数で，$a \neq 0$) となる不等式を1元1次不等式といいます。

この解は，$a>0$ のとき，

$$x > -\frac{b}{a} \text{ あるいは } x \geqq -\frac{b}{a}$$

となります。$a<0$ のときは，

$$x < -\frac{b}{a} \text{ あるいは } x \leqq -\frac{b}{a}$$

となります。

たとえば $y<2x-1$ のときは，$y-2x+1<0$ となりますから，2元1次不等式といいます。

この不等式は，図の砂目の範囲を示します。

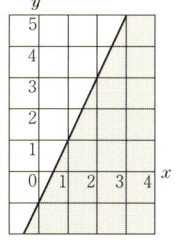

1次変換 [linear transformation]

a, b, c, d を定数とすると，

$$\begin{cases} x_2 = ax_1 + by_1 \\ y_2 = cx_1 + dy_1 \end{cases}$$

は，$x-y$ 平面上の点 (x_1, y_1) を同じ平面上の点 (x_2, y_2) に移動させます。このような1次式による同一平面上の点の移動を，1次変換といいます。

これは，ベクトル*を用いて，

$$\begin{pmatrix} x_2 \\ y_2 \end{pmatrix} = x_1 \begin{pmatrix} a \\ c \end{pmatrix} + y_1 \begin{pmatrix} b \\ d \end{pmatrix}$$

と表すことができます。

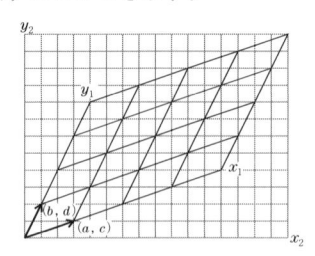

また，行列*を使って，

$$\begin{pmatrix} x_2 \\ y_2 \end{pmatrix} = \begin{pmatrix} a & b \\ c & d \end{pmatrix} \begin{pmatrix} x_1 \\ y_1 \end{pmatrix}$$

と表すこともできます。

なお，(x_2, y_2) が別の平面上にあれば，1次写像といいます。

3次元空間でも，全く同じです。⇨変換　⇨写像

1次変換の合成　いちじへんかんのごうせい

[composition of linear transformations]

1次変換*

$$\begin{cases} x_2 = ax_1 + by_1 \\ y_2 = cx_1 + dy_1 \end{cases}$$

に引き続いて，1次変換

$$\begin{cases} x_3 = ex_2 + fy_2 \\ y_3 = gx_2 + hy_2 \end{cases}$$

を行えば，

$$x_3 = e(ax_1 + by_1) + f(cx_1 + dy_1)$$
$$= (ea + fc)x_1 + (eb + fd)y_1$$
$$y_3 = g(ax_1 + by_1) + h(cx_1 + dy_1)$$
$$= (ga + hc)x_1 + (gb + hd)y_1$$

そこで

$$\begin{pmatrix} x_3 \\ y_3 \end{pmatrix} = \begin{pmatrix} ea+fc & eb+fd \\ ga+hc & gb+hd \end{pmatrix} \begin{pmatrix} x_1 \\ y_1 \end{pmatrix}$$

これを，1次変換の合成といいます。ところで，

$$\begin{pmatrix} x_3 \\ y_3 \end{pmatrix} = \begin{pmatrix} e & f \\ g & h \end{pmatrix} \begin{pmatrix} x_2 \\ y_2 \end{pmatrix}$$
$$= \begin{pmatrix} e & f \\ g & h \end{pmatrix} \begin{pmatrix} a & b \\ c & d \end{pmatrix} \begin{pmatrix} x_1 \\ y_1 \end{pmatrix}$$

ですから，

$$\begin{pmatrix} e & f \\ g & h \end{pmatrix} \begin{pmatrix} a & b \\ c & d \end{pmatrix} = \begin{pmatrix} ea+fc & eb+fd \\ ga+hc & gb+hd \end{pmatrix}$$

となります。これを行列の積といいます。
⇨行列　⇨行列の積

1次方程式　いちじほうていしき　[linear equation] 中

移項して整理したときに $ax+b=0$ （a, b は定数で，$a \neq 0$）となる方程式を1元1次方程式といいます。また，文字 x を未知数といいます。

1元1次方程式 $ax+b=0$ は，$x=-\dfrac{b}{a}$ のときに限って成り立ちます。この x の値を，この方程式の根といいます。

同様に，$ax+by+c=0$ （a, b, c は定数で，$ab \neq 0$）となる方程式を2元1次方程式といいます。これを成り立たせる x, y の値も，根といいます。この根 (x, y) は，すべて，$x-y$ 平面上のある直線上にあります。この直線を，この2元1次方程式のグラフといいます。

3元以上の場合も，同様です。

一対一の対応
[one to one correspondence]

2つの集合 A, B があり，集合 A の元*a には，必ず集合 B のただ1つの元が対応し，その B の元に対応する集合 A の元は a ただ1つであり，集合 B の元 b には，必ず集合 A のただ1つの元が対応し，その A の元に対応する集合 B の元は b ただ1つであるとき，この対応は，1対1であるといいます。

位置の表し方 小

〈平面の場合〉

碁盤のようにたてよこの線を引いて，番号をつけます。右の図の場合は，（4の5）と表します。

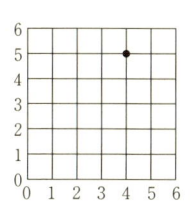

〈空間の場合〉

平面の場合と同じ様にたてよこを表して，さらに高さを書きます。下の図で，あは，（1の3の2），いは（3の2の4）と表されます。

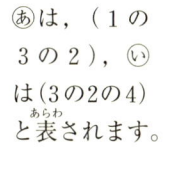

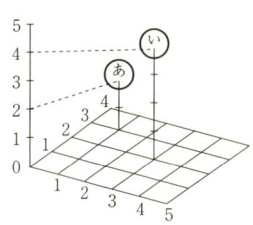

一の位 [units] 小

十進記数法で235と書けば，5が一の位です。3は十の位，2は百の位です。

位置ベクトル [position vector]

原点と呼ばれる基準点Oから，点Aに至るベクトルを，点Aの位置ベクトルといいます。⇨ベクトル

市松もよう 小

右の図のようなもようです。

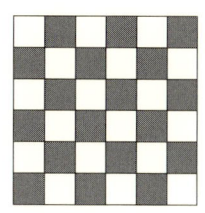

1万 [ten thousands] 小

日本の命数法は，十進法と万進法とから成り立っています。

十進法では，十の十倍が百，百の十倍が千，千の十倍が1万です。1万は，$10×10×10×10$ で，10000とも書きます。また 10^4 とも表します。

万進法では，1万の1万倍が1億です。1億の1万倍が1兆です。1兆の1万倍が1京です。⇨付録［日本の命数法］

一様分布 [uniform distribution]

ある区間において定義された確率変数の確率密度関数の値が一定であるとき，この確率分布は一様であるといいます。⇨確率密度関数

一回転の角 小

時計の長針が1時間に描く角の大きさです。4直角，360度です。

一般角 [general angle]

角の大きさを回転の大きさと見て，基準の半直線から反時計回りに測った大きさをプラス，時計回りに測った大きさをマイナスで示した角を一般角といいます。

基準の半直線を首線（initial line）といい，普通は x 軸の正の向きに取ります。

一般項 いっぱんこう [general term]

数列の第 n 項が n の式で与えられるとき、これを一般項といいます。⇨数列

緯度 いど [latitude]

緯は横糸のことです。縦糸は経といいます。各地の位置を示すために、地球の表面には縦線、横線が仮想的に引かれています。

縦線は、北極と南極を結ぶ最短経路、子午線です。子午線上には、赤道を0度、北極と南極を90度とする角度目盛りがつけられています。この角度目盛りを緯度といい、北半球では北緯何度、南半球では南緯何度といい、同じ緯度の点を結ぶ横線を緯線といいます。⇨経度

移動平均 いどうへいきん [moving average]

次の図は、2009年1月の東京の最高気温のグラフです。毎日の変化は激しいのですが、5日間の平均を取って、中央の日に書き込むと、1月10日から、着実に最高気温が上昇に向かっていることが読み取れます。このように、1日から5日までの平均、2日から6日までの平均、3日から7日までの平均というように、1日ごとに移動する平均のことを、移動平均といいます。

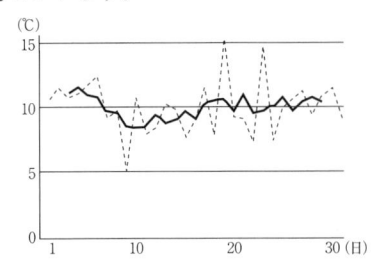

因数 いんすう [factor] 中

ある自然数*が、2つの数の積として表されるとき、その1つひとつを、因数といいます。

たとえば、6＝2×3と表されますから、2も3も、6の因数です。

5＝1×5が成り立ちますから、1と5とは5の因数であるといえます。

3つ以上の数の積として表されるときも、同じです。

1つの多項式*が、2つ以上の多項式の積として表されるとき、その1つひとつの多項式を、因数といいます。

因数分解 いんすうぶんかい [factorization] 中

〈整数*の場合〉 1つの整数を2つ以上の整数の積として表すことを、その整数を因数に分解するといいます。また、その操作を因数分解といい、その1つひとつの整数を、因数といいます。

因数分解したすべての因数が素数*であるとき、素因数分解といいます。素因数分解は、順序を除いて、ただ1通りです。⇨素因数分解

〈多項式*の場合〉 1つの多項式を2つ以上の多項式の積として表すことを、その多項式を因数に分解するといいます。また、その操作を因数分解といい、その1つひとつの多項式を、因数といいます。

ふつうは可能な限り因数分解します。しかし、中学校では
$$x^2 - 2y^2 = (x + \sqrt{2}y)(x - \sqrt{2}y)$$
のように、無理数*まで分解することはしません。

インド・アラビア数字
[Hindu-Arabic numerals]

算用数字と呼ばれている0，1，2，3，4，5，6，7，8，9を用いる記数法は，インドから，アラビアを通って，ヨーロッパに伝えられました。それで，これらの数字は，ヨーロッパでは，アラビア数字と呼ばれていました。わが国では，インド・アラビア数字と呼ばれていました。現在では，単に算用数字と呼ぶことが多くなりました。

インドの数学
[Indian mathematics]

古代インドの文明では，パキスタン・パンジャーブ地方のハラッパーとインダス河下流のモヘンジョ・ダロが知られています。前者は前3300～前1700年，後者は前2500～前1500年頃栄えました。ともに，穀物倉庫を備えていますが，モロコシとトウジンビエが主体で，アフリカから，メソポタミアを通じて，導入されたようです。ハラッパーから出土した青銅製のものさしの目盛りは9.3ミリで，その100倍はエジプトのダブルキュービットと一致します。ここで発見された分銅の単位は13.71グラムで，エジプトの1ベガと一致します。

前2000年から前1500年にかけて，アーリア人と呼ばれる中央アジア系の種族がパンジャーブ地方に侵入しました。彼らの言語は，サンスクリット語でした。

インドの聖典『リグ・ヴェーダ』の成立は前1200年頃ですが，ヴェーダの補助学として，音声学，韻律学，文法学，語源学，祭儀学，暦法学が成立するのは，前600年頃です。ヴェーダは，サンスクリット語で「知識」を意味します。

祭儀について書かれた『シュルバスートラ』は，縄を張って祭壇を作る方法を述べていますが，三平方の定理や円の面積なども扱っています。$\sqrt{2}$の近似値が，1.4142156…で与えられています。時代は不明ですが，上記補助学成立とほぼ同時代と見る意見が多いようです。

その後（前327～前325），パンジャーブ地方は，アレクサンドロス大王に占領されています。

インド人の暗算能力は今でも有名ですが，グリーク朝のミリンダ王（在位前155～前130）が習得した19の学問の中に登場します。

インドでは，前200年頃から位取りを示す0が用いられていましたが，数としての0は，3世紀（ずっと後代とする説もある）のバクシャリの書物に現れます。現代の記号で表すと，0は$a-a$で定義され，$a \pm 0 = a$，$0 \times a = 0$，0の平方根は0，$0 \div a = 0$が示されていました。

499年にアールヤバタが著した『アールヤバティーヤ』には，数学に関する33の事項が，雑然と並べられています。円周率の値は，3.1416とされています。また，不定方程式*

$$ax + by = c$$

の整数解を求める方法が記されています。

628年にブラフマーグプタによって編集された『ブラーフマスプタ・シッダーンタ』20巻は「改良された天文学」です

が，第12巻が算術，第18巻が代数です。0に関する演算，2次方程式の一般解法が含まれます。

算術では「0で割ることはできない」としていますが，代数では，$a \div 0$ をtacchedaと呼んでいました。

バスカラⅡ世（1114〜？）は，1150年頃，『シッダーンタ・シロマニ（学問の栄冠）』を著しています。第1部『リーラーバーティー』には，整数，分数の計算，0に関する計算法則がまとめられています。しかし，負数はありません。平方根*，立方根*の計算などもあります。第2部『ビージャガニタ（種子の数学）』は，1次と2次の方程式を扱っています。ここでは，正数・負数の計算法則が与えられています。正の数の平方根には，正の数と負の数の2つがあることも知っていました。

また，不定方程式*の整数解の求め方があります。三平方の定理の証明もあります。

インドの十進記数法はアラビアを通じてヨーロッパに伝わり，全世界に広がりました。方程式の根*という語も，インドから全世界に広がったものです。

う

植木算 [problem of planting trees] 小
木や柱などを等間隔で植えたり立てたりする問題を，植木算といいます。
植木算には3つの型があります。

(1) 両端から等間隔に木を植える場合，木の本数は，間隔の数より1つ多くなります。

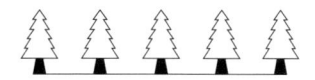

(2) 両端に木を植える必要がない場合，木の本数は，間隔の数より1本少なくてすみます。

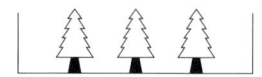

(3) 土地や池の周りに等間隔に木を植える場合，間隔の数と木の数は，同じです。

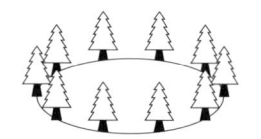

ベクトル [vector]
⇨ベクトル

上に凹 [upwards concave] 中
⇨下に凸

上に凸 [upwards convex] 中
⇨下に凹

内のり [in the clear] 小
入れ物の内側の長さを内のりといいます。

右辺 [right-hand side] 中
等式や不等式において，等号，不等号の右側にある式や数の全体を指します。

裏 [converse of contrapositive] 中
命題「A ならば B である」に対して，「A でなければ B でない」と表される命

題を，元の命題の裏といいます。

たとえば，「正三角形は，二等辺三角形である」は正しい命題ですが，「正三角形でなければ，二等辺三角形ではない」は正しくありません。正三角形でない二等辺三角形は，いくらでも存在します。

元の命題が正しくても，裏は正しいとは限りません。⇨命題

雨量 うりょう [amount of rainfall]
⇨降水量

うるう年 うるうどし [leap year]
地球が太陽の周りを一周する時間は365日5時間48分46秒ですから，1年を365日とすると，5時間48分46秒余ります。そのため，4年でおよそ1日余ることになります。そこで，4年に1回，2月を29日にして調節しています。この年を，うるう年というのです。うるう年は，西暦が4で割り切れる年に行われています。

しかし，4年ごとに1日増やすとすると，今度は4年で44分56秒足りなくなります。400年では，3日ほど不足します。それで，西暦が100で割り切れる年の中で，400で割り切れない年は平年とします。2100年，2200年，2300年は，平年です。2000年は400で割り切れるのでうるう年です。

古代から各文明圏でさまざまなうるう年の入れ方が試みられていますが，上記の説明は現在行われているグレゴリオ暦についてです。グレゴリオ暦は1582年にローマ教皇グレゴリウス13世がユリウス暦を改良して制定しました。なお，イギリスでは1752年11月24日から，日本では1873年1月1日から使われています。

運動 うんどう [motion]
ある図形を，同じ直線上，同じ平面上，または同じ空間内で移動させるとき，その図形上の任意の2点の距離がすべて変わらなければ，この移動は運動であるといいます。運動によって，図形の形，大きさは変化しません。

点対称移動，線対称移動，平行移動，回転移動などは運動です。

鏡像の場合は，3次元空間内の運動によって重ね合わせることができませんが，広い意味で運動に入れます。

運動の公理 うんどうのこうり [axiom of free mobility]
図形は，その形，大きさを変えずに任意の位置に移動させることができる，という公理です。

運動の3法則 うんどうのさんほうそく [three laws of motion]
物体の運動に関する3つの法則を総称して，運動の3法則といいます。⇨運動の第1法則　⇨運動の第2法則　⇨運動の第3法則

運動の第1法則 うんどうのだいいちほうそく [first law of motion]
慣性の法則ともいいます。静止している物体，あるいは運動している物体は，ほかから力が働かない限り，その状態を変えない，つまり，静止している物体は静止を続け，運動している物体は等速で直線運動を続けます。

ニュートンの名で知られていますが，

実はガリレオ・ガリレイとデカルトによって発見されました。

運動の第3法則
[third law of motion]

作用・反作用の法則ともいいます。2つの物体が互いに及ぼし合う力は、大きさが等しく向きが反対である、という法則です。

ニュートンが発見しました。

運動の第2法則
[second law of motion]

運動の変化（加速度）は力の作用に比例し、その力の働く直線の向きに生ずる、というものです。

力のベクトルを F、加速度のベクトルを a とすると、

$$F = ma$$

が成り立ちます。

m はその物体の質量で、慣性質量と呼ばれます。向きを持たないスカラー量です。

この方程式を、運動の方程式といいます。

運動の方程式
[equation of motion]

⇨運動の第2法則

え

鋭角 [acute angle] 中

大きさが0°より大きく、90°より小さい角を、鋭角といいます。

鋭角三角形 [acute triangle] 中

3つの内角がすべて鋭角である三角形を、鋭角三角形といいます。

エウクレイデス
⇨ユークリッド

エーカー [acre]

イギリスで用いられた面積の単位*です。エーカーは、もとはacerと書かれていました。ラテン語のagerがもとになっています。ラテン語のagerは、ギリシャ語の農地（アグロス）がもとになっています。

1エーカーは、2頭の牛が犂をつけて、1日に耕す耕地面積です。当時の耕地は島耕地と呼ばれるように、形がいろいろで、長さを測って面積を計算することができませんでした。それで、労働の量で面積を表したのです。

エドワードⅠ世（在位1272～1307）の時代に、幅1チェイン、長さ10チェインの耕地が1エーカーと定められました。1チェインはおよそ20mで、1エーカーはおよそ4047m^2にあたります。

エジプトの幾何学
[Egyptian Geometry]

ギリシャの歴史家ヘロドトスは、著書『歴史』のなかで、神官たちの話として、「セソストリス王は各自に平等な方形の班地をあてがって、毎年年貢を納める義務を課してそれを自分の収入の財源にしたという。もし河が何びとかの班地の一部を持ち去るようなことがあれば、その人間が彼を訪れて起こったことを知らせ、彼がそれに応じて指定される年貢を納めるように、彼はその土地がいかほど減少したかを測量させたものである。私はそ

れが幾何学の案出された根源であり，それがギリシャへ渡来したものであると考える。」と書いています。河とはナイル河です。幾何学の根源を，ナイル河の氾濫ではなく徴税制という社会的要因に見出したのは，さすがに鋭い見方です。

古王朝時代（前2700〜前2200）に作られたピラミッドは，高度な幾何学の知識の存在を裏付けています。

円の面積は，直径からその9分の1を除き，平方して求めていますが，これは，円周率をおよそ3.16としていることにあたります。

モスクワ・パピルス*では，いま風に表すと上底の1辺がa，下底の1辺がb，高さがhである台型ピラミッドの体積を

$$\frac{1}{3}(a^2+ab+b^2)h$$

で計算していますが，これは正確な計算公式です。

x 座標　[x-coordinate] 中

平面上の点Pの直交座標を(x, y)と表すとき，数xを点Pのx座標といいます。横座標ともいいます。また，空間の点Pの直交座標を(x, y, z)と表すとき，数xを点Pのx座標といいます。
⇨座標

x 軸　[x-axis] 中
⇨座標軸

エラトステネス
[Eratosthenes]（前275〜前194）

リビアの都市キュレネ出身で，アテネのアカデメイアとリュケイオンで教育を受け，前244年頃，プトレマイオスⅢ世に招かれてアレクサンドリアに行き，後にムセイオン（王立研究所）の館長になっています。

エラトステネスは，地球の大きさを測定したことで知られています。シエネでは，夏至の日に太陽の光が井戸の底に届くのに，アレクサンドリアでは7°12′傾いています。それで，彼はベマティステスと呼ばれる歩いて距離を測る測量師を雇ってアレクサンドリアとシエネの距離を測らせ，5,000スタディオンという値を得ました。そこで地球の全周は250,000スタディオンとわかりました。

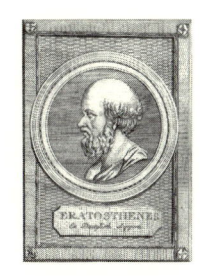

スタディオンは，太陽が地平線に顔を出してから地平線を離れるまでに人が歩く距離で，1スタディオンは157.5mといわれていますから地球の全周は39,690 kmにあたります。

エラトステネスの篩
[Eratosthenes' sieve] 中

エラトステネスが考え出した素数の求め方です。次のページの図のように，すべての自然数を並べておき，まず，1は素数ではないので除きます。2は素数なので残し，2の倍数をすべて取り除きます。3も素数なので残して，3の倍数をすべて取り除きます。次に残っている5は素数なので残して，5の倍数をすべて取り除きます。以下，同様です。

2の倍数，3の倍数，5の倍数，7の倍数と，次々にふるい落とすことによっ

て素数を見出すことができるわけです。
⇨素数

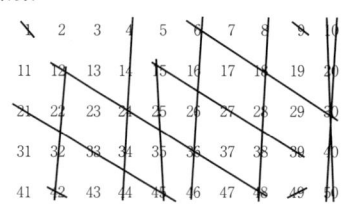

円 [circle] 小 中

コンパスで描いた曲線が囲む平面の一部を円といいます。また，この曲線を，この円の周といいます。円の周の一部を弧といいます。

コンパスを使わない一般的な定義は次のようになります。

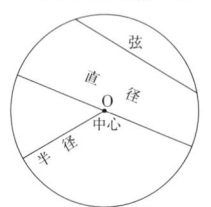

平面上の1点Oから等距離にある点は，1つの曲線を描きます。この曲線の囲む平面の1部を円といい，点Oを，この円の中心といいます。また，この曲線を円周といいます。

円の中心と円周上の点を結ぶ線分を，半径といいます。また，円周上の2点を結ぶ線分を弦といいます。長さが最大の弦を直径といいます。円の直径は，円の中心を通ります。

円の弦は，円周を2つの部分に分けますが，大きい方を優弧，小さい方を劣弧といいます。あわせて，単に弧といいます。

演繹 [deduction]

分かっていることを基にして新しい知識を導き出すことを推理*といいますが，演繹は，その方法の1つです。

前もって知られている一般法則を個別の対象にあてはめることによって新しい知識を手に入れることを，演繹といいます。

すべての人は死ぬ。
ソクラテスは人である。
よってソクラテスは死ぬ。

という三段論法は，その典型です。

数学は，最も一般的な公理を定め，それを個々の場合に適用して次々に新しい事実を導き出しますから，演繹的体系であるといわれます。

円関数 [circular function]
⇨三角関数

遠近法 [perspective] 中

目で見たとおりに事物を写す表現法を，遠近法といいます。透視図法ともいいます。⇨透視図法

円グラフ [circular graph] 小

全体を1つの円で表したグラフを，円グラフといいます。ある部分の割合がx%であるとき，その部分は，$x \times 3.6$度の扇形で示されます。

南北半球における陸地と海洋の面積を，円グラフで示しましょう。

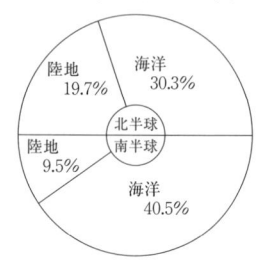

演算 [calculation, operation]

小学校では，足し算，引き算，掛け算，

割り算のような計算を，演算といいます。

中学校では，加減乗除のような四則計算や，開平，開立などのように，ある一定の法則にしたがって結果を導き出す操作を，演算といいます。

一般には，ある集合の2つの元に対してある操作を施して，その集合の中の第3の元を定めることを演算といいます。

演算記号（えんざんきごう）[symbols of operation]

演算を表す記号を演算記号といいます。四則計算の記号は，＋，－，×，÷です。乗法を「・」で，除法を「：」で表す国もあります。

平方根を求める記号は√です。

集合算では，∪，∩などが用いられます。論理演算では，∨，∧などを用います。

円周（えんしゅう）[circumference] 小

円を囲んでいる曲線を，円周といいます。

円を放物線や双曲線の仲間と考えて，円周のことを円と呼ぶこともあります。天体の円軌道というのは，その例です。このときは，円は曲線となり，面積を持たないことになります。⇨円

円周角（えんしゅうかく）[angle of circumference, inscribed angle] 中

図の角∠APB，∠AQBのように，円周上の1点を頂点とし，その点を通る2つの弦のつくる角を，円周角といいます。

∠APBを弧AQBに対する円周角といいます。弧AQBに対する円周角は無数にありますが，その大きさはどれも同じです。

中心をOとし，∠AOBを中心角と呼ぶことにすれば，円周角の大きさは，中心角の大きさの2分の1です。

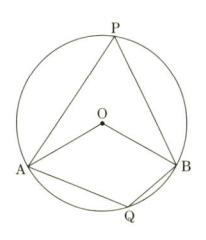

円周率（えんしゅうりつ）[ratio of circumference of circle to its diameter] 小 中

円周の長さと直径の長さとの比を円周率といいます。円周率は，回りを表すギリシャ語ペリフェレイア（περιφέρεια）の頭文字をとって，π（パイ）で表します。

π＝3.1415926535897932384…

が知られています。計算機の進歩によって，現在，その値は2兆桁を超えて計算されています。⇨付録［円周率］

円順列（えんじゅんれつ）[circular permutation]

異なるn個のものを円形に並べる順列をいいます。その数は$(n-1)!$です。

円錐（えんすい）[circular cone] 小 中

直角三角形を，直角の辺の一方を軸として回転させると，左側の図のような立体ができます。これを円錐といいます。

円錐（直円錐）　　斜円錐

一般に，図のように，平面上に描かれた円周上の各点と，平面外の1点とを線分で結ぶと，1つの曲面ができます。この曲面と円とが囲む立体を，円錐と

いいます。また，平面外の1点をその頂点，はじめの円を底面といいます。

特に，頂点と円の中心を結ぶ線分が底面に垂直であれば，この円錐を直円錐といいます。垂直でなければ，斜円錐といいます。

一般に円錐曲線を考えるときは，平面上の円周の各点と，平面外の1点を結ぶ直線が作る曲面の内部と考えます。⇨円錐曲線

円錐曲線 [conic section]

円錐面を平面で切ったときに得られる曲線の総称です。

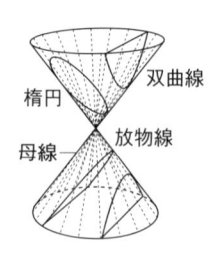

一方だけと交わるときは，円または楕円です。母線*と平行な平面の場合は，放物線です。両方の円錐面と交わるときは，双曲線となります。⇨楕円 ⇨放物線 ⇨双曲線

円積曲線 [quadratrix]

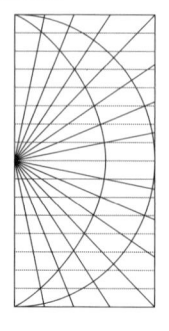

ギリシャのペロポネソス半島の町エリス出身のヒッピアスは，任意の角の3等分を実現するために，次のように考えました。正方形の1辺を，2等分，4等分，8等分，…し，また，直角を，2等分，4等分，8等分，…して，それらの線分の交点の描く曲線を利用します。すると，任意の角に対応する辺を3等分するとき，対応する任意の角が3等分されることを発見しました。

この曲線は，後に円積問題の解決にも役立つことが分かり，円積曲線と呼ばれることになりました。⇨円積問題 ⇨角の三等分

円積問題 [quadrature of circle]

与えられた円と等しい面積を持つ正方形を，定規とコンパスを有限回使うだけで作図せよ，という問題です。⇨作図不能問題

円積率

[ratio of area of circle to its circumscribed square]

円と外接正方形との面積比を，円積率といいます。$\frac{\pi}{4} = 0.7853981\cdots$となります。古代エジプトでは，円の面積を，直径からその9分の1を引いて平方して求めました。直径9の円の場合，円の面積 $8 \times 8 = 64$，この円を囲む正方形の面積は $9 \times 9 = 81$ ですから円積率は

$\frac{64}{81} = 0.790123456\cdots$で，現在との誤差は 0.60%でした。

和算家吉田光由の『塵劫記』では，円積率0.79が用いられています。

円柱 [circular cylinder] 小

長方形の1つの辺を軸として回転させると，左側の図のような立体ができます。これを円柱といいます。

一般に，図のように同じ大きさの円が平行に置かれているとき，2つの円の中心を結ぶ線分に平行で長さの等しい線分

を一方の円周上の点から引くと，もう一端は，もう1つの円周上に乗ります。
このような線分を，母線といいます。
母線の作る曲面と2つの円の囲む立体を，円柱といいます。また，この2つの円を底面といいます。
特に，2円の中心を結ぶ線分が底面に垂直であれば，直円柱といいます。垂直でなければ，斜円柱といいます。

円柱（直円柱）　斜円柱

延長 [prolongation] 中

線分ABの両端を通る直線を引くことを，その線分を延長するといいます。そのとき得られた半直線*を，元の線分の延長といいます。

A　　B

鉛直 [vertical]

重力の方向を鉛直といいます。糸に錘をつけて吊り下げると，その地点における鉛直の方向を知ることができます。

鉛直線 [vertical line]

重力の方向に向かう直線を鉛直線といいます。糸の先に円錐を逆さにした錘を吊るした下げ振りで求めます。

鉛直面 [vertical plane]

鉛直線を含む平面を，鉛直面といいます。

円の方程式 [equation of circle]

座標平面上の点 $P(x, y)$ と原点 O との距離が r であるとすると，三平方の定理から，
$$|x|^2 + |y|^2 = r^2$$
が成り立ちます。
$$|x|^2 = x^2$$
$$|y|^2 = y^2$$
がいえますから，
$$x^2 + y^2 = r^2$$
が成り立ちます。

逆に，この方程式が成り立てば，点 P は，O を中心とする半径 r の円の周上にあります。そこで，方程式 $x^2 + y^2 = r^2$ を，O を中心とする半径 r の円の方程式といいます。

一般に，点 $C(a, b)$ を中心とする半径 r の円の方程式は，
$$(x-a)^2 + (y-b)^2 = r^2$$
です。

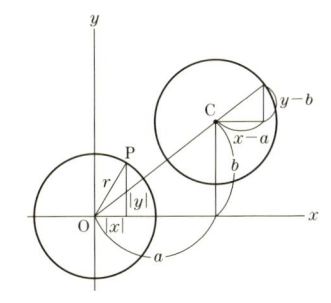

円の面積 [area of circle] 小

円の面積は，次の公式で求めることができます。
円の面積 = 半径 × 半径 × 3.14

お

オイラー

[Leonhard Euler] (1707〜1783)

レオンハルト・オイラーは,スイスのバーゼル出身の数学者です。ペテルスブルグとベルリンの科学アカデミーで仕事をしました。60歳の頃に両眼の視力を失いましたが,850もの書物や論文を書いています。

『無限解析序説』(1748)には,オイラーの公式

$$e^{i\theta} = \cos\theta + i\sin\theta$$

が書かれています。『博士の愛した数式』(小川洋子著,新潮社)で有名になった数式 $e^{i\pi} + 1 = 0$ も,オイラーの公式から導かれます。

この本にはオイラーの等式と呼ばれる

$$\frac{1}{1^2} + \frac{1}{2^2} + \frac{1}{3^2} + \cdots = \frac{\pi^2}{6}$$

の驚くべき証明もあります。

1911年から,生誕200年を記念して全集出版が始まりましたが,まだ終わっていません。円周率としてπを最初に使ったのはウイリアム・ジョーンズですが,オイラーが力学の本で使ってから普及しました。⇨オイラー図 ⇨オイラーの多面体定理

オイラー図 [Euler diagram]

右の図のように,集合の包含関係を表す図を,オイラー図といいます。

オイラーの多面体定理

[Euler's polyhedron theorem]

変形すると球になる(ドーナツのように穴が開いていない)多面体*には,

(頂点の数) - (辺の数) + (面の数) = 2

という関係があります。これを,オイラーの多面体定理といいます。

4面体の場合,上から見ると底面は重なって見えないので,底面を除いて考えると,下図となります。この図における(頂点の数) - (辺の数) + (面の数)を E とします。線を1本消すと,面も1つ減り,E の値は変わりません。

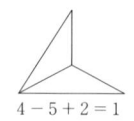

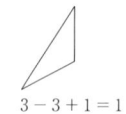

4 - 6 + 3 = 1   4 - 5 + 2 = 1   3 - 3 + 1 = 1

次に,つののように突き出た三角形を消すと,頂点と面が減りますが,辺も2つ減り,やはり,E の値は変わりません。

最後に残った三角形では E の値は1ですから,底面を加えると2です。それぞれ,底面を加えると,はじめの式が成り立つことが分かります。

6面体でも,底面を除いて上と同様に E を定めて考えましょう。

頂点を結んで面を分割すると,辺も増

えて，E の値辺は変わりません。

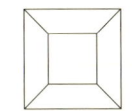

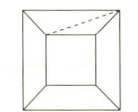

このように，多面体は辺や面を次々に分割したり，次々に消去したりしても，E の値は変わりません。

どんな多面体でも同じです。

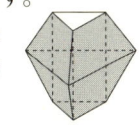

右のような穴あき多面体の場合は，頂点が9，辺が18，面が9ですから，

(頂点の数) − (辺の数) + (面の数) = 0

となります。穴あき多面体の場合は，どのような場合も同じです。

おうぎ形 [sector] 小 中

図のように，円の弧と弧の両端を通る半径とで囲まれた図形を，おうぎ形といいます。

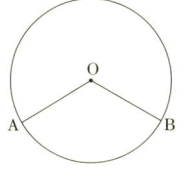

劣弧*の場合も，優弧*の場合もあります。

図の弧 AB をおうぎ形の弧，∠AOB を，おうぎ形の中心角といいます。

おうぎ形の面積は，

半径 × 半径 × 3.14 × $\dfrac{中心角}{360°}$

で計算します。

黄金比 [golden ratio] 中

中末比，外中比ともいいます。図の正五角形では，

∠FBC = ∠FCB

∠CAB = 36°

∠ABF = ∠AFB = 72°

の関係があります。

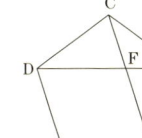

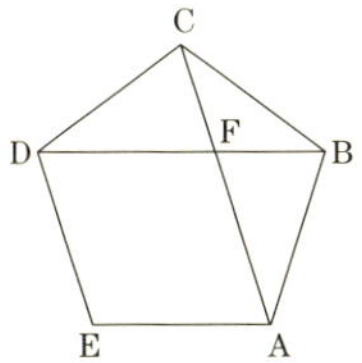

そこで，

AC・FC = BC² = AF²

が成り立ちます。

このとき，AC：AF の比を，黄金比といいます。黄金比は，

$\sqrt{5}+1 : 2 ≒ 1.618 : 1$ となります。

2辺の長さの比が黄金比である長方形から，短い辺を1辺とする正方形を取り除くと，残りの長方形は，はじめの長方形と相似になります。

昔から，このような長方形が美しいとされてきました。

黄金分割 [golden section] 中

線分を，黄金比となるように内分する*ことを，黄金分割といいます。

黄金分割は，次の図のように行います。

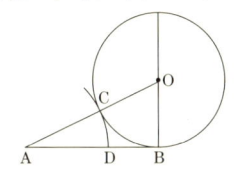

AB = 2，OB = 1 とすると，

AO = $\sqrt{5}$，AD = AC = $\sqrt{5}-1$

DB = AB − AC = 2 − ($\sqrt{5}-1$) = 3 − $\sqrt{5}$

よって，AD：DB = $\sqrt{5}+1 : 2$ となります。

億 [hundred million] 小

1万の1万倍を1億といいます。100000000 = 10^8 のことです。

帯グラフ [band graph] 小

全体を1本の帯のような長方形で表

したグラフを，帯グラフといいます。帯グラフでは，全体に対するそれぞれの部分の割合を，長方形の面積で示しています。
例）総務省統計局発表の2005年の年齢構成の帯グラフです。15歳未満，15歳以上65歳未満，65歳以上の3段階に分けています。

0～14	15～64	65～
13.8%	66.1%	20.2%

重さ [weight] 小

重い，軽いの度合いが重さです。ある物体が重いか軽いかは，その物体に働く重力の大きさで決まります。そこで，重力の大きさを，重さと呼びます。
重さは，グラム重，キログラム重などの単位で計ります。1グラム重は，質量1グラムの物体に働く重力の大きさです。
質量*のことを重さと呼ぶことがあります。

およその数 [round number] 小

人口などは，誕生，死亡，転入，転出で絶えず変動しています。それで，1の位や，10の位を発表しても意味がありません。およそ何千人，およそ何万人としています。
東京と京都の距離といっても，どこからどこまで測るかで違ってきます。それで，約何百kmで済ましています。このような数を，およその数といいます。
およその数にするには，切り上げ，切り捨て，四捨五入などの方法があります。⇨概数　⇨切り上げ　⇨切り捨て
⇨四捨五入

折れ線 [zigzag line, polygonal line] 中

線分をつないだ図形を折れ線といいます。

折れ線グラフ [line graph, graph of broken line] 小

気温の変化や，人口の変化，物価の変動などを表すとき，それぞれの時間や，日，週，月に対応して数値を示す点を取り，線分で結びます。このようなグラフを，折れ線グラフといいます。
1つの例を示しましょう。

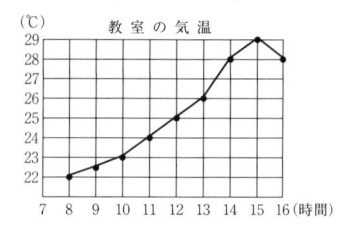

か

解 かい [solution]　中
ある問題を解いた答えを，解といいいます。⇨方程式

外延 がいえん [extension]
ある条件が与えられたとき，その条件を満たすすべてのものの集合を，外延といいます。

ある概念にあてはまるすべてのものの集まりを，その概念の外延といいます。

外延量 がいえんりょう [extensive quantity]
長さ，面積，体積，質量などのように，足し合わせることができる量を，外延量といいます。

外角 がいかく [external angle]　中
多角形*において，1つの辺と，それに隣り合う辺の延長とのなす角を，外角といいます。通常，その一方だけを指します。

凸多角形の外角の和は360°です。

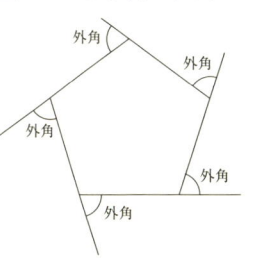

概括 がいかつ [summary, generalization]
概とは，すり切り棒のことです。枡に穀物を盛って上を平らにすり落とすときに使います。

そこから，共通でない性質をすり落とし（捨象），共通な性質を引き出して（抽象），その共通の性質を持つものをひとまとめにすることを概括といいます。⇨概念

階級 かいきゅう [class]　中
⇨度数

階級値 かいきゅうち [class mark]　中
⇨度数

開区間 かいくかん [open interval]
数直線上の線分で表される範囲で，両端の数を含まない場合を開区間といいます。$a<x<b$ を満たす x の集合で，(a, b) と表されます。⇨区間

外項 がいこう [external terms]　小
比 $a:b$ と比 $c:d$ とが等しいことを，$a:b=c:d$ と表します。このような式を，比例式といいます。この比例式で，a, d を外項，b, c を内項といいます。

このとき，$\dfrac{a}{b}=\dfrac{c}{d}$ が成り立ち，$ad=bc$ がいえます。「外項の積と内項の積は等しい」といえます。

階差 かいさ [differences]
数列 $\{a_n\}$ において，$\Delta a_n = a_{n+1} - a_n$ を，階差といいます。$\Delta a_n = b_n$ とおくと，
$$a_n = a_1 + \sum_{i=1}^{n-1} b_i$$
が成り立ちます。

$\Delta^2 a_n = \Delta a_{n+1} - \Delta a_n$ を，第2階差といいます。以下，同様です。

このときは，Δa_n を，第1階差といいます。

階差数列 [progression of differences]
階差の作る数列です。⇨階差

概算 [estimation] 小 中
桁数の多い数の計算をするとき，概数を使って答のおおよその値を予想することを概算といいます。

測定値の和や差の場合は，有効数字*の位取りの一番高いものにそろえます。
測定値の積，商の場合は，有効数字の桁数の一番少ないものに桁数をそろえます。

桁数を予想するときや検算にも使います。

階乗 [factorial]
1からn までのすべての自然数の積をnの階乗といい，$n!$ と表します。

$1! = 1$
$2! = 2 \times 1 = 2$
$3! = 3 \times 2 \times 1 = 6$
$4! = 4 \times 3 \times 2 \times 1 = 24$

などとなります。

外心 [circumcenter, center of circumcircle] 中
三角形の外接円の中心を，外心といいます。3辺の垂直二等分線の交点に当たります。
⇨外接円

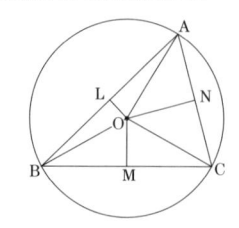

概数 [round number] 小
およその数を，概数といいます。統計表などで，人口や面積，予算などを表すとき，単位を1,000人，10,000人，平方km，何兆円などと決めて，上位の3桁，4桁を記録し，以下を四捨五入することがあります。このようにして得られたおよその数を，概数と呼びます。
⇨およその数

解析 [analysis]
数学的手法の1つで，証明しようとする事柄Aが成り立つためには事柄Bが成り立つことが必要である。そのためには…とさかのぼって，仮定に帰着させる方法です。

作図題でも，作図できたとするとどのような条件が存在するかと，逆に考える手法を，解析といいます。

解析学のことを，略して解析ということがあります。⇨解析学

解析学 [analysis]
微分積分学，関数論などを総称して，解析学といいます。

外接 [circumscription] 中
多角形の頂点が，全部，ある円の周上にあるとき，この円はその多角形に外接している，といいます。

また，ある多角形の辺が，全部，ある円に接しているとき，この多角形は，その円に外接するといいます。

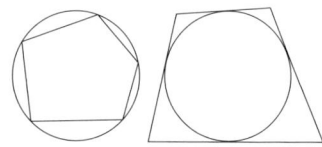

外接円 [circumscribed circle] 中
ある多角形のすべての頂点がある円の

周上にあるとき，この円を，その多角形の外接円といいます。

このとき，その多角形は，外接円に内接しているといいます。

回転 かいてん ［rotation］

ある1点を定め，図形上の各点とその点との距離が変わらないように，また，図形の大きさ，形が変わらないようにして，その図形を移動させることを回転といいます。

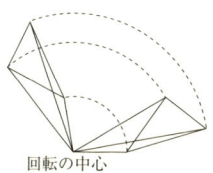

回転の中心

このとき定めた点を，回転の中心といいます。

また，回転扉の軸のように空間の一定直線を定め，空間図形上の各点の相互距離，および定直線上の各点との相互距離が変わらないように移動することを，回転といいます。このとき，元の図形は，形，大きさが同一である図形に移動します。このとき定めた直線を回転の軸といいます。

回転移動 かいてんいどう ［rotation］中

回転も，回転移動も，ともにrotationで，区別はありません。強いて言えば，回転はその操作を，回転移動は回転の結果行われた移動を指すと考えることもできます。

回転軸 かいてんじく ［axis of revolution］

ある図形を，1つの直線の周りに回転させるとき，その直線を回転軸といいます。また，空間そのものを移動させるとき，そのうちの2点が動かなければ，その2点を通る直線上の点は，すべて，移動しません。このように動かない直線を，回転軸といいます。

回転体 かいてんたい ［solid of revolution］中

直角三角形を直角の辺を軸として360°回転させると，直円錐ができます。長方形を，その1辺を軸として360°回転させると，直円柱ができます。

軸／回転体

これらの立体は，軸の周りに回転させるとき，常に元の立体と重なっています。つまり外形が保たれているのです。このような立体を，回転体といいます。

また，外形を保ちながら回転する軸をその回転体の軸といいます。回転体を，その軸を含む平面で切ると，線対称な図形が得られます。軸に垂直な平面で切ると，切り口は円となります。⇨円錐 ⇨円柱

回転の軸 かいてんのじく ［axis of rotation］中

⇨回転

概念 がいねん ［concept］

1, 2, 3, 4, …は，ものの個数を表す数です。これらの数を，自然数といいます。

このように，共通の性質を持つものをまとめると，あるイメージが生まれます。このイメージを，概念というのです。自然数は，概念の1つの例です。

長さ，面積，体積，重さなどは，単位

を決めて測ると，測定値と呼ばれる数が得られます。このような共通の性質を持つものをまとめると，量（物理量）という概念が得られます。概念は，概括することによって生まれた観念（イメージ）です。⇨概括

解伏題之法 かいふくだいのほう

江戸時代の和算家関孝和の著書（1683）です。世界で初めて行列式*を研究しています。

次の図で生とあるのはプラス，尅とあるのはマイナスです。右下がりに太い線で結ばれた2数，あるいは3数は掛けあわせてマイナスをつけます。右上がりに細い線で結ばれた2数，あるいは3数は，掛け合わせてプラスをつけます。その総和が，行列式の値です。ただし，いまの行列式を，時計回りに90°回転しています。⇨和算　⇨行列式

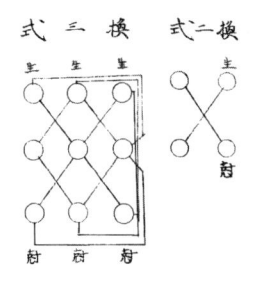

外分する がいぶんーする [divide externally]

線分 AB の延長上に点 P を取ることを，線分 AB を外分するといいます。また，点 P を外分点といい，AP：PB を外分する比といいます。

AP：PB＝m：n であるとき，「P は線分 AB を m：n の比に外分する」といいます。

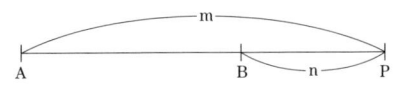

開平 かいへい [extraction of square root] 中

平方根*を求めることを，開平といいます。開平の計算は，次のようにします。

$$\begin{array}{r} a \\ a \sqrt{ A } \\ \underline{a a^2 } \\ A - a^2 \end{array}$$

もし，$A-a^2=0$ ならば，$\sqrt{A}=a$ です。
$A-a^2 \neq 0$ ならば，次のようにします。

$$\begin{array}{r} a+b \\ a \sqrt{ A } \\ \underline{a a^2 } \\ 2a+b A-a^2 \\ \underline{b 2ab+b^2} \\ 2a+2b A-(a+b)^2 \end{array}$$

もし，$A-(a+b)^2=0$ ならば，
$\sqrt{A}=a+b$ です。

もし，$A-(a+b)^2 \neq 0$ ならば，同じ様に c をたてます。

例) 328329の平方根を求めましょう。
$$500^2 < 328329 < 600^2$$
ですから，求める平方根は，500より大きいことが分かります。それで，$a=500$ とします。

次の段階では，$b=70$ としています。

例)
```
            5  7  3
     ┌─────────────
 5  √  32 83 29
     5   25
   ───────────
   107     7 83
     7     7 49
   ───────────
  1143       34 29
     3       34 29
             ─────
                 0
```

$\sqrt{328329} = 573$ となります。

開立 かいりゅう [calculate cube root]

$x^3 = a$ となる x を a の立方根といいます。立方根を求める計算を開立といいます。

ガウス

[Carl Friedrich Gauss] (1777～1855)

ドイツの数学者です。10歳のとき，1から100までの数の足し算の答えを，あっという間に答えて，先生を驚かせました。

```
       1 + 2 + 3 + … + 50
 +) 100 + 99 + 98 + … + 51
   ─────────────────────
     101+101+101+ … +101
```
$50 \times 101 = 5050$

と考えたようです。

19歳のとき，早くも正17角形を定規とコンパスだけを使って作図することに成功し，数学への道を選んだといいます。とはいっても，当時は数学者という職業はありませんでした。

ガウスが選んだのは，天文学でした。1807年から，終生，ドイツのゲッチンゲン大学付属の天文台長で，天文学の教授もかねていました。天体の観測誤差から，ガウス分布*を発見しています。

そのほかにも，素数の分布や，方程式など，数学のあらゆる分野で，多くの仕事をしています。

高校で学ぶ複素数*を座標平面上に図示したのもガウスです。したがって，複素数を目盛った平面をガウス平面といいます。

ガウス分布 ぶんぷ

[Gaussian distribution]

次の図のような度数分布*を，ガウス分布といいます。

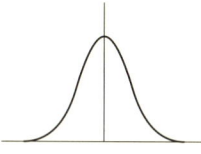

ガウスが，星の観測の際に見つけました。分厚い大気層を通り抜ける星の光は，多くの要因で曲げられるため，誤差の分布がこのようになると考えられていました。

ところが，驚いたことに，等確率であるサイコロの目をたった3個足すだけで，ほとんどガウス分布と変わらない分布を示すことがわかりました。

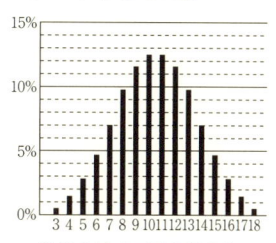

3個のサイコロの目の和

身長や体重などがガウス分布を示すのも，多くの要因の影響を受けることから理解できます。

限りなく近づく

[approach as a limit]

変数 x の値が限りなく a に近づくというのは，a の両側にどんなに小さな限りを設けても，それを突破して，a に近づくということです。それで，どんなに小さな正の数 ε（イプシロン）をさだめても，$|x-a|$ は，やがて ε より小となり，その状態を続けることになります。このとき，変数 $x-a$ は，無限小であるといいます。

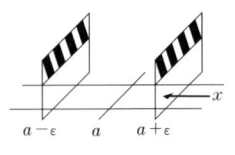

【定義】

変数 $x-a$ が無限小であるとき，

(1) x は限りなく a に近づく
(2) $x \to a$ である
(3) x の極限値は a である
(4) $\lim x = a$ である

といいます。

(1), (2), (3), (4)は，どれも「変数 $x-a$ は無限小である」という事実を表します。

⇨無限小

角 [angle] 小

平面上の1点Oから2本の半直線OA，OBを引くと，平面は2つの部分に分けられます。

その1つひとつを角といいます。また，2つの半直線を，その角の辺，半直線の交点をその角の頂点といいます。

2つの角のうち，大きい方を優角，小さい方を劣角といいます。等しければ平角といいます。

ふつうは，劣角の方を∠AOBと表します。∠AOBは図形ですが，単位の角を決めて，測ることができます。したがって，大きさを持っているといえます。角の大きさを，角度といいます。

∠AOBの大きさは，半直線OAが半直線OBまで回転した回転の大きさを示します。

角度は，度という単位で測りますが，1度は，1回転の角の360分の1です。これを，実用単位といいます。

角 [angle] 中 （空間図形の）

(1) 直線と平面のなす角

直線 ℓ と平面 π との交点をOとし，直線 ℓ 上の任意の点をA，Aから π に引いた垂線をAHとします。

このとき，∠AOHを直線 ℓ と平面 π とのなす角といいます。

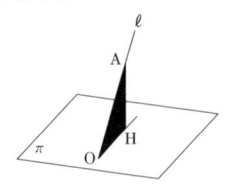

直線 ℓ が平面 π に平行（$\ell // \pi$）であるときは角は0です。

(2) 2平面のなす角

2平面が交わっているとき，その交線に垂直な平面が二平面と交わる交線のなす角を，2平面のなす角といいます。⇨二面角

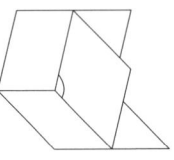

角すい 小
⇨角錐

角錐 [pyramid] 中
多角形を含む平面の外に1つの頂点をとり，多角形の辺上の各点と頂点とを結ぶ線分を引くと，1つの立体ができます。この立体を，角錐といいます。また，多角形を底面といいます。

底面がn角形であるとき，n角錐といいます。右の図は，五角錐の1例です。

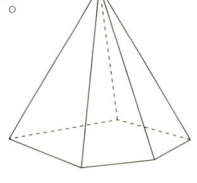

角錐台 [truncated pyramid, prismoid]
角錐を，底面に平行で頂点を通らない平面で切り，頂点を含む部分を取り除いた立体を，角錐台といいます。この平行な2面を，底面といいます。また，底面間の距離を，角錐台の高さといいます。

角速度 [angular velocity]
円運動をしている点の時刻tにおける偏角*をθとするとき，$\dfrac{d\theta}{dt}$を角速度といいます。

単振動*が時刻tを用いて，
$$x = A\sin(\omega t + \alpha)$$
と表されるとき，ωを角速度といいます。

拡大図 [extended figure] 小 中
元の図形と相似であって，相似比が1より大である図形を，拡大図といいます。

角柱 [prism] 小
平行な2平面上に，合同な多角形が，そのすべての辺が同じ向きの平行となるように置かれているとき，対応する点をすべて線分で結ぶと，1つの立体ができます。この立体を，角柱といいます。

また，2つの多角形を底面といいます。底面がn角形のとき，n角柱といいます。右の図は，三角柱の1例です。

角度 [angle] 小
角の大きさのことを，角度といいます。

角の大きさ [measure of angle] 小
ある角を，単位を決めて測った値を，その角の大きさといいます。⇨角の単位

角の3等分 [trisection of angle]
「与えられた角を，定規とコンパスを有限回用いて，3等分せよ」という作図問題を指します。90°や45°のような特殊な角は3等分が可能ですが，一般には不可能であることが証明されています。

エリスのヒッピアスは，円積曲線という特殊な曲線を利用して，この問題を解決しました。⇨円積曲線

角の単位 [unit of angle] 中
角の大きさは1つの量ですから，単位を決めて測ることができます。

大きな単位としては，1直角が用いられます。「三角形の内角の和は2直角である」とか，「多角形の外角の和は4直角である」などといいます。

精密な測定には，度，分，秒が用いられます。1回転の角を360度とし，1度を60分，1分を60秒としています。たとえば37度15分57秒は，37°15′57″と表します。

「°」は0で，六十進法の小数点にあ

たります。「′」はローマ数字のⅠです。「″」はローマ数字のⅡです。

弧の長さが半径に等しいとき，その中心角の大きさを1弧度と定めます。1弧度は，1ラジアンともいいます。

弧度*を単位とする角の測り方を弧度法といいます。

角の頂点 [vertex of angle] 小
角を作っている2本の半直線の交点を，その角の頂点といいます。

角の二等分線 [bisector of angle] 中
角の内部にあって，その角を大きさの等しい2つの角に分ける半直線を，その角の二等分線といいます。

角の辺 [side of angle] 小
角を作っている2本の半直線*を，その角の辺といいます。⇨角

確率 [probability] 中
意識の外に実在する偶然性の測定値を，確率といいます。均質で正確に作られたサイコロの目の出方のように，計算で求めることができる数学的確率と，男子の生まれる確率のように，統計によってはじめて知ることができる統計的確率があります。

確率は，0以上，1以下の数で表されます。

確率は，意識の外部に実在する可能性を測定して数値として表したものですから，測定値の公理に従います。⇨測定値の公理

確率紙 [probability paper]
正規確率紙，確率方眼紙ともいいます。

ガウス分布の場合，累積相対度数は，図のようにS字型になります。それで，上端，下端の目盛りを広くして，累積相対度数のグラフが直線になるように調節した方眼紙を，確率紙といいます。

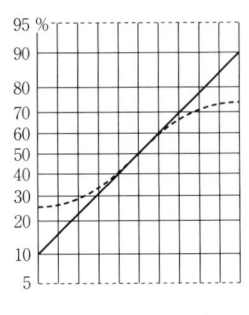

この方眼紙に累積相対度数のグラフを描き込んだ時，それが直線になれば，それはガウス分布であると判断できます。
⇨ガウス分布　⇨累積相対度数

確率変数 [random variable]
規格どおり作られたサイコロにおいては，どの目が出る確率も，$\frac{1}{6}$ と考えられます。このサイコロを2個投げると，目の和 X の値は，次のような確率で現れるものと考えることができます。

X	2	3	4	5	6
確率	$\frac{1}{36}$	$\frac{2}{36}$	$\frac{3}{36}$	$\frac{4}{36}$	$\frac{5}{36}$
	7	8	9	10	11	12
	$\frac{6}{36}$	$\frac{5}{36}$	$\frac{4}{36}$	$\frac{3}{36}$	$\frac{2}{36}$	$\frac{1}{36}$

この X がとる値 2, 3, 4, …, 12 を x_i と表すことにすると，上の表のように $X = x_i$ となる確率が定まっています。このような変数 X を，確率変数といいます。また，x_i をその実現値といいます。

確率密度関数 (かくりつみつどかんすう)

[probability density function]

　確率変数 X の値が $X \leqq x$ となる確率は x の関数です。これを，分布関数といいます。分布関数 $F(x)$ の導関数 $f(x)$ を，確率密度関数といいます。正規分布の場合を図示すると，下図のようです。

⇨ 分布関数

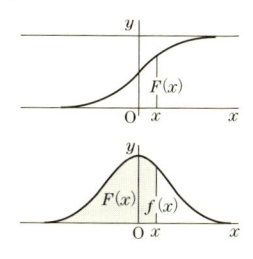

かけ算 [multiplication] 小

　$2+2+2=6$ という計算では 2 を 3 つ加えています。これを，簡単に，

$$3 \times 2$$

と表します。このような計算を，かけ算といいます。

　かけ算は，右のような図で示すことができます。それで，

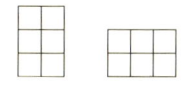

$$3 \times 2 = 2 \times 3$$

などが成り立つことがわかります。これを，かけ算の交換法則*といいます。また，図から，$2 \times (3 \times 5) = (2 \times 3) \times 5$ なども，成り立ちます。これを，かけ算の結合法則*といいます。

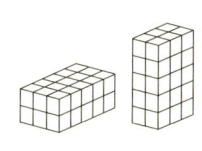

　足し算にも交換法則，結合法則がありますが，足し算とかけ算の違いは，たとえば，

$$7 \times (2+3) = 7 \times 2 + 7 \times 3$$

が成り立つことです。これを，分配法則*といいます。

例) 123×456 の計算を考えましょう。

$$123 \times 456$$
$$= 123 \times (400 + 50 + 6)$$
$$= 123 \times 400 + 123 \times 50 + 123 \times 6$$
$$= 49200 + 6150 + 738$$

ですから，次のように計算します。

```
      123
  ×)  456
      738
      615
      492
    56088
```

これを，筆算形式といいます。

　分数のかけ算も，図で考えられます。たとえば，

$$\frac{2}{3} \times \frac{4}{5}$$

の場合，縦が $\frac{2}{3}$，横が $\frac{4}{5}$ である長方形を縦に 3 個，横に 5 個ならべると，縦が 2, 横が 4 の長方形ができ，その面積は 2×4 です。

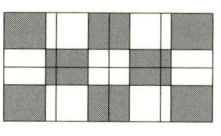

　ところで，この中に，はじめの長方形が 3×5 個入っていますから，はじめの長方形の面積は $\frac{2 \times 4}{3 \times 5}$ です。

そこで，

$$\frac{2}{3} \times \frac{4}{5} = \frac{2 \times 4}{3 \times 5}$$

が成り立ちます。分母同士かけ合わせた積を分母とし、分子同士かけ合わせた積を分子とします。これが分数のかけ算です。どんな数でも、同じです。

分数のかけ算でも、交換法則、結合法則は成り立ちます。

掛け算 [multiplication] 中

2数a, bの積a×bを求める計算を掛け算といいます。文字の積a×bは、×を省略してabと表します。英語では、a times b と読みます。「bをa回、繰り返し足す」、つまりbのa倍という意味です。

かけられる数 [multiplicand] 小

小学校では、たとえば25×4を、「25に4をかける」と教えています。それで、25がかけられる数、4がかける数となります。

$$25 \times 4$$
かけられる数　かける数

かける数 [multiplier] 小

小学校では、2×3を、「2に3をかける」と教えています。それで、3がかける数、2がかけられる数となります。

加減法 [method of elimination by adding and subtracting] 中

連立1次方程式を解くとき、2つの方程式の両辺に、適当な数を掛けて、加法、あるいは減法によって、未知数を消去する方法を、加減法といいます。たとえば、

$2x - 3y = -7$ …①
$7x + 2y = 38$ …②

において、

$2 \times ①$　$4x - 6y = -14$
$3 \times ②$　$21x + 6y = 114$

辺々加えると、

$25x = 100$
$x = 4$

が得られます。

仮言命題 [hypothetical proposition] 中

⇨命題

かさ [mass] 小

嵩と表します。つみ重なったものの大きさです。体積、容積ともいいます。⇨体積　⇨容積

かさの単位 [unit of mass] 小

ジュースや牛乳などのかさを測る時は、ますやメスシリンダーをつかいます。1ℓのますや、1dℓのますがあります。1ℓは10dℓです。

$$1\ell = 10d\ell$$

たいていの牛乳びんは、2dℓ入ります。また、ほとんどの牛乳パックは、1ℓ入ります。

かず 小

りんごやみかん、ノートやえんぴつなどを数えたこたえ、1, 2, 3, 4などを、数といいます。

分数や小数も、数の仲間にいれることがあります。

数 [number] 小 中

ものの個数を、数といいます。数は、自然数1, 2, 3, 4などで表します。

分数や小数も入れて、数と同じ意味で用いられる場合があります。

仮数 かす [mantissa]

常用対数*の小数部分を，仮数といいます。たとえば，$\log 20 = 1.3010$ ですが，0.3010が仮数です。整数部分の1は，指標といいます。

かずのせん 小

0, 1, 2, 3, 4 などの数を，まっすぐな線のうえに，ひだりから順に，おなじはばでかきならべたものを，数のせんといいます。

0 1 2 3 4 5 6 7 8 9 10 11 12 13 14 15

仮説検定 かせつけんてい [testing of statistical hypothesis]

統計調査において，ある仮説を立て，その仮説が成り立つかどうかを検証することを，仮説検定といいます。

ある統計量がある範囲に入れば仮説を棄却することにする範囲を棄却域といい，仮説が正しいにもかかわらず，誤って棄却する確率を危険率といいます。⇨棄却域　⇨危険率

加速度 かそくど [acceleration]

ある直線，または曲線に沿って運動する点の時刻 t における道のりが s であるとき，$v = \dfrac{ds}{dt}$ を速度といい，$a = \dfrac{dv}{dt}$ を加速度といいます。

時刻 t における動点 P の位置ベクトルが $\boldsymbol{r}$ であるとき，$\boldsymbol{v} = \dfrac{d\boldsymbol{r}}{dt}$ を速度といい，$\boldsymbol{a} = \dfrac{d\boldsymbol{v}}{dt}$ を加速度といいます。

片対数方眼紙 かたたいすうほうがんし [semi-logarithmic paper]

縦横の目盛りの片側を対数目盛りにした方眼紙です。半対数方眼紙ともいいます。$y = a^x$ のグラフを描くのに利用されます。⇨対数方眼紙　⇨両対数方眼紙

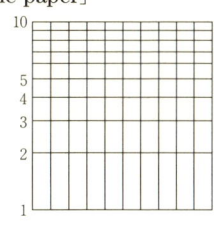

かたち [figure] 小

さんかくや，しかく，ましかく，ながしかく，ひしがた，たこがた，まるなどを，かたちといいます。

ほかにも，いろいろなかたちがあります。

傾き かたむき [slope] 中

片向きは，柱のようにまっすぐ（鉛直）であるはずものが，前後左右など，片側に寄ることを意味しています。傾きとは，その程度を示す言葉です。

同じように，水平であるべき床などが水平でないときも，傾いているといいます。また，坂が緩やかであったり，急であったりする程度を示す勾配という言葉がありますが，傾きは，勾配という意味にも使われています。

直線の方程式が，$y = ax + b$ と表されるとき，x の係数 a を傾きといいます。

括弧 かっこ [braces, parenthesis, brackets] 小

( )，{ }，[ ] などを，括弧といいます。それぞれ，小括弧，中括弧，大括弧といいます。

たとえば，

$2 + \{10 - (3+4)\}$
$= 2 + \{10 - 7\} = 2 + 3 = 5$

のように，括弧の中の計算は，小括弧，中括弧，大括弧の順に行います。

括線 かっせん [vinculum]

計算式の上に引かれた直線で，括弧と同じ役割をはたすものを括線といいます。

例） $9 - \overline{2+3} = 9 - 5 = 4$
$\sqrt{9+16} = \sqrt{25} = 5$

割線 かっせん [secant]

円と2点を共有する直線を割線といいます。

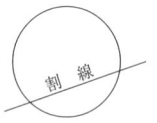

下底 かてい [lower base] 小

台形の平行な2辺のうち，下にあるものを指します。普通は長い方を下にします。

仮定 かてい [assumption] 中

ある命題*が，「A ならば B である」という形式で書かれているとき，A の部分を仮定といい，B の部分を結論といいます。

たとえば，「$x=3$ ならば $x^2=9$ である」という命題では，仮定の $x=3$ も，結論の $x^2=9$ も，命題です。

ところで，$x=3$ という命題は，本当に x が3であれば正しいのですが，もし x が3以外の数であれば，正しくありません。このように，条件によって，正しかったり正しくなかったりする命題を「条件つき命題」，あるいは，簡単に「条件」といいます。仮定も結論も条件です。⇨条件

仮定法 かていほう [method of false position, rule of supposition]

文章題を解く方法の1つで，ある答えを仮定し，条件との違いを基にして，正解を導く方法です。

例）「60円切手と40円切手を，合わせて10枚買って540円払いました。それぞれ，何枚買ったのでしょうか」

60円切手を5枚買ったと仮定します。すると，切手代は
$5 \times 60 + 5 \times 40 = 500$
500円です。$540 - 500 = 40$ を $60 - 40 = 20$ で割ると60円切手を2枚増やせばよいことが分かります。

鶴亀算*も，仮定法です。この方法は，エジプト人がよく使っていました。インドでも使われていたといいます。

カテナリー [catenary]

⇨懸垂線

過不足算 かふそくざん

古代中国の『九章算術』の「盈不足」の章に，「いま，共同して物を買うとき，各人が8銭ずつ出せば3銭あまり，各人が7銭ずつ出せば4銭不足する。人数と，物の値段は，それぞれいくらか」という問題があります。これが，過不足算です。

8銭 − 7銭 = 1銭が1人分の差です。その差が，集まったお金の差
3銭 + 4銭 = 7銭の差を作ったのですから，人数は7人です。

それで，物の値段は，
7×8 銭 $- 3$ 銭 $= 53$ 銭
です。

7×7銭＋4銭＝53銭

としても，同じです。

仮分数 [improper fraction] 小

分子が分母より大きい分数を，仮分数といいます。仮分数の値は1より大きいので，整数と真分数との和と考えられます。

例） $\dfrac{23}{4} = 5 + \dfrac{3}{4}$

これを，$5\dfrac{3}{4}$ と表し，「5と4分の3」とか，「5か（荷）4分の3」と読みます。このような分数を，帯分数といいます。

⇨ **真分数**

貨幣 [money, currency, coin]

労働の生産物であって，それ自身が価値を持ち，商品の交換手段，支払い手段，蓄蔵手段および価値の基準となるものを，貨幣といいます。岩塩や米なども貨幣として用いられましたが，それ自身が高い価値を持ち，保存に耐え，分割しやすいなどの利点から，金，銀，銅などが用いられるようになりました。前2000年頃，バビロニアやエジプトで始まったとされています。

以前は，いつでも金と交換される兌換紙幣が用いられましたが，現在は，金との交換不能の紙幣やその他の硬貨，電子マネーなどになっています。

加法 [addition] 中

足し算のことを加法といいます。

3個のりんごと2個のりんごを一緒にして数えると，5個となります。このことを，

$3 + 2 = 5$

と表します。＋は，「3と2」というときの「と」にあたるラテン語 et を記号化したものです。＋で表される計算が加法です。

加法では，

$3 + 2 = 2 + 3$

などが成り立ちます。これを，加法の交換法則といいます。また，

$(2+3)+5 = 2+(3+5)$

なども，成り立ちます。これを，加法の結合法則といいます。

次は，

$$\dfrac{1}{2} + \dfrac{2}{3}$$

を考えてみましょう。

$\dfrac{1}{2}$ は，2倍すると1になる数です。$\dfrac{2}{3}$ は，3倍すると2になる数です。それで，分配法則から，

$$6 \times \left(\dfrac{1}{2} + \dfrac{2}{3}\right) = 6 \times \dfrac{1}{2} + 6 \times \dfrac{2}{3}$$
$$= 3 \times \left(2 \times \dfrac{1}{2}\right) + 2 \times \left(3 \times \dfrac{2}{3}\right)$$
$$= 3 + 4 = 7$$

が成り立ちます。そこで，

$$\dfrac{1}{2} + \dfrac{2}{3} = \dfrac{7}{6}$$

となります。これが，分数の加法です。どんな数に対しても，同じように計算できます。

分数の加法についても，交換法則，結合法則は成り立ちます。

加法定理 [addition theorem]

三角関数*の場合には，次の加法定理が成り立ちます。

$$\sin(\alpha \pm \beta) = \sin\alpha\cos\beta \pm \cos\alpha\sin\beta$$

（サイタコスモス コスモスサイタと覚える）

$$\cos(\alpha \pm \beta) = \cos\alpha\cos\beta \mp \sin\alpha\sin\beta$$

（コスモスコスモス サーイタサイタと覚える。サーと伸ばしたのは符号が反対になることを忘れないためです）

$$\tan(\alpha \pm \beta) = \frac{\tan\alpha \pm \tan\beta}{1 \mp \tan\alpha\tan\beta}$$

（複号同順）

また，確率の場合には，次の加法定理が成り立ちます。

$$P(A \cup B) = P(A) + P(B) - P(A \cap B)$$

ガリレオ

[Galileo Galilei]（1564〜1642）

イタリアの数学者，物理学者，天文学者。

望遠鏡を使って月のクレーターを発見しました。また，木星の衛星も発見しています。

空気の抵抗が無視できれば，重いものも軽いものも，まったく同じ落下運動をすることを証明しました。

自由落下運動では，落下速度は落下時間に比例するという仮説を立て，そこから落下距離は落下時間の2乗に比例するという予想を導き，実験によってそれを検証しました。このような近代科学の方法を確立したので，「近代科学の父」と呼ばれています。

かわる量 小

気温は，時間とともにかわります。ろうそくをともすと，時間とともに長さが短くなります。

プールに水を入れるとき，1分で3 cmたまるとすると，2分では6 cmたまります。時間が倍になると，深さも倍になります。深さは，時間にともなってかわります。それで，時間や深さを，ともなってかわる量といいます。

還元算 [reduction]

未知の数の値を求めるために，結果から逆算する必要があるような問題を，還元算といいます。

例）「ある数に5を加えて3で割り，さらに2を引いて4倍したところ，20となりました。ある数はいくらですか」

4倍する前は5でした。2を引く前は7でした。3で割る前は21でした。5を加える前は16でした。よって答えは16です。

この計算は，

$$(20 \div 4 + 2) \times 3 - 5 = 16$$

とすればよいのです。

関数 [function] 中

2つの変数*x, yがあり，xの値が定まると，それにともなってyの値がただ1つ定まるとき，yはxの関数であるといいます。

このとき，xを独立変数，yを従属変数ということもあります。独立変数は，単に変数ともいいます。

yがxの関数であるとき，

$y = f(x)$, $y = g(x)$

などと表します。

$y = f(x)$ を成り立たせる数 x, y を座標とする点 (x, y) を考えましょう。x の値を連続的に変化させると，点 (x, y) は，曲線（直線も含む）を描きます。これを，関数 $y = f(x)$ のグラフといいます。

関数 $y = f(x)$ のグラフは，$y = f(x)$ を成り立たせる数 x, y を座標とする点 (x, y) の集合*です。

2つの変数 x, y の値が定まると，それに伴って，第3の変数 z の値がただ1つ定まる場合があります。このとき，z は2変数 x, y の関数といいます。この関数は，

$z = f(x, y)$

などと表します。

関数尺 かんすうじゃく [functional scale]

関数 $f(x)$ が与えられたとき，座標が $f(x)$ である点に目盛り x を目盛った物差しを，$f(x)$ の関数尺といいます。

関数の値 かんすうのあたい [value of function] 中
⇨値

関数のグラフ かんすうのー
[graph of function]
⇨関数

関数方程式 かんすうほうていしき
[functional equation]

未知関数を含む方程式を関数方程式といいます。たとえば，

$f(x+y) = f(x)f(y)$

を満たす関数は，$f(x) = a^x$ です。

微分方程式は，関数方程式です。

慣性の法則 かんせいのほうそく [law of inertia]
⇨運動の第1法則

完全四角形 かんぜんしかくけい
[complete quadrangle]

同一平面上にあって，どの3点も共線*でない4点 A，B，C，D と，それらを結ぶ6本の直線の作る図形を完全四角形といいます。

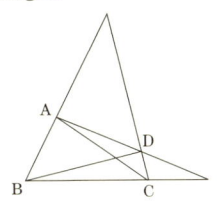

カンデラ [candera]

ラテン語のろうそくを語源とする光度の国際単位です。1カンデラは，周波数 540×10^{12} ヘルツの単色放射光源の放射強度が683分の1ワット／ステラジアンである方向の光度です。単位記号は，cd です。

ステラジアンは立体角の単位で，全球面の立体角は，4π ステラジアンです。

き

偽 ぎ [false] 中

ある事柄を，文章や式で表したものを命題といいますが，その命題が成り立たないとき，その命題は偽であるといいます。

たとえば，いま雨が降っているとすると，「本日は晴天である」という命題は偽です。

幾何学の歴史
[history of geometry]

人類の図形に関する知識も，衣食住などの生活の中で生まれています。日干し煉瓦による住居の建設は，直方体の性質を利用したものです。丸い皿や壺の生産などから，円に関する知識が蓄積されたのでしょう。

農耕が始められると，土地の形や面積に関する知識が生まれました。

バビロニアやエジプトでは，三平方の定理や正四角錐台の体積など，高度の知識を持っていました。

ギリシャでは，図形に関する性質が，ばらばらではなく，相互に関連があることに気が付きました。

前300年頃のユークリッド*は，これを整理して，『ストイケイア』という書物を著しました。ストイケイアは，アルファベットを意味するストイケイオンの複数形で，「数学のいろは」とでもいうのでしょうか。わが国では，『原論』と訳されています。世界の各国語に訳されて，聖書と並ぶベストセラーです。

この時代は，大地は平らで無限に広がっていると考えられていました。このような，縦にも横にも無限に広がる平らでまっすぐな世界を，ユークリッド空間*といいます。『ストイケイア』は，このユークリッド空間の特徴を決めるいくつかの基本法則から，すべての定理を論証しています。それで，論証幾何学と呼ばれます。論証幾何学の基礎となる基本法則は，公理と呼ばれます。

17世紀になると，デカルトが，座標を用いて図形の研究を始めました。このような幾何学を，座標幾何学といいます。

ところで，大航海時代になると，大地は球面であるということがわかってきました。そこで，リーマン幾何学が生まれます。また，ロバチェフスキー幾何学も生まれます。前者は，直線外の1点を通る平行線が存在しない世界，後者は，平行線が無数に存在する世界です。図形の研究から，空間の研究への飛躍です。

現代では，アインシュタインの相対性理論の影響も受けて，空間の研究がさらに発展しています。

そのほかにも，一筆書きや結び糸，オイラーの多面体定理*のような研究を行う位相幾何学などなど，いろいろな幾何学が生まれています。

幾何学は，数学の各部門の中で，一番早く公理体系をつくりあげました。それは，具体的な点，直線，平面のイメージから出発したものでした。

ところが，ヒルベルト*（1862～1943）は，『幾何学の基礎』(1899) を著し，これらの概念を投げ捨て，無定義の点，直線，平面から出発して，2点はただ1直線を決定する，1直線上にない3点は，ただ一つの平面を決定する，といった一連の公理から出発するまったく新しい幾何学を提起すると共に，ユークリッド幾何学の再構築を行いました。⇨公理 ⇨定理⇨論証幾何学

棄却域 [critical region]

仮説検定において，ある統計量がその

範囲内に入ったとき仮説を棄却することにする，その範囲をいいます。⇨仮説検定

危険率 きけんりつ [level of significance]
正しい仮説を，誤って棄却する確率を危険率といいます。⇨仮説検定

基準量 きじゅんりょう
⇨もとにする量

奇順列 きじゅんれつ [odd permutation]
基準の順列から奇数回の互換*によってできる順列を，奇順列といいます。

奇数 きすう [odd number] 小 中
2で割ったとき1余る整数を，奇数といいます。1, 3, 5などが奇数です。1の位が1, 3, 5, 7, 9である数は，どれも奇数です。

軌跡 きせき [locus] 中
ある条件Cを満たしながら移動する点Pがあるとき，
(1) 点Pは常に図形G上にあり，
(2) 図形G上の点はすべて条件Cを満たす

ならば，図形Gを，条件Cを満たす点の軌跡といいます。

例）平面上の定点Oからの距離がrであるという条件を満たしながら，その平面上を移動する点Pの軌跡は，点Oを中心とする半径の長さがrである円です。

平面上の異なる2定点A，Bから等距離にあるという条件を満たしながら，その平面上を移動する点Pの軌跡は，線分ABの垂直二等分線です。

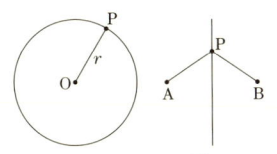

基線 きせん [ground line] 中
投影図で，平画面と立画面の交線を基線といいます。GLと表すことが多いようです。

期待値 きたいち [expectation] 中
変数Xがある値をとる確率が決まっているとき，この変数Xを確率変数といいます。
$$X = x_1, \ X = x_2, \ \cdots, \ X = x_n$$
となる確率が，それぞれ，
$$p_1, \ p_2, \ \cdots, \ p_n$$
であるとき，
$$p_1 x_1 + p_2 x_2 + \cdots + p_n x_n$$
をXの期待値といいます。

Xの期待値は，$E(X)$と表します。

たとえば，さいころの目は，1, 2, 3, 4, 5, 6で，どの目の出る確率も$\frac{1}{6}$ですから，さいころの目の期待値は
$$\frac{1+2+3+4+5+6}{6} = \frac{21}{6} = 3.5$$
です。

確率変数X, Yが，独立でも，従属でも，
$$E(X+Y) = E(X) + E(Y)$$
が成り立ちます。⇨確率変数

帰納 きのう [induction]
一つひとつの判断から一般法則を導き出すことを，帰納といいます。特殊から一般へと表現されます。特殊とは個々の

場合を指します。「特異」とは違います。

一般に新しい知識を手に入れることを「推理」といいますが，帰納はその1つです。よって帰納的推理といいます。

他に，演繹的推理と類推とがあります。

⇨演繹　⇨推理　⇨類推

帰納法 きのうほう ［induction］

帰納的推理の方法です。⇨帰納

帰謬法 きびゅうほう

［英 reduction to absurdity, 羅 reductio ad absurdum］

⇨背理法

基本確率 きほんかくりつ

［fundamental probability］

基本事象の確率をいいます。⇨基本事象

基本作図 きほんさくず

［fundamental constructions］ 中

作図とは，定規とコンパスを有限回使って，与えられた条件に合う図形を描くことです。

複雑な作図の場合には，基本的な作図を組み合わせると便利です。次のような作図が，基本作図に挙げられています。

(1) 線分の垂直二等分線を描く

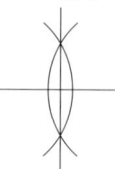

(2) 与えられた点を通り，与えられた直線に，垂線を引く

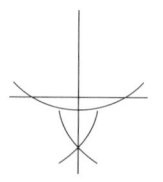

(3) 角の二等分線を引く

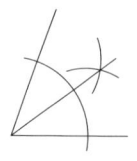

(4) 与えられた半直線を1辺として与えられた大きさの角を描く

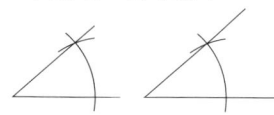

(5) 与えられた点を通り，与えられた直線に平行線を引く

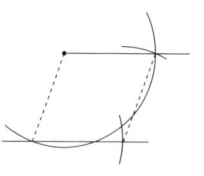

(6) 与えられた線分を，与えられた比に，内分または外分する

(7) 1直線上にない3点を通る円を描く

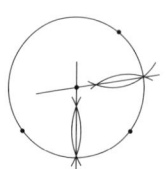

(8) 与えられた線分を弦とし，与えられた角を含む弓形を描く。

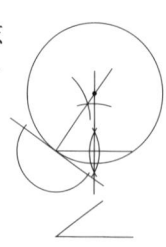

基本事象 きほんじしょう ［fundamental event］

事象 e_1, e_2, e_3, $\cdots$, e_n のどれかが起こり，どの2つも同時に起こらないとき，これらの事象を基本事象といいます。

さいころで言えば，1の目が出る，2の目が出る，$\cdots$, 6の目が出る，という6個の事象が，基本事象です。⇨事象

基本単位 (きほんたんい) [fundamental unit]

長さ，質量，時間の単位から，面積，体積，速さ，加速度，力などの単位を導くことができます。それで，長さの単位，質量の単位，時間の単位を基本単位といいます。メートル法では，C.G.S.単位系とM.K.S.単位系があります。

基本ベクトル (きほんベクトル) [fundamental vector]

あるベクトル空間*のベクトルが，すべて，互いに独立なn個のベクトルの1次結合として表されるとき，これらn個のベクトルを基本ベクトルといいます。

特に空間では，大きさ1で互いに垂直なベクトルを用います。このような基本ベクトルを，正規直交系といいます。

逆 (ぎゃく) [converse] 中

命題「AならばBである」に対して，命題「BならばAである」を，逆といいます。

「ある数が4の倍数ならば，それは偶数である」というのは正しいのですが，その逆「ある数が偶数ならば，それは4の倍数である」は，必ずしも正しくありません。ある数が6ならば，成り立ちません。このように，元の命題が正しくても，逆は正しいとは限りません。

しかし，たとえば「三角形の3辺の長さが等しければ，3角の大きさは等しい」の逆，「三角形の3つの角の大きさが等しければ，3辺の長さは等しい」は，成り立ちます。

逆関数 (ぎゃくかんすう) [inverse function]

$y=f(x)$の関係があるとき，変数yの値に対するxの値がただ一つ存在するとき，xはyの関数となります。このxを$f(x)$の逆関数といい，$x=f^{-1}(y)$と表します。なお$f^{-1}(x)$はエフ・インバース・エックスと読みます。

逆行列 (ぎゃくぎょうれつ) [inverse matrix]

Aをn次の正方行列*，Eをn次の単位行列とするとき，$AB=CA=E$となる行列B，Cが存在すれば，

$AB=E$より，$CAB=CE=C$

ところで，$CA=E$なので

$CAB=EB=B$

したがって，$C=B$となります。

このように，$AB=BA=E$となる行列Bが存在すれば，Bを行列Aの逆行列といい，A^{-1}と表します。⇨行列の積

逆三角関数 (ぎゃくさんかくかんすう) [inverse trigonometric function]

$y=\sin x \left(-\dfrac{\pi}{2} \leqq x \leqq \dfrac{\pi}{2}\right)$は増加関数ですから，逆関数が存在します。この逆関数を，$x=\sin^{-1}y$または$\arcsin y$と表します。上の範囲外にもxは存在するので，上の範囲内のxを主値と呼んで区別することがあります。

また，$y=\cos x$（$0 \leqq x \leqq \pi$）は減少関数ですから，逆関数が存在します。この逆関数を，$x=\cos^{-1}y$または$\arccos y$と表します。上の範囲外にもxの値は存在しますので，この範囲内のxを主値と呼んで区別することがあります。tanも同様です。

これらの関数を，逆三角関数といいます。

逆数 [inverse number, reciprocal]

$\frac{2}{3}$ に $\frac{3}{2}$ をかけると，1になります。このとき，$\frac{3}{2}$ は，$\frac{2}{3}$ の逆数であるといいます。また，$\frac{3}{2}$ と $\frac{2}{3}$ とは，互いに逆数であるといいます。

ある数 a の逆数は，$\frac{1}{a}$ と表されます。

逆正弦 [inverse sine]

アークサイン（arcsine）ともいいます。

$\sin\theta = a$ が成り立つとき，θ を $\arcsin a$，あるいは $\sin^{-1}a$ と表します。arc は弧のことですが，角を意味します。sin の値が a である角という意味です。

$|x| \leqq 1$ である x に対して，$y=\arcsin x$，$y=\sin^{-1}x$ を満たす y の値は無数にあり，関数の定義から外れますが，これを無限多価関数と名づけ，逆正弦関数といいます。y の値のうち，$-\frac{\pi}{2} \leqq y \leqq \frac{\pi}{2}$ となるものを主値といいます。

主値は，$\mathrm{Arcsin}\,x$，$\mathrm{Sin}^{-1}x$ と表します。

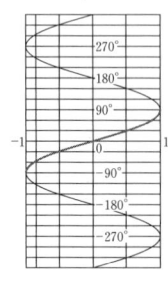

逆正接 [inverse tangent]

アークタンジェント（arctangent）ともいいます。

$\tan\theta = a$ が成り立つとき，θ を $\arctan a$，あるいは $\tan^{-1}a$ と表します。arc は弧ですが，角を意味します。tan の値が a である角という意味です。

$-\infty < x < \infty$ である x に対して $y=\arctan x$，$y=\tan^{-1}x$ を満たす y の値は無数にあり，関数の定義から外れますが，これを無限多価関数と名づけ，逆正接関数といいます。また，y の値のうち，$-\frac{\pi}{2} < y < \frac{\pi}{2}$ となるものを主値といいます。

主値は，$\mathrm{Arctan}\,x$，$\mathrm{Tan}^{-1}x$ と表します。

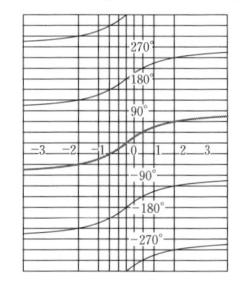

逆説 [paradox]

ある命題とその否定命題とが，ともに真であるように思われ，その誤りが明確に指摘できないとき，これらの命題を逆説といいます。二律背反ともいいます。

通説に対して，それを否定する説を逆説ということもあります。

数学では，逆理とよばれます。ゼノンの逆理が有名です。⇨ゼノンの逆理

既約分数 [irreducible fraction]

分数の分子・分母が公約数を持てば，分子・分母をこの公約数で割ることによ

って，同じ値の分数に変えることができます。この操作を，約分といいます。

既約分数は，約分が終わっている分数という意味で，分子・分母に公約数はありません。

逆余弦 (ぎゃくよげん) [inverse cosine]

アークコサイン (arccosine) ともいいます。

$\cos\theta = a$ が成り立つとき θ を $\arccos a$，あるいは $\cos^{-1} a$ と表します。arc は弧ですが，角を意味します。cos の値が a である角という意味です。

$|x| \leq 1$ である x に対して，$y = \arccos x$，$y = \cos^{-1} x$ を満たす y の値は無数にあり，関数の定義から外れますが，これを無限多価関数と名づけ，逆余弦関数といいます。y の値のうち，$0 \leq y \leq \pi$ となるものを主値といいます。

主値は，$\mathrm{Arccos}\, x$，$\mathrm{Cos}^{-1} x$ と表します。

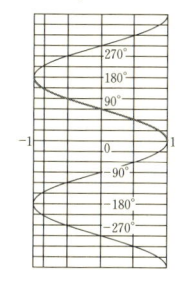

逆理 (ぎゃくり) [paradox] 中

⇨逆説

球 (きゅう) [sphere] 小

空間で，定点 C からの距離が一定である点は，シャボン玉のような面を作ります。

このような面を，球面といいます。

このような球面によって囲まれる立体が，球です。C をその球の中心といいます。C と球面上の 1 点とを結ぶ線分を半径といいます。

球を，中心を通る平面で切ると，切り口は，つねに円となります。この円を，大円といいます。大円の直径を，この円の直径といいます。

弓形 (きゅうけい) [segment, crescent]

円の弧と，その両端を結ぶ弦の作る図形を弓形といいます。この弦を弓形の弦，この弧を弓形の弧といいます。

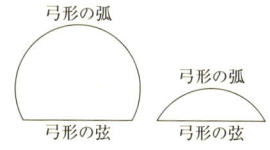

弓形の角 (きゅうけいのかく) [angle of segment]

弓形の弧上の 1 点と弦の両端とを結ぶ角は，一定です。この角を，弓形の角，または弓形の含む角といいます。

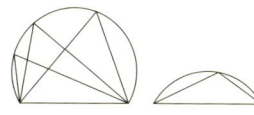

九章算術 (きゅうしょうさんじゅつ)

古代中国の秦・漢の時代の算術を 9 つの章にまとめた数学の教科書です。原著は失われて，魏の劉徽（リュ・ホイ）が注釈をつけて編集したものが，広く知られています。

第 1 章の「方田」は，田地の面積計算です。分数計算を含みます。第 2 章「粟米」は，穀物の精白や交易を扱います。

第3章の「衰分」は，差のある俸禄，租税を扱います。衰は差のことで，差をつけて分ける，つまり比例配分を扱います。

第4章の「少広」は，面積，体積，平方根，立方根を扱います。第5章「商功」は，土木工事です。第6章「均輸」は，輸送の負担を考えます。第7章「盈不足」は，過不足算*です。第8章「方程」は，連立1次方程式を扱います。正の数，負の数の計算を含みます。第9章の「勾股」は，直角三角形を扱います。

級数 きゅうすう ［series］

数列 $\{a_n\}$ の各項を＋で結合したものを級数といいます。

数列が有限個の場合は，通常の和となります。

数列が無限の場合は意味を持ちませんが，部分和

$$S_n = \sum_{i=1}^{n} a_i$$

の数列が，限りなく実数 S に近づくときは，この級数は収束して，その値は S である，といいます。

このことを，

$$\sum_{i=1}^{\infty} a_i = S$$

と表します。⇨収束する

球の体積 きゅうのたいせき ［volume of sphere］ 中

半径が R である球の体積は，

$$\frac{4\pi}{3} R^3$$

で与えられます。「窮（球）した体を見ると身(3)の上に心配(4π)ある(R)惨状(^{3})」と覚えてください。

ガリレオは『新科学対話』の中でその証明を行っています。

わかりやすく説明しましょう。

この球が，キッチリ入る円柱をつくります。右側の図は，その下半分です。ここから，球の中心を頂点とし，底面を共有する円錐をくり抜きましょう。

中心からの距離が h である水平面でこの立体を輪切りにすると，球の断面の面積は，

$$\pi r^2 = \pi (R^2 - h^2)$$
$$= \pi R^2 - \pi h^2$$

となります。

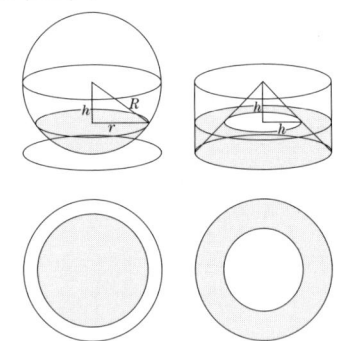

これはちょうど，円錐をくり抜いた円柱の断面の面積と同じです。それで，この立体と球とを，何千，何万という薄い板にスライスして足すと考えると，両方の体積が等しいことが分かります。

円錐をくり抜いた円柱の体積は

$$\pi R^2 \cdot R - \frac{1}{3} \pi R^2 \cdot R$$

$$= \frac{2}{3} \pi R^3$$

となります。球の体積はこの2倍ですから，証明ができました。

球の表面積 [surface area of sphere] 中

半径 R の球の表面積は，$4\pi R^2$ です。「窮（球）した面を見ると心配（4π）ある（R）事情$^{(2)}$」と覚えましょう。アルキメデスは，大円*に内接する正多角形を回転させた回転体の表面積が大円の面積の4倍より小さく，大円に外接する正多角形を回転させた回転体の表面積が大円の面積の4倍より大きいことを示し，正多角形の辺の数を多くして相似比を1に近づけて，球の表面積が大円の面積の4倍となることを示しました。

次の図では，球に円柱を外接させたものを円柱の底面に平行な平面でスライスすると，その間に含まれる球面の面積と円柱の面積が等しいことが示されています。

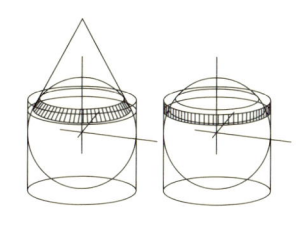

左の図と右の図に描かれた微小な帯の長さは各円の半径の 2π 倍ですから，その比は半径の比です。また，帯の幅の比は左の外接円錐の母線と高さとの比で，相似三角形に着目すると，上の半径の比の逆比（反比）になっています。そこで，左右の微小な帯の面積は，等しくなるのです。

この微小な帯の面積を足し合わせると，球の表面積は円柱の側面積に等しく，$4\pi R^2$ となります。

アルキメデスは，この球に多面体を内接および外接させ，表面の多角形の頂点と球の中心を結ぶ錐体の体積が球の体積より前者は小さく，後者は大きいと考えて両者の相似比を限りなく1に近づけ，球の体積は

$$\frac{1}{3}\cdot 4\pi R^2 \cdot R$$

であると考えたようです。

共円 [cocycle] 中

4つ以上の点が同一円周上にあるとき，これらの点は共円であるといいます。

仰角 [angle of elevation] 中

木の梢のように，目の位置より高いところにあるものを見上げる直線と水平面とのなす角を，その仰角といいます。

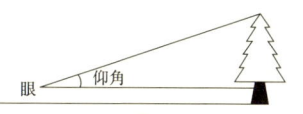

共線 [collinear] 中

3点以上の点が同一直線上にあるとき，それらの点は共線であるといいます。

共点 [concurrent] 中

3直線，あるいはそれ以上の直線が同一点で交わるとき，これらの直線は共点であるといいます。

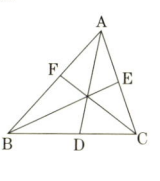

例）三角形の3本の中線は共点です。

行ベクトル [line vector]

成分が横に並んだベクトルを行ベクトルといいます。行列は，行ベクトルと列ベクトル*から構成されていると考えることができます。⇒行列

行列 [matrix]

mn 個の実数

$a_{ij}\ (1\leq i\leq m,\ 1\leq j\leq n)$

を，m 行 n 列に並べたものを，行列といいます。

$$\begin{pmatrix} a_{11} & a_{12} & \cdots & a_{1n} \\ a_{21} & a_{22} & \cdots & a_{2n} \\ \multicolumn{4}{c}{\dotfill} \\ a_{m1} & a_{m2} & \cdots & a_{mn} \end{pmatrix}$$

a の横の小さな数字は，左が行の番号で，右側が列の番号です。また，

$(a_{i1}\ \ a_{i2}\ \cdots\ a_{in}) = {}_i\boldsymbol{a}$

を第 i 行ベクトルといい，

$$\begin{pmatrix} a_{1j} \\ a_{2j} \\ \vdots \\ a_{mj} \end{pmatrix} = \boldsymbol{a}_j$$

を第 j 列ベクトルといいます。

このように，縦，横に並んだ数の組を，数ベクトル*といいます。

行列は，縦横の数ベクトルの組です。このような行列を，m 行 n 列の行列，あるいは簡単に mn 行列と呼びます。

行列は，簡単に，

$A = (a_{ij})$

と表したり，ベクトルを使って，

$A = (\boldsymbol{a}_1\ \ \boldsymbol{a}_2\ \cdots\ \boldsymbol{a}_n)$

$$A = \begin{pmatrix} {}_1\boldsymbol{a} \\ {}_2\boldsymbol{a} \\ \vdots \\ {}_m\boldsymbol{a} \end{pmatrix}$$

と表したりします。

アインシュタインは，行の番号を上に書くことを薦めています。その場合，行列は次のように表されます。

$$\begin{pmatrix} a_1^1 & a_2^1 & \cdots & a_n^1 \\ a_1^2 & a_2^2 & \cdots & a_n^2 \\ \multicolumn{4}{c}{\dotfill} \\ a_1^m & a_2^m & \cdots & a_n^m \end{pmatrix}$$

上の小さな数字は，累乗の指数ではなく，行の番号です。下の小さな数字が，列の番号です。また，

$(a_1^i\ \ a_2^i\ \cdots\ a_n^i) = \boldsymbol{a}^i$

を第 i 行ベクトルといい，

$$\begin{pmatrix} a_j^1 \\ a_j^2 \\ \vdots \\ a_j^m \end{pmatrix} = \boldsymbol{a}_j$$

を第 j 列ベクトルといいます。

こうすると，行列はベクトルを使って，

$A = (\boldsymbol{a}_1\ \ \boldsymbol{a}_2\ \cdots\ \boldsymbol{a}_n)$

$$A = \begin{pmatrix} \boldsymbol{a}^1 \\ \boldsymbol{a}^2 \\ \vdots \\ \boldsymbol{a}^m \end{pmatrix}$$

と表されます。⇨行ベクトル　⇨列ベクトル

行列式 [determinant]

行列 (A) の行列式 $|A|$ は，n^2 個の実数を，

$$\begin{vmatrix} a_{11} & a_{12} & \cdots & a_{1n} \\ a_{21} & a_{22} & \cdots & a_{2n} \\ \multicolumn{4}{c}{\dotfill} \\ a_{n1} & a_{n2} & \cdots & a_{nn} \end{vmatrix}$$

と並べたもので，その値は，

$$\sum_{\alpha\beta\cdots\gamma} \varepsilon_{\alpha\beta\cdots\gamma} a_{\alpha 1} a_{\beta 2} \cdots a_{\gamma n}$$

で与えられます。$\varepsilon_{\alpha\beta\cdots\gamma}$ は，順列 $\alpha\beta\cdots\gamma$ が，$12\cdots n$ から，偶数回の入れ替えで

できれば＋，奇数回の入れ替えでできれば－とします。それ以外のときは0です。
　たとえば，
$$\begin{vmatrix} a_{11} & a_{12} \\ a_{21} & a_{22} \end{vmatrix} = a_{11}a_{22} - a_{12}a_{21}$$

$$\begin{vmatrix} a_{11} & a_{12} & a_{13} \\ a_{21} & a_{22} & a_{23} \\ a_{31} & a_{32} & a_{33} \end{vmatrix} = a_{11}a_{22}a_{33} + a_{12}a_{23}a_{31}$$
$$+ a_{13}a_{21}a_{32} - a_{13}a_{22}a_{31} - a_{12}a_{21}a_{33}$$
$$- a_{11}a_{23}a_{32}$$

となります。

　関孝和が，『解伏題之法』*で研究したのは，この行列式です。

　アインシュタインの記号では，下のようになります。
$$\begin{vmatrix} a_1^1 & a_2^1 \\ a_1^2 & a_2^2 \end{vmatrix} = a_1^1 a_2^2 - a_2^1 a_1^2$$

$$\begin{vmatrix} a_1^1 & a_2^1 & a_3^1 \\ a_1^2 & a_2^2 & a_3^2 \\ a_1^3 & a_2^3 & a_3^3 \end{vmatrix} = a_1^1 a_2^2 a_3^3 + a_2^1 a_3^2 a_1^3$$
$$+ a_3^1 a_1^2 a_2^3 - a_3^1 a_2^2 a_1^3 - a_2^1 a_1^2 a_3^3$$
$$- a_1^1 a_3^2 a_2^3$$

　また，アインシュタインは，
$$\sum_{\alpha\beta\cdots\gamma} \varepsilon_{\alpha\beta\cdots\gamma} a_1^\alpha a_2^\beta \cdots a_n^\gamma$$
のように，上下に同じインデックス（添数）が現れたら，それをダミー・インデックスと呼び，$\sum$ を省略してもよいことにしました。つまり，ダミー・インデックス自体が，総和を表すことにしたのです。

　行列式の値は，簡単に
$$\varepsilon_{\alpha\beta\cdots\gamma} a_1^\alpha a_2^\beta \cdots a_n^\gamma$$

と表されます。この規約は，総和の規約（summation convention）と呼ばれます。
⇨ダミー・インデックス

行列式の基本法則

$\boldsymbol{a}, \boldsymbol{b}$ を列ベクトル*とすると，定義から，
$$|k\boldsymbol{a} \quad \boldsymbol{b}| = k|\boldsymbol{a} \quad \boldsymbol{b}|$$
$$|\boldsymbol{a} \quad \boldsymbol{b}+\boldsymbol{c}| = |\boldsymbol{a} \quad \boldsymbol{b}| + |\boldsymbol{a} \quad \boldsymbol{c}|$$
$$|\boldsymbol{b} \quad \boldsymbol{a}| = -|\boldsymbol{a} \quad \boldsymbol{b}|$$
したがって
$$|\boldsymbol{a} \quad \boldsymbol{a}| = 0$$
が成り立ちます。

　連立方程式
$$\begin{cases} a_{11}x + a_{21}y = a^1 \\ a_{12}x + a_{22}y = a^2 \end{cases}$$
を $x\boldsymbol{a} + y\boldsymbol{b} = \boldsymbol{c}$ と表せば，
$$|\boldsymbol{c} \quad \boldsymbol{b}| = |x\boldsymbol{a} + y\boldsymbol{b} \quad \boldsymbol{b}|$$
$$= |x\boldsymbol{a} \quad \boldsymbol{b}| + |y\boldsymbol{b} \quad \boldsymbol{b}|$$
$$= x|\boldsymbol{a} \quad \boldsymbol{b}| + y|\boldsymbol{b} \quad \boldsymbol{b}|$$
$$= x|\boldsymbol{a} \quad \boldsymbol{b}|$$

したがって，$x = \dfrac{|\boldsymbol{c} \quad \boldsymbol{b}|}{|\boldsymbol{a} \quad \boldsymbol{b}|}$

同様に，$y = \dfrac{|\boldsymbol{a} \quad \boldsymbol{c}|}{|\boldsymbol{a} \quad \boldsymbol{b}|}$

　3元以上でも，同様です。

行列の積 [product of matrix]

　1次変換の合成で，行列の積を
$$\begin{pmatrix} e & f \\ g & h \end{pmatrix} \begin{pmatrix} a & b \\ c & d \end{pmatrix} = \begin{pmatrix} ea+fc & eb+fd \\ ga+hc & gb+hd \end{pmatrix}$$
と決めました。これは，ベクトル
$$\boldsymbol{a} = (e \quad f), \quad \boldsymbol{b} = (g \quad h)$$
$$\boldsymbol{c} = \begin{pmatrix} a \\ c \end{pmatrix}, \quad \boldsymbol{d} = \begin{pmatrix} b \\ d \end{pmatrix}$$
を利用して，

$$\begin{pmatrix} a \\ b \end{pmatrix} (c\ d) = \begin{pmatrix} ac & ad \\ bc & bd \end{pmatrix}$$

と計算されます。ac などは，内積と同じ形ですが，1行の行列 a と 1列の行列 c との行列の積です。

$m\ell$ 行列 $A = (a_{ij})$，ℓn 行列 $B = (b_{jk})$ のときは，

$$\begin{pmatrix} {}_1a \\ {}_2a \\ \vdots \\ {}_ma \end{pmatrix} (b_1\ b_2\ \cdots\ b_n)$$

$$= \begin{pmatrix} {}_1ab_1 & {}_1ab_2 & \cdots & {}_1ab_n \\ {}_2ab_1 & {}_2ab_2 & \cdots & {}_2ab_n \\ \cdots & \cdots & \cdots & \cdots \\ {}_mab_1 & {}_mab_2 & \cdots & {}_mab_n \end{pmatrix}$$

と計算します。ただし，

$${}_iab_j = a_{i1}b_{1j} + a_{i2}b_{2j}$$
$$+ a_{i3}b_{3j} + \cdots + a_{i\ell}b_{\ell j}$$

です。つまり，

$$\left(\sum_{\alpha=1}^{\ell} a_{i\alpha} b_{\alpha j} \right)$$

を ${}_ia$ と b_j の積といい，${}_iab_j$ と表します。

例1) $A = \begin{pmatrix} 1 & 6 \\ -3 & 4 \end{pmatrix}$，$B = \begin{pmatrix} 0 & 5 \\ 7 & 2 \end{pmatrix}$

のとき，

$$AB = \begin{pmatrix} 1\times 0 + 6\times 7 & 1\times 5 + 6\times 2 \\ -3\times 0 + 4\times 7 & -3\times 5 + 4\times 2 \end{pmatrix}$$

$$= \begin{pmatrix} 42 & 17 \\ 28 & -7 \end{pmatrix} \quad \text{となります。}$$

例2) $A = (a\ b)$，$B = \begin{pmatrix} c \\ d \end{pmatrix}$ のとき，

$AB = (ac + bd)$ となります。

例3) $A = \begin{pmatrix} a \\ b \end{pmatrix}$，$B = (c\ d)$ のとき，

$$AB = \begin{pmatrix} ac & ad \\ bc & bd \end{pmatrix} \quad \text{となります。}$$

行列の和 [sum of matrix]

行列 $A = (a_{ij})$，$B = (b_{jk})$ があるとき，行列 $(a_{ij} + b_{ij})$ を A と B の和といい，$A + B$ と表します。

例) $A = \begin{pmatrix} 1 & 6 \\ -3 & 4 \end{pmatrix}$，$B = \begin{pmatrix} 0 & 5 \\ 7 & 2 \end{pmatrix}$ のとき，

$$A + B = \begin{pmatrix} 1+0 & 6+5 \\ -3+7 & 4+2 \end{pmatrix} = \begin{pmatrix} 1 & 11 \\ 4 & 6 \end{pmatrix}$$

となります。

極限値 [limit value]

〈変数の極限値〉

変数 x と定数 a との差が無限小*であるとき，変数 x の極限値は a であるといい，$\lim x = a$ と表します。

〈数列の極限値〉

数列 $\{a_n\}$ において，n が無限大*であるとき，$a_n - a$ が無限小となるような定数 a が存在するとき，a をこの数列の極限値といい，

$$\lim_{n \to \infty} a_n = a$$

と表します。

〈関数の極限値〉

x の関数 $y = f(x)$ において，$x - a$ が無限小であるときに $y - b$ が無限小となるような定数 b が存在すれば，b を「x が a に限りなく近づくときの $f(x)$ の極限値」といい，

$$b = \lim_{x \to a} f(x)$$

と表します。

極座標 [polar coordinates]

平面上に始線*と呼ばれる基準半直線

OX を引くとき，∠POX = θ，OP = r であれば，(r, θ) を点 P の極座標といい，r を動径，θ を偏角といいます。

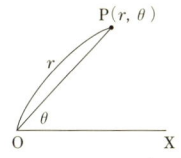

極座標を用いると，円錐曲線*は，すべて，

$$r = \frac{\ell}{1 + e\cos\theta}$$

で表されます。e は離心率*で $e = 0$ のときは円，$0 < e < 1$ のときは楕円，$e = 1$ のときは放物線，$e > 1$ のときは双曲線です。

極小値 [minimal value]

十分小さい正の数 δ を選んだとき，$0 < h < \delta$ であるすべての h に対して

$$f(a-h) > f(a),\ f(a+h) > f(a)$$

が成り立つならば，$f(a)$ を極小値といいます。

曲線 [curve] 小

紙の上でペンを走らせると，線ができます。この線は幅がありますが，数学でいう線は，幅がないものとしています。ふつうは，そのうちのまっすぐなものが直線で，直線でないものが曲線だとしています。折れ線も曲線の1種です。

極大値 [maximal value]

十分小さい正の数 δ を選んだとき，$0 < h < \delta$ であるすべての h に対して

$$f(a-h) < f(a),\ f(a+h) < f(a)$$

が成り立つならば，$f(a)$ を極大値といいます。

極値 [extreme value]

極大値*，極小値*をあわせて，極値といいます。

$f(x)$ が微分可能のときは，$f(x)$ は極値の前後で，増加から減少に，あるいは減少から増加に変わりますから，$f'(x)$ が正から負に，あるいは負から正に符号を変えます。

したがって，$f'(x)$ が連続ならば，極値を与える x の値を a とするとき，$f'(a) = 0$ となります。

曲面 [surface] 小

曲面というとき，平面はその特殊な場合であるとして，曲面の中に平面をいれる場合があります。反対に，平面でない面が曲面であると考える場合があります。

平面の場合は，その上に任意の2点を取ると，その2点を通る直線は，完全にその平面に含まれます。それで，平面は，平らで無限に広がっているとされます。

たとえば，球面の場合は，有限で閉じています。したがって，平面ではありません。円錐面の場合は両側に無限に広がっており，母線*は完全に円錐面に含まれますが，それ以外の直線は含まれないので，やはり曲面です。このように，直線が移動して作った曲面を，線織面といいます。

多面体の各面は平面の一部ですが、多面体の表面は、折れ曲がっています。したがって、やはり曲面です。

虚数 [imaginary number]

$i^2 = -1$ となる i を考えると、たとえば
$$x^2 = -4$$
となる x は、
$$x^2 = -4 = 4i^2$$
$$x^2 - 4i^2 = 0$$
$$(x - 2i)(x + 2i) = 0$$
$$x = \pm 2i$$

と表されます。この x のように平方したときに負の数となるものを数と認め、虚数といいます。

虚数は i を単位として測定するとき、測定値として実数が得られます。この実数を b とすれば、bi と表されます。

$2 + 3i$ のように、虚数を含む数は複素数*といいます。このような数も虚数ということがあります。そのときは、bi($b \neq 0$)を、純虚数といいます。なお、実数も複素数に入れます。⇨虚数単位

虚数単位 [imaginary unit]

$i^2 = -1$ となる i を数と認め、虚数単位といいます。

きょり [distance] 小

2つの場所をきめて、その間をまっすぐに測った長さを、きょりといいます。

距離 [distance] 中

2点を結ぶ経路の中で、長さが一番短いものの長さを、距離といいます。したがって、2点を結ぶ線分の長さが、2点間の距離となります。

点Pと直線 ℓ との距離は、ℓ 上の点QとPとを結ぶ線の長さの最小値です。Pから ℓ に引いた垂線の長さが、それに当たります。

直線 ℓ, m の距離というときは、ℓ 上に点P、m 上に点Qを取って、線分PQが最短になるようにします。ℓ, m が交わっていれば、距離は0です。ℓ, m が平行であれば、距離は共通垂線の長さです。

ℓ, m がねじれの位置にあるときも、共通垂線の長さが距離となります。

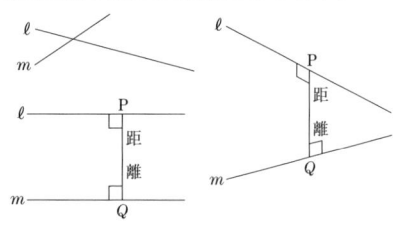

2点A、Bの距離を $D(A, B)$ と表すと、

(1) $D(A, B) \geq 0$
 （等号は、A、Bが重なるときに限る）
(2) $D(A, B) = D(B, A)$
(3) $D(A, C) + D(C, B) \geq D(A, B)$

という関係があります。これを、距離の公理といいます。

京都市のように、道路が碁盤目になっているときは、道路沿いに測った道のりを「距離」と考えることができます。距離の公理が成り立っています。

地球表面上の2点についても、大圏コースに沿って測った道のりを「距離」と考えることができます。やはり、距離の公理が成り立ちます。⇨大圏コース

切り上げ
[round up, counting fractions as one] 小

およその数にするとき、求める位取りの次に数があれば、どんなに小さくても1として繰り上げることをいいます。
例）53.007を小数1位までの数にするときは、53.1とします。整数にするときは、54とします。

ギリシャの数学
[Greek mathematics]

ギリシャ数学で最初に名前が出るのは、ミレトスのタレスとサモスのピュタゴラスです。ともにイオニア出身です。イオニア地方というのは、現在のトルコの西海岸、エーゲ海に面するところにあります。ミレトスは商工業の中心として栄えていたと思われます。後世の人がイオニア学派と呼ぶ哲学者が輩出しています。もっとも、現代とは違い、職業的数学者や職業的哲学者は存在しませんでした。商人であったり、何らかの職業人であったことでしょう。タレスも、ピュタゴラスも、エジプトやメソポタミアに旅をして、そこから数学の知識を持ち帰ったと伝えられますが、確証はないようです。エジプトやメソポタミアの数学については、パピルスや粘土板に記録が残されており、解読されてからかなり知られるようになっていますが、ギリシャ数学に関しては、意図的に資料が残されなかったり、存在は知られているものの現物は失われていたりしていて、はっきりしたことは分かっていません。

たとえば、プラトンやアリストテレスは、前5世紀のピュタゴラス派の数学者たちがはじめて論証の体系を作ったとしていますが、プロクロスがピュタゴラスの業績としているものと重なっています。したがって、プロクロスがピュタゴラス派の業績とピュタゴラス本人の業績とを取り違えたのではないかと疑問を呈する人もあります。

ところで、アラビア人がサンスクリット語やギリシャ語の文献を翻訳して保存・発展に力を尽くした結果、貴重な資料が残されたので、ギリシャ数学について、かなりの部分が復元されてきています。最近も、アルキメデスの写本が再発見され、驚くべき内容が明らかになりました。

ギリシャ数学がエジプトやメソポタミアから多くを学んだことは、疑う余地がありません。ただ、エジプトやメソポタミアの数学は、問題と解答の羅列、及び計算用数表という形式で、演繹的な論証による体系とはなっていません。

もちろん、演繹的な思考が全く欠落していたわけではなく、具体的な解法を比較し帰納することで一般的解法を理解し、それを適用することで演繹を実行していたことも確かです。しかし、定義、公理、定理、証明という演繹体系は、ギリシャ人が作り上げたものといえるでしょう。

ピュタゴラス派と並んで、エレア派、中でもゼノン（前490？～前429？）のパラドックスが、抽象的、論理的思考の発展に寄与しました。なお、「新月形の正方化」で知られるキオスのヒポクラテス

（前450頃）は最初の『原論』をまとめたといわれていますが、失われて存在していません。

ペルシャ戦争（前492～前449）に打ち勝ち、ギリシャの盟主となったアテネは、ペリクレス時代といわれる黄金時代を迎えます。プラトン（前427～前347）のアカデメイア、アリストテレス（前384～前322）のリュケイオンがその中心でした。プラトンは学問の体系化を提唱しています。アリストテレスは科学史の資料の整理を行なわせています。アリストテレスの弟子であったエウデモスは『幾何学史』『数論史』を著しています。これらは失われて現存しませんが、5世紀のプロクロスが引用して、幾何学者列伝を書いています。

また、角の3等分、円の正方化、立方体の倍積問題に対するソピステース*たちの貢献も、近代数学の先駆として重要です。

その後アテネは没落し、マケドニアのアレクサンドロスに滅ぼされますが、こうして迎えたヘレニズム時代にはアレクサンドリアが中心的な役割りを果たしました。中でも圧巻はユークリッド*の『ストイケイア』です。この中には、エウドクソス（前408～前355）の比例論、テアイテトスの無理数論、正多面体論などがふくまれます。いわば、アカデメイアに至るまでのギリシャ数学が集約されています。

ユークリッドには4巻の『円錐曲線論』があったといいますが、失われました。

前3世紀にはシラクサのアルキメデス（前287？～前212）が現れます。彼はアレクサンドリアのコノンやドシテウスと親交があったようですから、アレクサンドリアで学んだと思われます。

アルキメデスの『球と円柱について』では、球に外接する円柱の全表面積とその体積とが、球の表面積と体積の1.5倍であることが証明されています。『円の測定』では、円周率が $\dfrac{233}{71}$ より大きく $\dfrac{22}{7}$ より小さいことを証明しています。『放物線の求積』では、取り尽くし法に到達しています。『砂粒を数えるもの』では、アリスタルコスの太陽の直径は地球の20倍より大きく30倍より小さいという説を認めています。アルキメデスは、アリスタルコスが地動説を唱えたといいますが、アリスタルコスの『太陽と月の大きさと距離について』には、そのような言明がありませんから、失われた他の著書からの引用であるか、アルキメデスがそのように理解したのか分かりません。いずれにせよ、アルキメデスが地動説を認めていたことだけは確かです。

『方法』は、アルキメデスの発見が、どのような方法によってもたらされたかを、力学的考察も含めて明らかにしています。

『ストマキオン』*は、当時存在したストマキオン（胃痛）という名のパズルを材料にして、順列や組合せを考察したのではないかと見られています。

アルキメデスと同時代にアルキメデスと共に古代ギリシャ数学の頂点を築いたのがペルゲのアポロニウス（前262頃〜前190頃）です。『円錐曲線論』全8巻を著しました。このうち1〜4巻はギリシャ語で，5〜7巻はアラビア語で残っていますが，第8巻は失われました。先人たちの結果を整理し，また彼独自の結果を多数盛りこんだ見事な著作です。

その後，急速に輝きを失ったギリシャ数学ですが，3世紀の中頃，アレクサンドリアにディオファントスが現れ，『算術』全8巻を著しました。圧倒的に幾何学優位のギリシャ数学にあって，近代代数学の源流をなしたと評されるユニークな本です。この中で多くの定方程式，不定方程式を扱い，また記号代数学に向かって大胆な一歩を踏み出しました。

切り捨て［emission of fractions］小

およその数にするとき，必要な位取りまでとって，はしたを切り捨てることを切り捨てといいます。⇨およその数
例）473582を1000の位までのおよその数（概数）で表すときは，473000とします。
有効数字*で表すときは，4.73×10^5とします。

キログラム［kilogram］小

1000グラムのことです。
記号は，kg です。

キロメートル

［英 kilometre，米 kilometer］小
道のりや距離を表す単位です。1000メートルのことです。記号は km です。

キロリットル

［英 kilolitre，米 kiloliter］小
かさの単位です。1000リットルのことです。1000リットルは，1辺の長さが1mである立方体の体積です。

近似値［approximate value］中

円周率は，詳しい値が知られています。それでも，普段使うときは，3.14，あるいは3.1416で十分です。

このように，本当の値に近くて，本当の値の代理をする数値を，近似値といいます。

社会統計などで，人口や土地面積，石油の産出量などを記載するときも，近似値が使われます。

く

空間［space］

何もない部屋を考えて見ましょう。そこは空っぽですから，空間です。しかし，家具を置いて，人が住むようになっても，空間であることは変わりません。また，部屋を出ると，そこにも空間が広がっています。

このような空間は，前後，左右，上下の3方向に広がっていますから，3次元空間といいます。普通，空間といわれているのは，3次元空間のことです。

そこから考えて，平面上では，前後，左右の2方向しかありませんから，平面を2次元空間と呼ぶことがあります。直線は，1次元空間です。

また，空間に時間を加えて，時空空間ということもあります。時空空間を自由に往来できれば楽しいでしょう。これは，4次元の空間です。

これらをあわせて，空間ということもあります。

アインシュタインによると，私たちの住む空間は，どうやら，有限で，曲がっていて，閉じているようです。これに対して，無限に広がる平らなバーチャルな空間を考えて，ユークリッド空間*と名づけています。現代数学では，そのほかにも，いろいろの空間を考えています。

空間図形 [space form] 中

平面に含まれない図形を，空間図形といいます。この空間は，3次元空間のことです。

球や多面体のように閉じた図形もありますが，曲面や，蔓巻き線なども，空間図形です。

空事象 [null event] 中

決して起こらない事象を空事象といいます。記号∅で表します。⇨事象

空集合 [null set]

元を全く含まない集合を空集合といいます。空集合は，記号{ }，あるいは∅で表します。

偶順列 [even permutation]

基準の順列から偶数回の互換*によってできる順列を偶順列といいます。

偶数 [even number] 小 中

2で割り切れる整数を，偶数といいます。2の倍数のことです。

…, -4, -2, 0, 2, 4, …

が偶数です。

偶然性 [accident]

ある事象が生起する可能性を偶然性といいます。偶然性は意識の外に実在する量で，測定可能です。その測定値は，確率と呼ばれます。⇨確率

区間 [interval]

$a \leq x \leq b$，$a < x < b$ などの不等式を満たすすべての x の集合を，区間といいます。両端の数を含む場合は閉区間，両端の数を含まない場合は開区間といいます。

また，片側だけを含むときは，半開区間といいます。

$a \leq x \leq b$ は，$[a, b]$ で，
$a < x < b$ は，(a, b) で，
すべての実数は $(-\infty, +\infty)$ で，
$a < x$ は，$(a, +\infty)$ で，
$x \leq b$ は，$(-\infty, b]$ で表します。

区間縮小法
[method of diminishing interval]

具体例で示しましょう。

区間* $[a, b]$ で連続で，$f(a) < 0$，$f(b) > 0$ となる関数は，$f(c) = 0$ となる c を，少なくとも1つ持ちます。

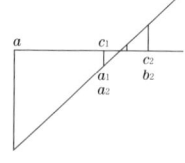

【証明】

$c_1 = \dfrac{a+b}{2}$ とするとき，$f(c_1) = 0$ であれば，$c = c_1$ とすればよいのです。

もし $f(c_1) < 0$ ならば，$a_1 = c_1$，$b_1 = b$ として，同じ様にします。もし $f(c_1) > 0$

ならば，$a_1=a$，$b_1=c_1$ として，同じ様にします．途中で 0 となれば，それが c です．

このようにして，$f(a_i)<0$，$f(b_i)>0$ としていくと，
$$a \leqq a_1 \leqq a_2 \leqq a_3 \leqq a_4 \leqq \cdots$$
$$\cdots \leqq b_3 \leqq b_2 \leqq b_1 \leqq b$$

このとき，
$$a \leqq a_1 \leqq a_2 \leqq a_3 \leqq a_4 \leqq \alpha,$$
$$\beta \leqq b_3 \leqq b_2 \leqq b_1 \leqq b$$

となる α，β が，それぞれ少なくも 1 つは存在します．
$$a \leqq a_1 \leqq a_2 \leqq a_3 \leqq a_4 \leqq \alpha$$
$$<\beta \leqq b_3 \leqq b_2 \leqq b_1 \leqq b$$

とすると，
$$\beta - \alpha < b_i - a_i = \frac{b-a}{2^i}$$

i はいくらでも大きくできますから，$\alpha=\beta$ でなければなりません．

したがって，
$$\lim_{i \to \infty} a_i = \lim_{i \to \infty} b_i = \alpha$$

となります．

$f(x)$ は連続関数ですから，
$$f(\alpha) = \lim_{i \to \infty} f(a_i) \leqq 0$$
$$f(\alpha) = \lim_{i \to \infty} f(b_i) \geqq 0$$

そこで，$f(\alpha)=0$ です．

$c=\alpha$ とすればよいのです．（証明終）

この証明では，区間 $[a_i, b_i]$ を次々に縮小しています．このような証明法を区間縮小法といいます．

九九 〈[multiplication table] 小

1 から 9 までの 2 数の積を表にしたものを，九九といいます．

	1	2	3	4	5	6	7	8	9
1	1	2	3	4	5	6	7	8	9
2	2	4	6	8	10	12	14	16	18
3	3	6	9	12	15	18	21	24	27
4	4	8	12	16	20	24	28	32	36
5	5	10	15	20	25	30	35	40	45
6	6	12	18	24	30	36	42	48	54
7	7	14	21	28	35	42	49	56	63
8	8	16	24	32	40	48	56	64	72
9	9	18	27	36	45	54	63	72	81

1の段	2の段	3の段
1×1=1	2×1= 2	3×1= 3
1×2=2	2×2= 4	3×2= 6
1×3=3	2×3= 6	3×3= 9
1×4=4	2×4= 8	3×4=12
1×5=5	2×5=10	3×5=15
1×6=6	2×6=12	3×6=18
1×7=7	2×7=14	3×7=21
1×8=8	2×8=16	3×8=24
1×9=9	2×9=18	3×9=27

などとなっています．

たとえば 3 の段であれば，左側に置いた数 3 に，1, 2, 3, …を次々にかけていきます．左の 3 が「かけられる数」，右の 1, 2, 3, …が「かける数」です．

九九の歴史

韓嬰が著した『韓詩外伝』の中に，斉の桓公（前685～前643）のところに，東の鄙人が「九九ができる」といってたずねてきた．九九はそんなに大事かと聞いた桓公に，東の鄙人は，「九九はつまらない技かもしれないが，九九のできるものを優遇すれば，もっと有能な人物が集まる」と答えた．それで，その人物を優遇したところ，四方から人士が集まって

きた，という話があります。この時代には，民間で，九九が行われていたようです。中国でも，九九は口訣といって，数え歌のように唱えていました。

最初に中国から日本に到来したとき，九九八十一から始まっていたので，「九九」と呼ばれるようになりました。

九九，八九，七九，六九という順序でした（銭宝琮『中国数学史』）。

九が9で81, 九が8で72, 九が7で63というようになっています。ちょうど，八十といえば十の八倍であるのと同じ様に，八九といえば，九の八倍です。

江戸時代中期に書かれた『塵劫記』では二二が四から始まっていますが，それより前に出されたロドリゲスの『日本大文典』では，九九から始まるものと，二二から始まるものがあると書かれています。

江戸時代末期には，「一一が一，二一が二，三一が三，…，一二が二，二二が四，三二が六，…」となっています。

元の朱世傑（1300頃）が著した『算学啓蒙』に，一一如一から始まる九九が載っているようです。

時代を隔てて，いろいろなルートで伝わってきたことが分かります。ただ，どれも段の数が後ろに置かれていて，その前に掛ける数がくるという順序だけは変わっていません。いま小学校で勉強しているように，九の段は $9×1, 9×2$, などとなっていて，段の数が前に置かれ，それに後から，1, 2, 3, 4, …を掛けるという順序のものはみられません。⇒和算

具象 ぐしょう [embodiment]

具体化ともいいます。具体物で示すことです。

区分求積法 くぶんきゅうせきほう [measuration by parts]

$y = x^2$ と x 軸，直線 $x = a$ の囲む図形の面積 S を求めましょう。

区間 $[0, a]$ を n 等分し，各区間において，この図形に含まれる長方形と，この図形を含む長方形をつくります。このとき，

$$\sum_{k=1}^{n=1} \frac{a}{n} \left(\frac{ka}{n} \right)^2 < S$$

$$< \sum_{k=1}^{n} \frac{a}{n} \left(\frac{ka}{n} \right)^2$$

となります。そこで，

$$\frac{a^3}{n^3} \frac{1}{6} n(n-1)(2n-1) < S < \frac{a^3}{n^3} \frac{1}{6} n(n+1)(2n+1)$$

が成り立ちます。

$n \to \infty$ とすると，

$$\frac{1}{3} a^3 \leqq S \leqq \frac{1}{3} a^3$$

から，$S = \dfrac{1}{3} a^3$ が得られます。

このように，対象を細分化して面積や体積を求める方法を，区分求積法といいます。

組合せ くみあわせ [combination]

「組み合わせ」というときは特別の条件はありませんが，数学で「組合せ」と

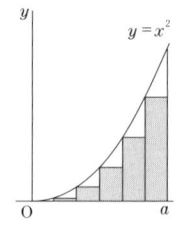

いうときは，一定の条件があります。

たとえばA，B，C，Dの4人から2人を選んで日直をしてもらうと，何通りの選び方があるでしょうか。

Aが入っている組は，AB，AC，ADで，Aが入らないのは，BC，BD，CDです。

このように，それぞれが異なっているいくつかのものから，いくつかを選び出して組を作ったものを，組合せといいます。ここでは，選び出す順序は考えません。選び出された結果だけを考えます。

相異なるn個のものからr個を取り出した組合せの総数を，${}_nC_r$と表します。

上の例では，${}_4C_2=6$です。

一般に，${}_nC_r$は，
$$\frac{n(n-1)(n-2)\cdots(n-r+1)}{r(r-1)(r-2)\cdots 3\cdot 2\cdot 1}$$
となります。

組み合わせ くみあわせ [combination]

いくつかの物を組み合わせてできたものの集まりを組み合わせといいます。
⇨組合せ

組み合わせ方 くみあわせかた 小

たとえば5種類の花があります。そこから，3種類の花を選んで，花束をつくります。その選び方が，組み合わせ方です。そして出来上がった花束は，組み合わせといいます。

組立除法 くみたてじょほう [synthetic division]

多項式 $P(x)=a_n x^n+a_{n-1}x^{n-1}+\cdots+a_0$
を $x-a$ で割った商 $Q(x)$ を
$b_{n-1}x^{n-1}+b_{n-2}x^{n-2}+\cdots+b_0$ とし，余りを R とすると，

$b_{n-1}=a_n$
$b_{n-2}=a_{n-1}+ab_{n-1}$
$b_{n-3}=a_{n-2}+ab_{n-2}$
……
$b_0=a_1+ab_1$
$R=a_0+ab_0$

の関係があります。そこで，

$$\begin{array}{cccccc} a_n & a_{n-1} & a_{n-2} & & a_1 & a_0 \quad (a \\ & ab_{n-1} & ab_{n-2} & & ab_1 & ab_0 \\ \hline b_{n-1} & b_{n-2} & b_{n-3} & & b_0 & R \end{array}$$

として，商と余りを求めることができます。これを，組立除法といいます。

例　$4x^3-7x^2-6x-7$ を $x-3$ で整除しましょう。

$$\begin{array}{c|ccccc} & 4 & -7 & -6 & -7 & (3 \\ & & \downarrow 下ろす & \downarrow 足す & \downarrow 足す & \downarrow 足す \\ & & 12 & 15 & 27 & \\ \hline & 4 & 3\times & 5 & 3\times & 9\ 3\times & 20 \end{array}$$

答　商　$4x^2+5x+9$，余り20

雲形定規 くもがたじょうぎ [French curve]

曲線を書くための道具で，図のような形をしています。オハイオ州立大学のトーマス・フレンチ教授が発明したので，フレンチ・カーヴという名前がつけられています。

これで曲線を描くには，連続する4点を通る定規を選び出し，中の2点を，定規をなぞって結びます。

両端だけは，端まで，3点を結びます。

くらい [location] 小

たとえば，数365には，100が3個，10

が6個, 1が5個ふくまれます。3は, この位置に置かれたことで, 100の個数を示します。それで, この位置を100のくらいといいます。

6は, この位置に置かれたことによって, 10の個数を示します。それで, この位置を10のくらいといいます。5の位置は, 1のくらいです。

くらいは, けた（桁）ともいいます。

位 [location] 中
⇨位取り記数法

位取り記数法
ふだん私たちが使っている数の表し方は, たとえば

$$2376 = 2000 + 300 + 70 + 6$$

のように, 0〜9までの数字を用いて10ごとに桁を上げて表記しています。このような記数法を位取り記数法といいます。

グラフ [graph] 小
人口や生産量, 物価のような量や関数の値などを比較したり表したりするための図形を, グラフといいます。帯グラフ, 円グラフ, 棒グラフ, 折れ線グラフなどがあります。

1次関数 $y = ax + b$ を成り立たせる数 x, y を, それぞれ x 座標, y 座標とする点 (x, y) は, すべて座標平面上のある直線上にあります。この直線を, この1次関数のグラフといいます。

$y = ax + b$ は方程式でもありますから, この直線を, 方程式 $y = ax + b$ のグラフともいいます。⇨円グラフ ⇨帯グラフ ⇨折れ線グラフ ⇨関数のグラフ ⇨方程式のグラフ

グラフの方程式 [equation of graph] 中
座標平面に描かれたグラフ上の点が, すべて, ある方程式を満たし, 逆に, その方程式を満たす点はすべて, そのグラフ上にあるならば, その方程式を, そのグラフの方程式といいます。

くらべられる量 小
比A：Bで, Aをくらべられる量, Bをもとにする量といいます。⇨もとにする量

$$A：B$$
(くらべられる量) (もとにする量)

グラム [gram, gramme] 小
メートル法の質量の単位です。4℃である水1ミリリットル(ml) の質量が1グラム (g) と定められています。1000グラムは1キログラム (kg) です。
⇨質量

くり上がり [carry up] 小
たとえば, 8 + 5は13になります。8も5も1けたの数ですが, その和は2けたの数になります。

同じように, 90 + 30 = 120となります。このように, 足した結果が, 次の位取りにも現れるとき, くり上がりがあるといいます。

くり上げる [carry up] 小
くり上がりのある計算で, 次の位にくり上がった数を足すことが, くり上げです。くり上がりと同じです。⇨くり上がり

くり下がり [carry down] 小
たとえば, 13 − 7のように, 1の位で

3から7が引けないときは，10から引いて，(10−7)＋3＝3＋3＝6と計算します。2けたの数が，1けたの数になります。このような時，くり下がりがあるといいます。

くり下げる [carry down] 小

くり下がりのある計算をおこなうことで，くり下がりと同じです。⇨くり下がり

け

京 [sexdecillion]

わが国の数詞の1つで，1兆の1万倍です。日本の数詞は十進法*と万進法*の組み合わせになっていて，万進法によれば，万，億，兆，京となります。それで，京は10^{16}となります。

系 [corollary] 中

ある定理から，すぐに導かれる定理を，その定理の系といいます。

けいさん 小

たしざん，ひきざん，かけざん，わりざんなどを，けいさんといいます。えんぴつやノートをつかうけいさんが，ひつさんです。あたまのなかでするけいさんが，あんざんです。

計算 [calculation] 小 中

アルゴリズム*を，計算機や筆記道具を用いて，実際に行う作業を計算といいます。

計算のきまり 小

計算では，いつも，つぎのことがいえます。いつもそうですから，あんしんです。

(1) たす数とたされる数は，入れかえても，和は同じです。
(2) 3つの数を足すときは，どの2つを先に足しても，和はおなじです。
(3) かける数とかけられる数は，いれかえても積はおなじです。
(4) 3つの数をかけるときは，どの2つを先にかけても，積はおなじです。
(5) 2つの数の和に，ある数をかけるとき，足してからかけても，1つひとつにその数をかけてから足しても，こたえはおなじです。
(6) 2つの数の差に，ある数をかけるとき，引いてからかけても，1つひとつにその数をかけてから引いても，こたえはおなじです。⇨和 ⇨積

計算のじゅんじょ 小

これは，「計算のきまり」とはちがって，いつもそうなっているわけではありません。まもらなければならないやくそくです。
(1) 式は，左から計算します。
(2) ( )のある式は，( )の中を先に計算します。
(3) ＋，−，×，÷のまじった式では，×，÷を先に計算します。

形式不易の原理 [principle of permanent formulas]

形式不変の原理とも言います。数の範囲は，自然数，整数，有理数，実数，複素数と拡張されましたが，交換法則，結合法則，分配法則は，そのまま

保存されてきました。このことに対して, ハンケル（1839～1873）が名づけた名前です。不易は, 変わらないという意味です。

このことは, 人が意図的にこの原理に従って数の拡張を行ったというのではなく, 意識の外に実在する量の法則が反映した結果であると考える方が自然です。

係数 [coefficient] 中

単項式において, ある文字に着目したとき, それ以外の部分を, 係数といいます。

たとえば, $5abx^2$ においては, 5 は, abx^2 の係数です。x を不定元*とすれば, $5ab$ が x^2 の係数です。⇒元

経度 [longitude]

地球上の1地点を通る子午線を含む平面が, グリニッジ天文台を通る子午線を含む平面となす角を, 経度といいます。東半球の経度は東経, 西半球の経度は西経といい, それぞれ180度までです。⇒緯度

けた（桁）[place] 小

⇒くらい

結合法則 [associative law] 中

加法においては,
$$(a+b)+c = a+(b+c)$$
が, また, 乗法においては,
$$(ab)c = a(bc)$$
が成り立ちます。これを, それぞれ, 加法の結合法則, 乗法の結合法則といいます。

決定論 [determinism]

将来の状態が, 過去及び現在の状態によって, 完全に決定されると考える立場をいいます。

結論 [conclusion] 中

命題「A ならば B である」において, A を仮定, B を結論といいます。

たとえば, 命題「△ABC において, AB = AC ならば, ∠B = ∠C である」においては, 「AB = AC ならば」が仮定で, 「∠B = ∠C である」が結論です。⇒仮定

ケトレー

[Lambert Adolphe Quetelet]（1796～1874）

ベルギーの天文学者で, 統計学者です。『人間とその諸能力の発達について―社会物理学試論―』（1835）を著しました。

国際統計会議の実現に努め, 近代統計学の父といわれています。

ケーニヒスベルクの橋の問題

[Problem of the Seven Bridges of Königsberg]

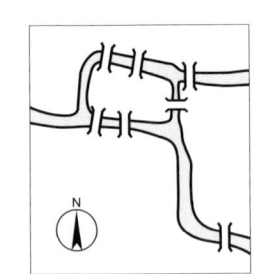

プロシャの首都ケーニヒスベルクには右のような7つの橋がかかっていました。

同じ橋を2度通らずに, すべての橋をわたって散歩することができるか, という問題です。

これは, 実は, 次のような一筆書きができるか, という問題です。

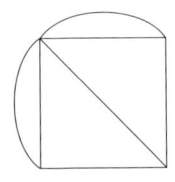

オイラーは, すぐ「不可能だ」と答えたそうですが, はじめは数学者の考えるような問題ではないと馬鹿にしていたようです。しかし, ライプニッツが

提唱していた位置の幾何学（位相幾何学）と関係があることに気付くのに，そんなに時間はかからなかったようです。

ケプラーの法則 [Kepler's laws]

ケプラーは，ティコ・ブラーエの16年にわたる観測の結果から，次の3つの法則を導きました。

(1) 惑星は，太陽を1つの焦点とする楕円軌道を描く。
(2) 惑星と太陽を結ぶ線分は，等しい時間に，等しい面積を掃く。
(3) 任意の2つの惑星の公転周期の2乗は，太陽からの平均距離の3乗に比例する。

ニュートンは，運動の方程式から，これを証明しました。

弦 [chord] 中

円周上の2点を結ぶ線分を，弦といいます。同じように，曲線上の2点を結ぶ線分も，弦といいます。

元 [element]

集合に含まれる1つひとつのものを元，または要素といいます。

連立方程式では，未知数*が元です。2元連立方程式は，未知数が2つ含まれる連立方程式です。

文字式では，$ax+b$ の x のように，いろいろな値をとる文字を，変数，または不定元と呼んでいます。⇨変数

減加法 [subtraction-addition method]

繰り下がりのある減法において，10から「引く数」を引き，その差を，「引かれる数」の残りに加える方法を，減加法といいます。そろばんの方式で，分かりやすいといわれます。

たとえば 15−8 を
　　$15-8=10-8+5=2+5=7$
と計算します。

減減法 [subtraction-subtraction method]

たとえば15−8のような繰り下がりのある引き算で，8から5を引いて3を出し，8=5+3として，
　　$15-5-3=10-3=7$
とする方法です。

減号 [minus sign]

引き算を表す記号−を，減号といいます。「ひく」「マイナス」とよみます。負号−と同じですが，役割が異なります。

言語代数 [linguistic algebra]

記号がなく，言語で表された代数学を言います。⇨代数学の歴史

検算 [verification, check]

計算の結果が正しいかどうかを，確かめることを検算といいます。

もう一度解いてみるのも1つの方法ですが，思い違いがあると，同じ間違いを繰り返します。

方程式であれば，根を代入してみます。引き算であれば，逆に足して確かめます。

原始関数 [primitive function]

関数 $f(x)$ に対して，$F'(x)=f(x)$ となる関数 $F(x)$ を $f(x)$ の原始関数といいます。

$F(x)$ が $f(x)$ の原始関数の1つであるとき，定数 C を加えた関数 $F(x)+C$ もまた，$f(x)$ の原始関数となります。

このような x と C との関数 $F(x)+C$ を，$f(x)$ の不定積分といい，
$$\int f(x)dx$$
と表します。これは，$f(x)$ の原始関数の一般形です。

減少の状態 [decreasing state]

〈区間における減少〉

ある区間内の任意の2点 x_1, x_2 をとったとき，

$x_1 < x_2$ ならば $f(x_1) \geq f(x_2)$

となるとき，$f(x)$ はこの区間で減少の状態にあるといいます。$f(x_1) > f(x_2)$ のときは，狭義の減少であるといいます。

〈一点における減少〉

a を内部に含む区間で定義された関数 $f(x)$ において，$0 < h < \delta$ であるすべての h に対して，

$f(a-h) > f(a) > f(a+h)$

となるような δ が存在するとき，$f(x)$ は点 $x=a$ において減少の状態にあるといいます。

$f'(a)$ が存在し，$f'(a) < 0$ であるならば，$f(x)$ は点 $x=a$ において減少の状態にあります。

懸垂線 [catenary]

送電線のように一様な線を両端で固定したときに描く曲線を，懸垂線といいます。

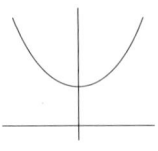

方程式
$$y = \frac{a}{2}\left(e^{\frac{x}{a}} + e^{-\frac{x}{a}}\right)$$

のグラフとして，与えられます。

検定 [test]

母集団において，「平均は m_0 である」，「確率は p_0 である」などの「仮説」を立て，標本に基づいてその真偽を判定することを検定といいます。

検定確率紙 [test probability paper]

仮説検定用の確率紙です。縦軸は0から1までの等分目盛りで，横軸は，
$$X = -\frac{1}{\sqrt{n}}$$
のところに n を目盛った方眼紙です。相対度数が
$$p \pm 3\sqrt{\frac{p(1-p)}{n}} = p \pm 3\sqrt{p(1-p)}\,X$$
から外れる確率は，0.3%であることを，利用しています。

たとえば，「サイコロはすべて等確率である」という仮説の検証は以下のようになります。

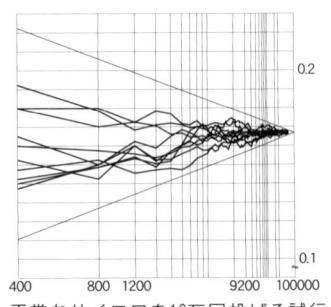

正常なサイコロを10万回投げる試行（10回）

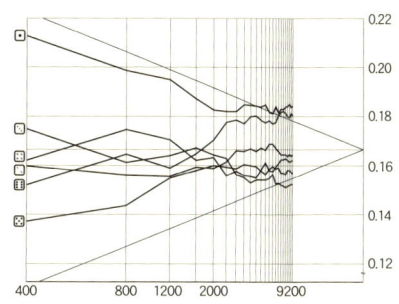

市販のサイコロの出る目の確率。市販のサイコロは，等確率でありませんでした。

⇨相対度数　⇨付録［検定確率紙］

原点 げんてん ［origin］中

数直線上では，数0を目盛った点が原点です。

一般に，直線上の点Aの位置を示すには，2点O，Eを定め，OAの長さがOEの長さの何倍であるかを示す数aを用います。Aが，点Oに関してEと反対側にあるときは$a<0$とします。このaを点Aの座標といい，点Oを座標の原点，点Eを座標の単位点といいます。

定義から分かるように，Oの座標は0，Eの座標は1です。

平面上の座標系では，両軸の交点が原点です。空間の座標系では，3本の軸の交点が原点です。

減法 げんぽう ［subtraction］中

引き算を，減法といいます。⇨引き算

こ

弧 こ ［arc］中

円周の一部を弧といいます。一般の曲線の一部を弧ということがあります。

項 こう ［term］中

たとえば，$2x+3y-7$において，$2x$，$3y$，-7を項といいます。このように，多項式*に含まれる1つひとつの単項式を項といいます。

交角 こうかく ［angle of intersection］中

2直線が交わって作る角を，その2直線の交角といいます。

2円が交わるとき，交点で各円に引いた接線の作る角をその2円の交角といいます。一般の曲線についても，同様に定義します。

交換法則 こうかんほうそく ［commutative law］中

加法*では，
$$a+b=b+a$$
が成り立ちます。乗法*では，
$$ab=ba$$
が成り立ちます。これらの法則を，それぞれ，加法の交換法則，乗法の交換法則といいます。

後項 こうこう ［consequent］小

比$a:b$において，aを前項，bを後項といいます。

公差 こうさ ［common difference］

⇨等差数列

公式 こうしき ［formula］小

計算の仕方や法則を，言葉や文字を使った式で表したものを，公式といいます。

例）円周の長さ＝直径×3.14
　　速さ＝道のり÷時間
　　割合＝くらべられる量
　　　　　÷もとにする量

多項式の因数分解や展開にも，文字を

使った公式があります。2次方程式にも，根の公式があります。⇨因数分解 ⇨展開する ⇨根の公式

高次導関数
[derived function of higher order]

高階の導関数とも言います。第2次以上の導関数を指します。⇨導関数

高次微分
[differential of higher order]

第2次以上の微分をさします。⇨微分

降水量 [precipitation]

その場所に降った雨，雪などの量を水に換算して，深さをmmで示したものを，降水量といいます。

合成関数の導関数
[derivative of composite function]

$y=f(x)$，$z=g(y)$ が共に微分可能であるとき，

$$\frac{dz}{dx} = \frac{dz}{dy}\frac{dy}{dx} = g'\{f(x)\}f'(x)$$

が成り立ちます。

合成数 [composite number] 中

素数でなく，1以外の数の積として表される数を，合成数といいます。⇨素数

交線 [line of intersection] 中

2平面がただ1直線を共有するとき，その直線を，2平面の交線といいます。

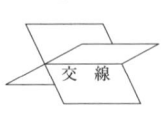

交点 [point of intersection] 中

2本の直線が，ただひとつの点で出会うとき，これらの直線は，この点で交わるといいます。2直線が交わる点を，交点といいます。

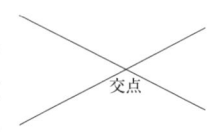

2つの円が，2点で出会うときも，これらの円は交わるといい，出会う点を交点といいます。

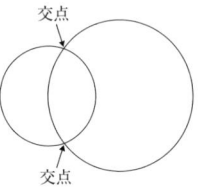

このように，曲線の場合も，ある点で互いに切り合うときは，その点を交点といいます。

また，直線と平面とがただ1点を共有する時も，その共有点を交点といいます。

光度 [luminous intensity]

物体の全体としての明るさを表す量です。単位はカンデラです。⇨カンデラ

合同 [congruence] 小 中

2つの図形が，完全に重なり合うとき，それら図形は合同であるといいます。図形 A と図形 B とが合同であることを，

$$A \equiv B$$

と表します。

勾配 [gradient]

⇨傾き

公倍数 (1) [common multiple] 小 中

共通の倍数を，公倍数といいます。たとえば，2の倍数は，

  2, 4, 6, 8, 10, 12, …

です。3の倍数は，

  3, 6, 9, 12, …

です。それで，2と3の共通の倍数は

  6, 12, …

となります。3つ以上の数の公倍数も，同じように考えます。⇨倍数

公倍数 (2) [common multiple]

多項式においても，共通の倍数を公倍数といいます。たとえば，$x(x+1)$ と $x+3$ の公倍数は，$x(x+1)(x+3)$，$x^2(x+1)(x+3)$，$x(x+1)(x+3)^3$ など無数にあります。どれも最小公倍数の倍数です。⇨最小公倍数

公比 [common ratio]

⇨等比数列

降べきの順 [descending order of power] 中

多項式の項を，ある文字に関する次数が，次第に低くなるように並べることを，降べきの順に並べるといいます。

たとえば，$3x^2 - 5x + 7$ は，x に関して，降べきの順に並べられています。

公約数 (1) [common divisor] 小 中

共通の約数が公約数です。

たとえば，12の約数は，1, 2, 3, 4, 6 です。18の約数は，1, 2, 3, 6, 9 です。それで，共通の約数は，1, 2, 3, 6 です。このように，いくつかの数に共通な約数を，それらの数の公約数といいます。

1 はすべての場合に公約数となりますから，通常は除外して，「12と18の公約数は，2, 3, 6 である」といいます。

とくに 2 つの数の公約数が 1 以外にないとき，それら 2 数は，互いに素であるといいます。⇨約数

公約数 (2) [common divisor]

共通の約数が公約数です。多項式においても，共通の約数を公約数といいます。たとえば，x^3y^2 と xy^4 の公約数には，xy^2，xy，y^2 などがあります。どれも最大公約数の約数です。⇨最大公約数

公理 [axiom] 中

広く認められている原理を指します。数学でも，たとえば「直線外の点を通りこの直線に平行な直線は，必ず存在して，ただ 1 本に限る」ということは，広く認められる真理であると考えられて，多くの数学者がその証明を考えました。ところが意外なことに，このような平行線が存在しない世界や，無数に存在する世界があることが分かってきました。「直線外の点を通りこの直線に平行な直線は，必ず存在して，ただ 1 本に限る」というのは，ユークリッド空間という特殊な空間に限っていえることであったのです。

つまり，この仮定を認めるとユークリッド空間になるのですが，平行線が存在しないと仮定するとリーマン空間になり，無数に存在すると仮定すると，ロバチェフスキー空間になるのです。

それで，公理は，それぞれの空間を特徴付ける 1 つの仮定，1 つの前提に過ぎないことが分かりました。

公理は，幾何学に限らず，ある学問体系を構築するときの大前提，ひとまとまりの仮定である，と考えられています。

互換 [transposition]

順列 $a_1 \cdots a_i \cdots a_j \cdots a_n$ において a_i と a_j とを交換することをいいます。

このとき，a_i は隣との交換を $j-i-1$ 回行い，a_j との交換を行い，さらに，a_j が隣との交換を $j-i-1$ 回行って元の a_i の位置に移動します。したがって，隣との交換は，必ず奇数回となります。

その結果，互換によって，偶順列は奇順列となり，奇順列は偶順列となります。

コサイン ［cosine］

余弦のこと。⇨三角比　⇨三角関数

コーシーの平均値の定理

［Cauchy's mean value theorem］

$f(x)$, $g(x)$ が，閉区間* $[a,b]$ で連続で開区間* (a,b) で微分可能な関数で，$g(a) \neq g(b)$ であって，$f'(x)$, $g'(x)$ が同時に0になることがなければ，

$$\frac{f(b)-f(a)}{g(b)-g(a)} = \frac{f'(c)}{g'(c)}$$

となる c が，$[a, b]$ の内部に少なくとも1つ存在する，という定理です。

互除法

［Euclidean algorithm, mutual division］

2つの整数A，Bがあり，B≠0とすると，

A＝BQ＋R　　（0≦R＜B）

となる整数Q，Rが，必ず存在します。このとき，

R＝A－BQ

ですから，A，Bの公約数は，Rの約数です。これは，もともとBの約数ですから，BとRとの公約数です。つまり「A，Bの公約数は，BとRとの公約数である」とわかりました。

ところで，A＝BQ＋Rですから，BとRとの公約数は，Aの約数です。これは，もともとBの約数ですから，A，Bの公約数です。つまり，「BとRとの公約数は，A，Bの公約数である」とわかりました。

「A，Bの公約数は，BとRとの公約数であり，BとRとの公約数は，A，Bの公約数である」とわかったのですから，「A，Bの公約数は，BとRとの公約数と，完全に一致する」ことになりました。それで，最大のもの同士も一致しますから，「A，Bの最大公約数は，BとRとの最大公約数と一致する」ことが，わかりました。

こんどは，BをRで割った余りをSとすると，「BとRとの最大公約数は，RとSとの最大公約数と一致する」ことになります。

このように，つぎつぎに，新しい余りで前の余りを割っていくと，最後に割り切った数が，A，Bの最大公約数です。

このようにして最大公約数を計算する方法を，互除法といいます。ユークリッドの『原論』に書いてあるので，ユークリッドの互除法ともいいます。

例)

1	42	120	2
	36	84	
	6	36	6
		36	
		0	

最大公約数は6です。

こたえ 小

バスに3人のこどもが乗っていました。次にとまったところで，5人のこどもが乗ってきました。おりたこどもがいなければ，こどもは何人になったでしょうか。

このけいさんは，

3＋5＝8

と書きます。この8が，たしざんのこた

えです。たしざんのこたえは，和ともいいます。ひきざんのこたえは差です。

弧度 こ [radian]

長さが半径に等しい弧に対する中心角の大きさを，1弧度といいます。1弧度は，57°17′44.806…″です。

根 え [root] 中

方程式 $2x+3=15$ は，$x=6$ のとき成り立ちます。このように，ある方程式を成り立たせる未知数の値を，その方程式の根といいます。

方程式 $x^2-3x+2=0$ は，$(x-1)(x-2)=0$ と変形されますから，根は1と2です。方程式の根が全部見つかって，初めて，その方程式は解けたことになります。それで，すべての根の集合を，その方程式の解といいます。

なお，文科省検定教科書では，根のことを解と呼んでいます。

2元方程式 $x+y=10$ には，$x=3$，$y=7$ など，成り立たせる値が無数にあります。これらの1つひとつの値も，根と呼びます。

それで，2元方程式 $x+y=10$ の解は，これらの根の集合，この方程式を満たすすべての (x,y) の集合ですから，この方程式のグラフということになります。

連立方程式
$$\begin{cases} x+y=10 \\ 2x+4y=34 \end{cases}$$
は，両方の方程式に共通な根を求めています。この連立方程式の共通根は，$x=3$，$y=7$です。教科書では，この共通根のことを，「連立方程式の解」と呼んでいます。

根の語源は，サンスクリット語のムーラ（mūla＝木の根）です。木の根は土に埋もれていますから見えませんが，掘り出せば見えます。それで，未知数も根も，区別なくムーラと呼ばれていたと思われます。ムーラは，アラビア語に訳されて，同じく木の根を表すジャドゥル（jadhr）となります。初めて使ったのはアル・フワーリズミーで，ジドゥル（jidr）を未知数の意味で使ったといわれています。ジャドゥルは，ラテン語に訳されて radix（木の根）となり，英語の root となったのです。

1723年に中国で出版された『数理精蘊』の中に，根という字が見えます。英語の root を訳したものと思われます。私たちが使う根という言葉は，インドから，アラビア，ヨーロッパ，中国とはるばると旅をしてきたのです。

根元事象 こんげんじしょう [fundamental event]

⇨基本事象

根号 こんごう [radical sign] 中

平方根*を示す記号√です。

混循環小数 こんじゅんかんしょうすう

[mixed periodic recurring decimal] 中

循環節の前に循環しない部分を持つ循環小数を，混循環小数といいます。

例）$2.5\dot{3}7\dot{4}$は，混循環小数です。

$2.5\dot{3}7\dot{4}=x$ とおくと，
$1000x=2537.\dot{4}\dot{3}7\dot{4}$
$x=2.5\dot{3}7\dot{4}$

$999x = 2537.4 - 2.5$
$9990x = 25374 - 25$
$x = \dfrac{25374 - 25}{9990}$ と変形できます。

分母の9の数は，循環節の長さです。0の数は，循環しない小数部分の数です。分子は，第1循環節の終わりまでから，循環しない部分を引いたものです。

混循環小数は，有理数*です。⇨循環小数

根と係数との関係
[relation between roots and coefficients] 中

2次方程式 $ax^2 + bx + c = 0$ の根を α, β とすると，
$$a(x-\alpha)(x-\beta) = 0$$
$$ax^2 - a(\alpha+\beta)x + a\alpha\beta = 0$$
したがって，
$$b = -a(\alpha+\beta),\ c = a\alpha\beta$$
$$\alpha + \beta = -\dfrac{b}{a},\ \alpha\beta = \dfrac{c}{a}$$

これを，2次方程式の根と係数との関係といいます。

根の公式 [formula giving roots] 中

2次方程式 $ax^2 + bx + c = 0$ の両辺に $4a$ をかけると，
$$4a^2 x^2 + 4abx + 4ac = 0$$
$$(2ax+b)^2 = b^2 - 4ac$$
したがって，
$$2ax + b = \pm\sqrt{b^2 - 4ac}$$
したがって，
$$x = \dfrac{-b \pm \sqrt{b^2 - 4ac}}{2a}$$

これを，2次方程式
$$ax^2 + bx + c = 0$$

の根の公式といいます。

コンパス [compass] 小
右のような，円を描く道具です。日本では，ぶん回しといいます。「ふりまわす」がなまって，ぶん回しとなりました。

コンピュータ [computer] 小
電子計算機と呼ばれます。パソコンと呼ばれて普及していますが，これはパーソナル・コンピュータの略で，個人用のコンピュータです。

計算を行ったり，グラフを描いたり，インターネット通信を行ったり，広い範囲で応用できます。

さ

差 [difference] 小

引き算の答えを差といいます。

例) $25-12=13$ のように, 25から12を引いた差は, 13です。

また, 大きい数から小さい数を引いた答えを差ということがあります。a と b との差は,

$a \sim b$

と表します。～という記号をはじめて使ったのは, ウィリアム・オートレッド(1574～1660)です。

$x+a=b$ が成り立つとき, x を, b から a を引いた差といい,

$x=b-a$

と表します。$b-a$ は, a を足したときに b となる数です。

たとえば $5-(-3)$ は, -3 を足したときに 5 となる数です。それで,

$\{5-(-3)\}+(-3)=5$

両辺に 3 を足すと

$\{5-(-3)\}+(-3)+3=5+3$

$(-3)+3=0$ ですから,

$5-(-3)=5+3$

となります。

サイクロイド [cycloid]

円が直線に接しながら, すべることなく回転するとき, 円周上の 1 点が描く曲線をサイクロイドといいます。

半径 a の円が x 軸に沿って転がるとき, 原点にあった点が (x, y) に移動したとすると, x, y は回転角を θ としたとき

$$\begin{cases} x = a(\theta - \sin\theta) \\ y = a(1 - \cos\theta) \end{cases}$$

で計算されます。

これが, サイクロイドの方程式です。

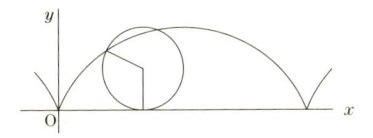

さいころ [dice] 小

正 6 面体のそれぞれの面に, 小さな丸を 1 個, 2 個, 3 個と, 6 個までもった遊具です。ふつうは, 裏と表の数を足すと 7 になるようにつくられています。

すごろくで, こまを進める数を決めたり, 公平に何かを選び出すときなどに使います。

最小公倍数 (1)

[least common multiple] 小 中

公倍数*の中で, 一番小さい数を, 最小公倍数といいます。最小公倍数は, L.C.M. と表します。

例) 6と9の最小公倍数を求めましょう。

6 の倍数は, 6, 12, 18, 24, 30, 36, …

9 の倍数は, 9, 18, 27, 36, 45, …

です。よって, 最小公倍数は18です。

[別解]

6 = 2×3 です。

9 = 3^2 です。

そこで，最小公倍数は，$2×3^2=18$ となるのです。それぞれの素因数*に，大きい方の指数を書いたものが，最小公倍数となります。

例）12, 14, 18 の最小公倍数を求めましょう。

```
2 ) 12  14  18
3 )  6   7   9
     2   7   3
```

3つの数を並べ，3つに共通な約数，あるいはどれか2つに共通な約数をみつけて，次々に割っていきます。割れない数はそのまま下に書きます。7は3で割れないので，そのまま7と書きました。

共通な約数が無くなったら止めて，残った商と，割った約数を，全部かけ合わせます。

答　$2×3×2×7×3=252$

最小公倍数 (2)

[least common multiple]

多項式*の場合は，公倍数*の中で，一番次数が低い公倍数を，最小公倍数といいます。最小公倍数は，L.C.M. と表します。

たとえば，$A=x(x-1)^2$，$B=x^3(x+3)$ のときは，A，B の最小公倍数は $x^3(x-1)^2(x+3)$ です。

最小値 [minimum value] 中

関数がとる値のうちで，最小の値を，最小値といいます。

例）$y=x^2-6x+4$ の場合，
$y=(x-3)^2-5$
と変形されます。

$(x-3)^2≧0$（等号は $x=3$ のとき）ですから，

$(x-3)^2-5≧-5$

したがって，

$y≧-5$

したがって，y は $x=3$ のとき，最小値 -5 をとります。

例）$y=2x+3$　$(-1≦x≦2)$
のとき，$-2≦2x≦4$
$-2+3≦2x+3≦4+3$
$1≦2x+3≦7$

$x=-1$ のとき，最小値 1 をとります。

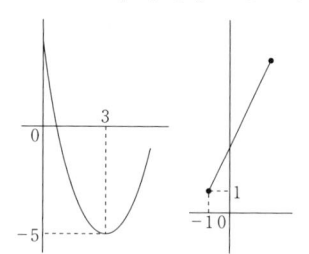

最大公約数 (1)

[greatest common measure, greatest common divisor] 小 中

公約数*の中で，一番大きいものを，最大公約数といいます。G.C.M. または G.C.D. と表します。

例）30と42の最大公約数を求めましょう。

```
2 ) 30  42
3 ) 15  21
     5   7
```

最大公約数は，$2×3=6$ です。

[別解] 30と42とを素因数に分解すると，
　　30＝2×3×5，
　　42＝2×3×7
ですから，最大公約数は2×3＝6です。
　各素因数の指数の小さい方をとって，掛け合わせます。

最大公約数 (2)
　　[greatest common measure, greatest common divisor]
　多項式の場合，公約数の中で一番次数が高いものを，最大公約数といいます。G.C.M.またはG.C.D.と表します。たとえば，
　　$A = x^2(x-1)^2,\ B = x^3(x-1)(x+3)$
のときは，$A,\ B$ の最大公約数は
$x^2(x-1)$ です。

最大値 [maximum value] 中
　関数がとる値のうちで最大のものを，最大値といいます。
例）$y = x^2$
$(-1 \leqq x \leqq 2)$ のとき，y は，$x = 2$ のとき，最大値4をとります。
　なお，$-1 < x < 2$ のときは，最大値は存在しません。限りなく4に近づきますが，4にはならないからです。

最頻値 [mode]
　⇨モード

サイン [sine]
　正弦のことです。
　⇨三角比　⇨三角関数

作図 [construction] 中
　初等幾何学では，ある条件に合う図形を定規とコンパスを有限回用いて描くことを，作図といいます。

作図題 [problem for construction] 中
　作図を求める問題を作図題といいます。

作図の公法
　　[postulate for construction] 中
　初等幾何学の作図題では，定規とコンパスを有限回用いること，という条件が定められています。いいかえれば，
(1)　2点を結ぶ線分を引くこと
(2)　線分を延長すること
(3)　任意の点を中心として，任意の点を通る円を描くこと
が可能であるということです。これは，
(1)　任意の2点を通る直線を引くこと
(2)　任意の点を中心として，任意の半径の円を描くこと
を有限回用いることとなります。これを，作図の公法と呼びます。

作図不能問題
　　[problem for impossibility of construction]
　ギリシャ時代から，有名な作図問題の難問がありました。次のような問題です。
(1)　角の3等分
　任意の角を3等分する問題です。
(2)　立方体倍積問題
　与えられた立方体の2倍の体積を持つ立方体を作図する問題です。
　エーゲ海のデロス島で伝染病が流行したとき，立方体の祭壇を2倍にすれば，伝染病は収まるという神託があり，1辺

が2倍の祭壇を作って納めたところ、一向に流行が収まらないので、神託は、祭壇の体積を2倍にすることを求めていたのだと考えられました。

それで、この問題は、デロスの問題とも呼ばれます。

(3) 円積問題

与えられた円と同じ面積を持つ正方形を作図する問題です。

これらは、どれも、定規とコンパスを有限回使うという規則に従ったのでは作図できないことが、証明されました。

そこで、このような問題を、作図不能問題といいます。

差集合 [difference of two sets]

集合 A の元であって集合 B の元でないものの全体の集合を、A から B を引いた差集合といい、$A-B$ と表します。

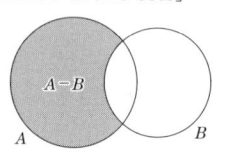

錯角 [alternate angle] 中

図のように、2直線に第3の直線が交わっているとき、②と⑧、③と⑤を内錯角、①と⑦、④と⑥を外錯角といい、合わせて錯角といいます。

錯角は、同位角の対頂角です。教科書では、内錯角だけを、錯角と呼んでいます。⇒同位角　⇒対頂角

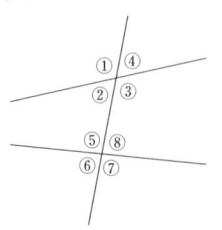

座標 [coordinates] 中

直線上の点 P の位置を示すには、まず、直線上に、基準となる点を定めます。この点を原点 (origin) と名づけ、O と表します。

つぎに、長さの単位 OE を定め、点 E を、通常は O の右側に取ります。この点 E は、単位点と呼ばれます。

OE の長さを単位として OP の長さを測ると、1つの測定値が得られます。これを x と表すとき、x を点 P の座標といいます。

点 P が、O に関して E と反対の側にあるときは、$x<0$ とします。

O の座標は 0、E の座標は 1 です。

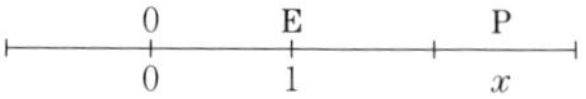

平面上の点 P の位置を表すには、直交する2直線をとり、その交点を原点 O と定めます。通常、O の右に単位点 E_1 を、O の上側に単位点 E_2 をとります。

点 P を通り、OE_2、OE_1 に平行線を引き、それぞれ、OE_1、OE_2 との交点を、P_1、P_2 とします。

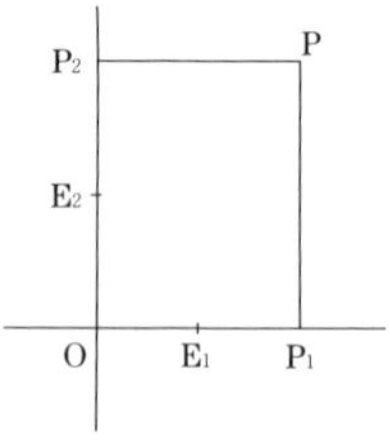

P_1、P_2 の、それぞれの直線上の座標を x、y とするとき (x, y) を点 P の直交座標といいます。

座標幾何学 [coordinate geometry]

平面上で、あるいは空間内で、座標を用いて図形の研究を行う幾何学を、座標幾何学、あるいは解析幾何学といいます。

フランスのルネ・デカルト* (1596～1650) が、1637年にオランダで出版した

『理性を正しく導き，諸学問において真理を求めるための話，およびこの方法の試論である光学，気象学，幾何学』のなかで展開しました。この本の最初の部分は，簡単に『方法序説』と呼ばれています。その後につけられた最後の試論『幾何学』が数学史の上でとても重要です。

座標系（ざひょうけい）[system of coordinates]
座標を決める仕組みのことです。直交座標系や斜交座標系，極座標系などがあります。

座標軸（ざひょうじく）[coordinate axis] 中
座標が目盛られた直線を座標軸といいます。

平面上の直交座標においては，座標 x の目盛られた直線 OE_1 を x 軸，座標 y の目盛られた直線 OE_2 を y 軸といいます。

空間では，第3の軸を z 軸と呼びます。⇨座標

座標平面（ざひょうへいめん）[coordinate plane] 中
座標軸が平面を4つの象限にわけるのと同じような意味で，空間の座標系において，2つの座標軸が決定する平面を，座標平面といいます。$x-y$ 平面，$y-z$ 平面，$x-z$ 平面と呼ばれます。座標平面は，空間を8つの部分に分割します。

また，単に，座標が定められている平面という意味に用いる場合もあります。

差分（さぶん）[difference]
変数 x の差が一定であるとき，関数 y の差を差分といい，Δy と表して，デルタ y と読みます。Δ は，difference の頭文字 d にあたるギリシャ文字です。

関数表においては，表差ともいいます。数列では，階差とも言います。

左辺（さへん）[left-hand side] 中
等式や不等式で，等号または不等号の左側に書かれた数や式の全体を指します。

左方極限値（さほうきょくげんち）[left-side limit]
変数 x が a より小さい値をとりながら a に限りなく近づくことを，$x \to a-0$ と表します。

このとき，関数 $f(x)$ の値が限りなく b に近づくならば，b を $f(x)$ の a における左方極限値といい，$\lim_{x \to a-0} f(x)$ と表します。⇨極限値

左方微分係数（さほうびぶんけいすう）
[left-side differential coefficient]
変数 x が a より小さい値をとりながら a に限りなく近づくことを，$x \to a-0$ と表します。

関数 $f(x)$ において，$x \to a-0$ とするとき，$\dfrac{f(x)-f(a)}{x-a}$ が極限値をもてば，その極限値を $f(x)$ の $x=a$ における左方微分係数といいます。

これを，$f'(a-0)$ と表します。

左方連続（さほうれんぞく）[continuous on the left]
$x=a$ を含む区間で定義された関数 $f(x)$ において，$x=a$ における左方極限値 $\lim_{x \to a-0} f(x)$ が存在し，$\lim_{x \to a-0} f(x)=f(a)$ であるとき，$f(x)$ は $x=a$ において左方連続であるといいます。

算（さん）[calculate bar]
算籌（さんちゅう）ともいいます。古代中国で，計算のために用いられた竹製の小さな丸棒

です。『漢書』「律暦志」によると，直径は2.3mmで，長さが13.8cmでした。もっとも，時代とともに小さくなったようです。『漢書』には記述がなくて分かりませんが，『九章算術』には，劉徽の注で「正算赤，負算黒」と記されています。少なくとも魏の時代には，正の数は赤い算で，負の数は黒い算で表されていたことが分かります。

わが国に伝わって木製の角棒になり，算木と呼ばれるようになりました。算術とは，この算を用いる術を指します。

さんかく [triangle] 小

やねのかたちを，さんかくといいます。

かどが3つあります。

三角関数 さんかくかんすう

[trigonometric function]

OP = 1,
∠POX = θ である点Pの座標を， 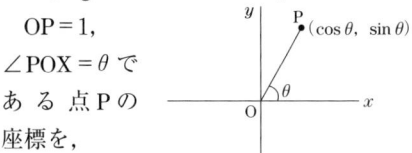
($\sin\theta$, $\cos\theta$) と表すとき，$\sin\theta$ を正弦(sine)，$\cos\theta$ を余弦(cosine) といいます。また，$\dfrac{\sin\theta}{\cos\theta} = \tan\theta$ を，正接(tangent) といいます。これらは θ の関数ですが，その名称が三角比*に由来するところから三角関数といいます。

また，Pが円を描くところから，円関数と呼ぶこともあります。

三角関数のグラフ さんかくかんすうのグラフ

[graph of trigonometric function]

主な三角関数のグラフは，次のようで

す。

正弦
(sine)

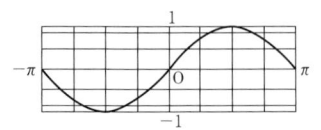

余弦
(cosine)

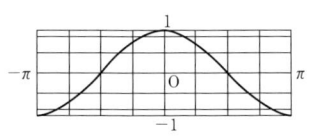

正接
(tangent)

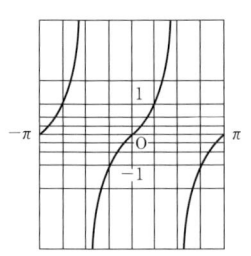

三角形 さんかくけい [triangle] 小

1直線上にない3点を線分で結ぶと，はじめの3点を頂点とする3つの角を持つ図形ができます。これを，三角形といいます。

また，角の頂点を三角形の頂点，頂点を結ぶ線分を，三角形の辺といいます。

三角形の合同条件 さんかくけいのごうどうじょうけん

[conditions for triangles be congruent] 中

次の条件を満たす2つの三角形は，合同になります。

(1) 対応する2角の大きさがそれぞれ等しく，その2角が共有する辺の長さが等しい。

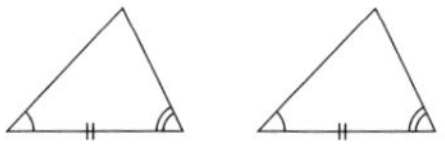

(2) 対応する2辺の長さがそれぞれ等しく，その2辺の作る角の大きさが等しい。

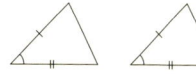

(3) 対応する3つの辺の長さが，それぞれ等しい。

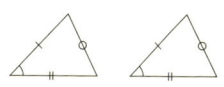

これらの条件を，三角形の合同条件といいます。

三角形の相似条件 [conditions for triangles be similar] 中

次の条件を満たす2つの三角形は，相似になります。

(1) 対応する2角の大きさが，それぞれ等しい。

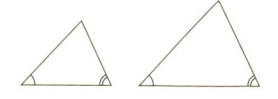

(2) 1角の大きさが等しく，その角を作る2辺の長さの比が等しい。

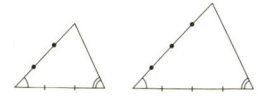

(3) 対応する3辺の長さの比が等しい。

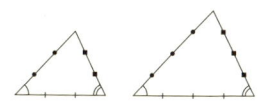

三角形の内角の和 [sum of internal angles of triangle] 小

三角形のかどにできる3つの角の大きさを足したものをいいます。どんな三角形でも，180度になります。

三角形の法則 [law of triangle]

ベクトルの和が図のようにして求められることを，三角形の法則といいます。

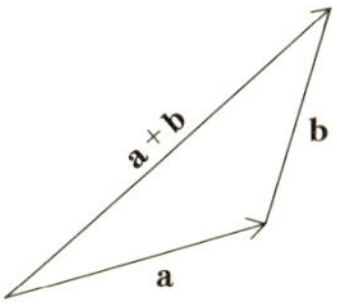

三角形の面積 [area of triangle] 小 中

三角形の面積は，底辺×高さ÷2という式で，計算できます。
三角形の3辺の長さをa，b，cとし，周の長さの半分をsとすると，面積は
$$\sqrt{s(s-a)(s-b)(s-c)}$$
で計算できます。これをヘロンの公式*といいます。

三角定規 [a set-square] 小

三角形の定規で，図のような，正三角形を二等分した直角三角形と，直角二等辺三角形が，2枚1組で用いられています。

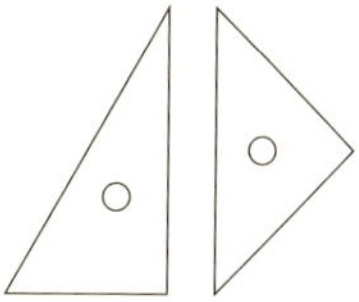

三角錐 [triangular cone] 中

三角形を底面とし，その3つの頂点と底面上にない1点とを線分で結ぶ時に作られる多面体を三角錐といいます。
三角錐は，4つの三角形で囲まれています。

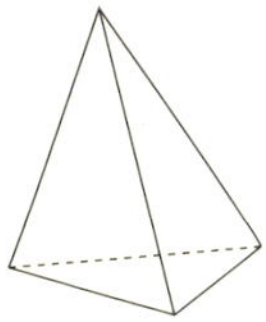

三角柱 [triangular prism] 小

図のように，三角形を底面とする柱体を三角柱といいます。

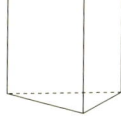

三角比 [trigonometric ratio]

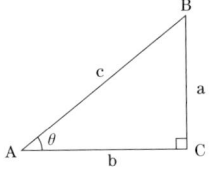

∠Cを直角とする三角形ABCにおいて，1つの鋭角∠Aの大きさに注目してθと表しましょう。このとき，BCは対辺となります。ACは底辺と名づけましょう。ABは斜辺と呼ばれます。

θの値が定まると，どの2辺の比も，値が定まります。これらの比を，

$\dfrac{対辺}{斜辺}=$ 正弦（sine）

$\dfrac{底辺}{斜辺}=$ 余弦（cosine）

$\dfrac{対辺}{底辺}=$ 正接（tangent）

$\dfrac{底辺}{対辺}=$ 余接（cotangent）

$\dfrac{斜辺}{底辺}=$ 正割（secant）

$\dfrac{斜辺}{対辺}=$ 余割（cosecant）

と名づけます。

また，これらの値がθの関数であることを示すために，

$\dfrac{a}{c}=\sin\theta$，$\dfrac{b}{c}=\cos\theta$，$\dfrac{a}{b}=\tan\theta$

$\dfrac{c}{a}=\mathrm{cosec}\,\theta$，$\dfrac{c}{b}=\sec\theta$，$\dfrac{b}{a}=\cot\theta$

と表します。

三角比の由来

ニカイアのヒッパルコス（前160頃～前125頃）が『弦の表』を著したことはよく知られています。この弦というのは円の中心角に対する弦の長さのことです。トゥーマーによると，中心角（360°）を48等分した7.5°の弦は450，15°の弦は897となっていたといいます。

三角関数表では，$\sin 7.5°=0.1305$ですから，弦は0.261です。それで，半径は$897÷0.261=3436.78$となります。これから計算すると，円周の長さは，21593.986となります。

$360×60=21600$ですから，円周の長さを21600として，この表を作ったことがわかりました。これから考えると，ヒッパルコスの円周率も，プトレマイオスと同じ$3°8^{\mathrm{I}}30^{\mathrm{II}}=3.141666$のようです。

ところで，インドのアールヤバタ（476～?）が著した『アールヤバティーヤ』では，半弧225に対する半弦225，半弧450に対する半弦449，……，半弧5400に対する半弦3438となっており，やはり円周は21600で，半径は3438となっています。

ヒッパルコスの表が，プトレマイオスの『アルマゲスト』で改良され，それがインドに伝わったと見ることができます。

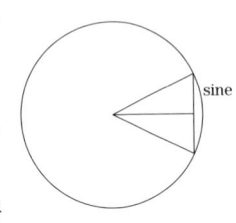

ところが，アールヤバタの表は，弦の表ではなく，半弦の表になっています。半弦は，サンスクリット語でジヴァ・アルドハといいます。ジヴァが弦，アルドハが半分という意味です。

このジヴァ・アルドハは，アラビアに伝わって，ジバと呼ばれていました。と

ところが，いつの間にか，同じ子音をもつジャイブと混同され，ジャイブと同じ意味のラテン語 sinus と訳されました。それが，英語の sine になったのです。ギリシャからアラビアを通ってインドにいき，そこで大変身を遂げて，再びアラビアを通ってヨーロッパに戻ってきたのでした。

ところで，コサインとは，サインに余角（complementary angle）の co がついたものです。また，タンジェントは，接線という意味です。

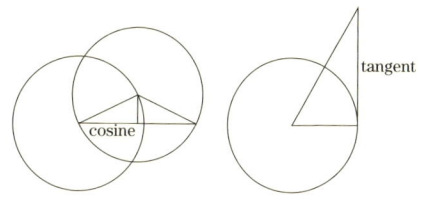

算術 [arithmetic]

わが国では，いま小学校で勉強している算数のことを算術と呼んでいました。一般的には計算術のことで，数の計算によって解決する問題を扱う数学を指します。また，整数の理論を扱う数論を指すこともあります。

算術平均 [arithmetic mean]
⇨平均

3乗 [cube]

同じ数，あるいは文字，あるいは多項式*を，3回掛け合わせることを，それらを3乗するといいます。

たとえば，
$$2 \times 2 \times 2 = 2^3 = 8$$
$$(a+b)^3 = a^3 + 3a^2b + 3ab^2 + b^3$$

三垂線の定理 [theorem of three perpendiculars]

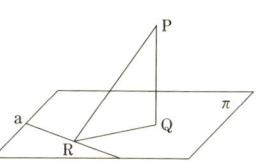

平面π上にない点Pからπに下ろした垂線の足をQ，Qからπ上にあってQを通らない直線aに下ろした垂線の足をRとすると，PRがaに垂直となる，という定理です。

【定理の証明】

PQ⊥πで，aはπ上の直線ですから，a⊥PQ です。

また仮定からa⊥QR です。

したがって，a⊥平面PQR です。それで，a⊥PR です。（証明終）

算数 [elementary arithmetic] 小

小学校で勉強する，数と図形に関する教科を，算数といいます。

三線座標 [trilinear coordinates]

正三角形内の1点Pから各辺に下ろした垂線の長さをx, y, zとし，正三角形の高さをℓとすると，
$$x + y + z = \ell$$
の関係があります。このとき，(x, y, z)をPの三線座標といいます。花崗岩における石英，長石，雲母の比率や，輸出品中に占める重工業製品，軽工業製品，食品の比率などを表すのに利用されます。

3辺の長さがa, b, cであるときは，$ax + by + cz = 2S$の関係が成り立ちます。Sは三角形の面積です。

三段論法 [syllogism]

　　大前提
　　　小前提
　　　　結論

の形式で推論を行うことを三段論法といいます。大前提は一般法則で，小前提は個々の判断です。どの本にも載っているのは，次の例です。

　　人は死すべきものである（大前提）
　　ソクラテスは人である（小前提）
　　ソクラテスは死すべきものである（結論）

三倍角の公式

[formulas for triple angles]

三角関数*に関する次の公式を三倍角の公式といいます。

$$\sin 3\alpha = 3\sin\alpha - 4\sin^3\alpha$$
$$\cos 3\alpha = 4\cos^3\alpha - 3\cos\alpha$$
$$\tan 3\alpha = \frac{3\tan\alpha - \tan^3\alpha}{1 - 3\tan^2\alpha}$$

三平方の定理

[theorem of three squares] 中

古代中国の数学の教科書『九章算術』の第9章「句股」には，直角三角形の句（直角の短い辺）と股（直角の長い辺）とを2乗して足し，平方に開く*と弦（斜辺）であると書かれています。これから，

　　句² + 股² = 弦²

が導かれます。教科書では，この関係を，三平方の定理と呼んでいます。名付け親は，東京帝国大学数学科教授の末綱恕一です。

この定理は，ピュタゴラスの定理とよばれていました。太平洋戦争末期に，わが国では外国語を排斥する風潮が生まれ，文部省から声を掛けられた末綱が，三平方の定理と呼んではどうかと雑談で話したのが，本決まりになったのでした。

ピュタゴラスがこの関係を発見して牛をささげたと伝えるのはアポロドロスですが，この人は前2世紀の人ですから，余りにも時間がたちすぎて，どこまで信用できるか分かりません。命を大切にし，菜食主義を通したといわれるピュタゴラスが牛をささげたというのも疑問です。

『九章算術』は，漢の時代の数学ですから，いまからおよそ2000年ほど前に当たります。ところが，それからさらに2500年も前のバビロニアの粘土板に，三平方の定理を使って問題を解いているものがありました。

バビロニアでは，不規則な形をした耕地の外側に長方形を描いて，その長方形の面積から，耕地でない土地の面積を引いて，耕地の面積を求めていました。たとえば次の図の砂目のところが耕地に適さないとすると，耕地面積は，左側の図では直角の辺を1辺とする2つの正方形の和，右側の図では，斜辺を1辺とする正方形となっています。

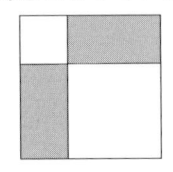

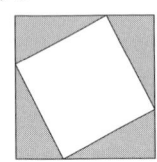

この説明は想像に過ぎず，それを証拠立てる粘土板は発見されていませんが，十分可能性のあることです。

算用数字 [Arabic numerals, Arabic figures] 小
⇨ インド・アラビア数字

し

時 [じ] 小
時計の1，2などは，1時，2時を表します。短い針が1をさしたときが，1時です。

始域 [domain]
集合Aの元aに集合Bの元bを対応させる規則を，写像といいます。このときAを始域，Bを終域といいます。始域は，定義域ともいいます。

しかく [square] 小
折り紙やノートのような形を，しかくといいます。4つの直線で囲まれていて，かどが4つあります。

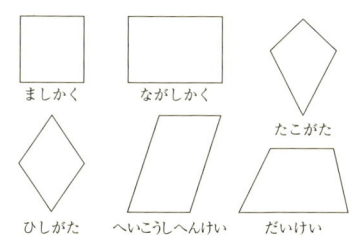

ましかく　ながしかく　たこがた
ひしがた　へいこうしへんけい　だいけい

四角形 [quadrilateral] 小
4つの線分の囲む平面図形を，四角形といいます。四辺形ともいいます。等角四辺形を長方形，等辺四辺形をひし形といいます。
一組の対辺が平行である四辺形を台形といい，2組の対辺が平行である四辺形

を，平行四辺形といいます。
台形の中で線対称となるものを等脚台形といいます。
平行四辺形でかつ等脚台形である四辺形は，4つの角が等しく，どれも90°になるので，長方形になります。
四辺の長さの等しい四辺形は平行四辺形となりますが，このような四辺形をひし形といいます。

四辺形
台形
平行四辺形
ひし形
正方形
長方形
等脚台形

ひし形で，かつ長方形である四辺形は，すべての辺の長さが等しく，すべての角の大きさが90°です。
このような四辺形を，正方形といいます。

四角錐 [quadrangular pyramid] 中
底面が四角形である錐体を，四角錐といいます。

四角柱 [quadrangular prism] 小
底面が四角形である角柱を，四角柱といいます。

時間 [time] 小
長さや質量などと同じ物理量で，現象の経過や歴史，過去，現在，未来を表します。単位を決めて計ることができます。時間を計るには，時計や，タイマーと呼ばれる計測器が用いられます。
時間の単位としては，地球の自転の周期1日を24等分した1時間（hour）が用いられます。ほかに，1時間を60分，1分を60秒とする単位，分（minutes），秒（second）が用いられます。メート

ル法では，秒が基本単位です。

地球の公転の周期は1年ですが，365日5時間48分46秒とはんぱがあるため，平年は365日とし，適宜，366日の閏年を設けて調整しています。⇨うるう年

時刻と時刻の間の時間の長さを，単に時間ということもあります。

しき 小

$2+3=5$ などを，たし算のしきといいます。

$13-4=9$ などを，ひき算のしきといいます。

しきつめ 小

ゆかには，同じ形の三角形や四角形のタイルを，すきまなく，並べることができます。これを，三角形や四角形を敷き詰めるといいます。

式の値 [numeral value of expression] 中

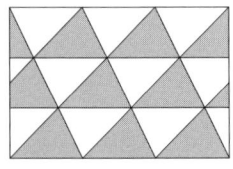

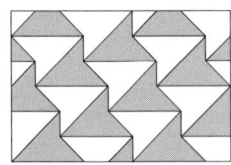

文字を含む式において，その文字を数に置き換えて計算した結果として得られた数を，その式の値といいます。

軸 [axis] 中

座標軸，対称軸，回転軸などの総称です。それぞれを参照してください。

シグマ記号 [Σ-notation]

Σは，Sに当たるギリシャ文字で，シグマと読みます。総和を示します。

$\sum_{k=1}^{n}$ は，k を1からnまで変えて，総和せよという命令を示します。それで，

$$\sum_{k=1}^{5} k^2 = 1^2+2^2+3^2+4^2+5^2=55$$

などとなります。

$\sum_{k=1}^{\infty} a_k$ は，無限級数*を表します。

試行 [trial] 中

さいころを投げるように，同じ条件で繰り返し行われる実験，観察を試行といいます。

時刻 [moment, time] 小

時間の流れの中のある一点を，時刻といいます。

仕事 [work]

力が物体に作用した結果，その物体が移動したとすると，力×移動距離を，その力がその物体に与えた仕事といいます。仕事は，測定可能な1つの物理量です。

仕事の単位は，1ダインの力が作用して物体を1cm動かした仕事で，1エルグ（erg）といいます。

また，10^7エルグ＝1ジュールも，仕事の単位として用いられます。

事実問題

不等式や方程式などを応用する問題を「応用問題」といいますが，その中で，実際生活と関連する問題を事実問題と呼んで，重視するようになりました。

四捨五入 ししゃごにゅう [round off] 小

概数*とするために、有効数字*をある位取り*で打ち切る時、次の位の数が4以下であれば(つまり、4.999…までは)切り捨てて、有効数字の最後の数字はそのままとし、5以上であれば切りあげて、有効数字の最後の数字に1を足します。

このようにすることによって、誤差を最小にすることができます。このような概数の決め方を、四捨五入といいます。

事象 じしょう [event] 中

試行の結果として起こる現象を事象といいます。

たとえばサイコロを投げるとき、偶数の目が出るというような現象が事象です。

偶数の目が出るという事象は、2が出る、4が出る、6が出るという事象に分解できます。

それ以上分解できない事象を、基本事象*といいます。

このような基本事象の集合を全事象といい、E と表します。E の部分集合を事象と定義します。

四色問題 ししょくもんだい [four colour problem]

地球儀を見ると、国境を接する各国は、違う色で塗られています。国境が接していなくても、近隣の国が同じ色で塗られていると飛び地と誤解されますから、実際には10色ほどが使われているようです。

しかし、「国境を接する国は、違う色で塗り分けるというルールで塗り分けると、最低4色で間に合うか」というのがこの問題です。

この問題は、後に南アフリカ大学数学教授になったフランシス・ガスリーが、ロンドン大学の学生であった弟フレデリック・ガスリーに尋ね、弟ガスリーが1852年10月23日にド・モルガンに質問したのが最初であるとされています。ド・モルガンがその日に、ハミルトンに出した手紙が残されています。

この問題が有名になったのは、1878年6月13日に、ロンドン数学会においてケーリーが提唱してからです。翌1879年には、アルフレッド・ブレイ・ケンプによる証明が、「アメリカ数学ジャーナル」で発表されました。

1890年に、パーシー・ヒーウッドがその誤りを指摘しましたが、ケンプの証明で、5色で十分であることは確認されました。

1976年には、ヴォルフガング・ハーケンとケネス・アッペルが、ジョン・コッホの協力を得て、4年半にわたる1200時間のコンピュータを利用する計算で、1834種の集合を検討して、予測の正しいことを証明しました。

指数 しすう (1) [index number]

物価指数のように、基準時における値に対する比を、%で表したものを指数といいます。したがって、

$$指数 = \frac{そのときの数値}{基準時の数値} \times 100$$

となります。

指数 しすう (2) [exponent] 中

累乗において、その数なり、文字なり、式なりを、何個掛け合わせたかを示す数を、累乗の指数といいます。指数は、そ

の数または文字の右肩に小さく書いて示します。式の場合は，括弧でくくって，括弧の右肩に書きます。⇨累乗

次数 [degree] 中

単項式の場合，その単項式に含まれる文字因数の個数を次数といいます。

また，不定元*に着目して，その個数をその単項式の次数ということもあります。また，特定の文字に着目して，その文字に関する次数を考える場合もあります。

$2ax^2$ は，文字に関しては 3 次式ですが，不定元 x に関しては 2 次式です。

多項式の場合は，その多項式に含まれる単項式の次数の最大のものを，その多項式の次数とします。たとえば，ax^2+bx+c は，不定元 x に関する 2 次式です。

多項式 P の次数は，$\deg(P)$ と表します。

指数関数 [exponential function]

a を正の定数とし，定義域をすべての実数とするとき，$y=a^x$ と表される関数を，指数関数といいます。

$$x=\frac{n}{m} \quad (m, n \text{ は整数で } m>0)$$

のとき，$a^x = \sqrt[m]{a^n}$ と定義します。

x が無理数*のときは x に収束する*有理数 $\frac{n}{m}$ をとり，

$$\lim_{\frac{n}{m} \to x} a^{\frac{n}{m}} = a^x$$

と定義します。

実際に数値を求めるときは級数展開を利用しますが，いまは関数電卓やパソコンを利用して，瞬時に求めることができます。

指数曲線 [exponential curve]

指数関数のグラフとして得られる曲線を，指数曲線といいます。

片対数方眼紙*を利用すると，指数関数のグラフは，直線となります。

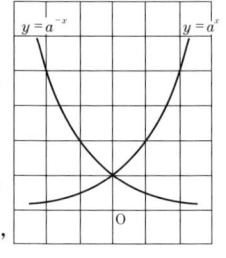

指数法則 [law of exponents]

累乗の指数の従う法則をいいます。

$a>0, b>0, m, n$ が任意の実数であるとき，

(1) $a^m a^n = a^{m+n}$

(2) $\dfrac{a^m}{a^n} = a^{m-n}$

(3) $(a^m)^n = a^{mn}$

(4) $(ab)^m = a^m b^m$

(5) $\left(\dfrac{a}{b}\right)^m = \dfrac{a^m}{b^m}$

が成り立ちます。

始線 [initial line]

極座標で，基準に取る半直線を，始線といいます。首線ともいいます。⇨極座標

自然数 [natural number] 中

1, 2, 3, 4, … など，自然物の個数を表す数を自然数といいます。

物が存在しない場合に，0 個ということがありますが，わが国では 0 を自然数に入れません。

自然対数 [natural logarithm]
自然対数の底と呼ばれる数
$e = 2.718281828459045\cdots$
を底とする対数を指します。

自然対数は，$\ell_n x$ と表します。パソコンソフトのBASICでは，LOG(x) としています。⇨e ⇨自然対数の底 ⇨対数

自然対数の底 [base of natural logarithm]
a を底とする対数*の導関数*は

$$\lim_{h \to 0} \frac{\log_a(x+h) - \log_a x}{h}$$

$$= \lim_{h \to 0} \log_a \left(1 + \frac{h}{x}\right)^{\frac{1}{h}}$$

$$= \lim_{h \to 0} \frac{1}{x} \log_a \left(1 + \frac{h}{x}\right)^{\frac{x}{h}}$$

$$= \frac{1}{x} \lim_{h \to 0} \log_a (1+h)^{\frac{1}{h}}$$

そこで，
$$\lim_{h \to 0}(1+h)^{\frac{1}{h}} = e$$

と表すと，導関数は $\frac{1}{x}\log_a e$ となります。したがって，$a = e$ とすると，導関数を $\frac{1}{x}$ とすることができます。このような e を底とする対数を自然対数といい，e を自然対数の底といいます。ネイピア数ということもあります。ネイピア*は自然対数とは関係ありませんが，初めて対数を考案した人です。

なお，このような極限値 e は確かに存在し，

$e = 2.718281828459045\cdots$
となります。
「鮒1鉢2鉢1鉢2鉢至極惜しい」
と記憶すると便利です。⇨e

四則 [four rules of arithmetic] 中
加減乗除をまとめて，四則といいます。

時速 [speed per hour] 小
速さを表すために，その速さを維持しながら1時間進むとどれだけの距離になるか計算して，示したものです。したがって，時速というのは1時間に進む距離のことであって，速さではありません。
速さは，

$$\frac{距離}{時間} = 速さ$$

で求められる，距離でも時間でもない新しい量です。

時速30kmの速さは30km/hと表されます。hは，時間（hour）を表します。

下に凹 [downwards concave] 中
ある区間内に，任意に取った2点 a, b に対して，常に

$$f\left(\frac{a+b}{2}\right) > \frac{f(a) + f(b)}{2}$$

が成り立つとき，関数 $f(x)$ は，この区間において下に凹である，または上に凸であるといいます。この時，グラフは任意の弦の上側にあります。

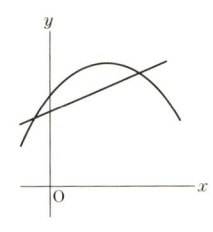

関数 $f(x)$ の第2階の導関数*を $f''(x)$ と表せば，$f''(x) < 0$ のときは，

この区間で下に凹です。

下に凸 [downwards convex]

ある区間内に任意に取った2点a, bに対して，常に

$$f\left(\frac{a+b}{2}\right) < \frac{f(a)+f(b)}{2}$$

が成り立つとき，関数$f(x)$は，この区間において下に凸である，または上に凹であるといいます。この時，グラフは任意の弦の下側にあります。

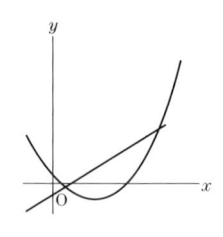

関数$f(x)$の第2階の導関数*を$f''(x)$と表せば，$f''(x)>0$のときは，この区間で下に凸です。

実験式 [empirical formula]

実験によって得られたデータから導いた関係式を，実験式といいます。

実数 [real number]

正負の数および0を合わせて，実数といいます。実数は，平方すると正の数か0となります。

平方すると負の数となる数を虚数といいますが，実数は，虚数を含まない数です。

実線 [real line]

普通の直線です。投影図*などで，点線*や破線*と区別するために，実線といいます。

実長 [true length]

投影図*では，画面に平行である場合を除いて，線分の実際の長さが与えられません。それで，線分の実際の長さを実長と呼びます。

次の投影図は，線分ABを，Aを通る鉛直線のまわりに回転させ，立画面に平行となるように置いて，実長を求めています。線分$a'c'$の長さが実長です。

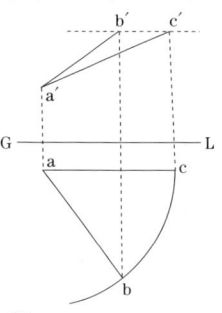

質量 [mass]

物質の量を表す基本的な物理量です。物質の量を重さ（重力の大きさ）を比較して測定するのが，重力質量です。重さは，たとえば月面では地表の6分に1になり，物質の量を表しませんが，重さを比較することによって，物質の量を比較することができます。

また，物質が多いと，動かすのが大変です。動きにくさ，つまり慣性の大きさを比較して物質の量を表すというのが，慣性質量です。

ガリレオの落体の実験は，慣性質量と重力質量は比例しているという事実を明らかにしました。重力が2倍になれば，慣性も2倍になって，同じ加速度で落下するのです。

アインシュタインは，相対性理論で，太陽や地球が作り出す重力のような力も，加速度運動が作り出す力も，全く同じであることを明らかにし，重力質量と慣性質量は1つの質量が示す2つの側面に過ぎないことを明らかにしました。

メートル法の質量の単位は，グラムと

キログラムです。前者はCGS単位系，後者はMKS単位系とよばれます。メートル法制定のとき，4℃の水1ミリリットルの質量を1グラム（g）と定めました。現在は，国際キログラム原器の質量を1キログラムとし，その1000分の1を1グラムとしています。

質量不変の法則（しつりょうふへんのほうそく）
[conservation law of mass]
⇨質量保存則

質量保存則（しつりょうほぞんそく）
[conservation law of mass]

化学反応において，反応前の全物質の質量の総和と反応後の全物質の質量の総和とが相等しいという法則です。

発熱等でわずかに質量が失われることがありますが，換算すると，質量保存則は成り立っています。

指標（しひょう）[characteristic]
常用対数＊の整数部分を，指標といいます。真数の整数部分がn桁であれば，指標は$n-1$です。

真数の有効数字が小数第m桁から始まれば，指標は$-m$です。

シムソンの定理（のていり）[Simson's theorem]
△ABCの外接円の周上の任意の点Pから，直線AB，BC，CAに垂線PH，PI，PJを下ろすと，H，I，Jは共線である，という定理です。

シムソンの定理と伝えられていますが実際の発見者はウォーレス（1768〜1843）で，シムソンの没後の1797年に発見したものです。

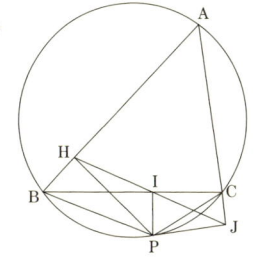

捨象（しゃしょう）[abstract]
事物に共通な性質を抜き出すことを抽象といいますが，そのとき，共通でない性質を捨て去ることを捨象といいます。

写像（しゃぞう）[mapping]
集合Aの元aに集合Bの元bを対応させる規則を，写像といいます。また，集合Aを始域，集合Bを終域といいます。

終域が始域と一致したときは，変換といいます。⇨1次変換

斜辺（しゃへん）[hypotenuse] 中
直角三角形において，直角の対辺を，斜辺といいます。

種（しゅ）[species] 中
事物を，ある基準に従って分けたものを種といいます。このとき，分ける基準を種差といいます。また，種の集まりを，類といいます。

分類というのは，類を，種差に従って種に分けることをいいます。

じゅう 小
9と1をあわせると，じゅうです。じゅうは，10とかきます。

9と3をあわせると，じゅうが1つできて，2つあまります。これを，12とかきます。12の1は，じゅうが1つできたことを，あらわします。2は，あまりが2つあることを，あらわします。

それで，10は，じゅうが1つで，あまりが0（れい）であることを，あらわし

ています。

終域 しゅういき [final domain]

集合 A の元 a に集合 B の元 b を対応させる規則を，写像といいます。b を像，a を原像といいます。

このとき，集合 A を始域，集合 B を終域といいます。

集合 A の元の像の集まりを，「値域」といいます。「値域」は終域にふくまれますが，同じとは限りません。

周期 しゅうき [period]

任意の x に対して，つねに
$$f(x+p) = f(x)$$
が成り立つ 0 でない定数 p が存在するとき，$f(x)$ を周期関数といい，p をその周期といいます。

集合 しゅうごう [set] 中

集合というのは，ある条件に合うものだけを，1つ残らず集めたものです。この条件は，満たすか満たさないかが，はっきり分からなければなりません。自然数の集合は定義されますが，若者の集合は定義されません。若者かどうかが判定できないからです。

自然数の集合は，
　　{1, 2, 3, 4, …}
のように示すか，条件を示して
　　{$x|x$ は自然数である}
のように示します。{ } は，集合であることを示します。

| は，先行詞 x にかかる関係代名詞です。英語 that, what にあたります。

集合は，A，B，C，M，N などの文字で表します。

点の集合で，端の点，あるいは境界の点を含むものを閉集合，含まないものを開集合といいます。

重心 じゅうしん [bary centre, center of gravity] 中

一般に，物体においては，均質であってもなくても，各部分に働く重力の合力が，ただ一点に働くことが証明されます。この点をこの物体の重心と呼んでいます。

では，図形の重心は，どうでしょうか。図形には重さがありませんから，重心も存在しません。それで，平面図形の場合は，均質な板でできていると仮定して，その重心を求めて，それをその平面図形の重心と呼んでいます。

では，三角形の重心を求めてみましょう。次の図のように均質な三角形の板をとり，1辺に平行な線で切って，バラバラにしてみましょう。1本1本は同じ太さの均質な棒ですから，どれも，中点*で支えると，つりあいます。

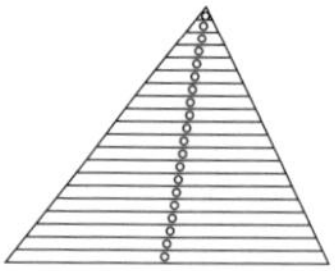

そこで，これを合わせた三角形は，1本1本の棒の中点が作っている中線*によって支えると，つりあうことがわかります。

もう1本の中線によって支えてもつりあいますから，この2本の中線の交点で支えると，この三角形はつりあい，この板は，傾かずに支えることができます。この点を，この板の重心といいます。

容易に分かるように，第3の中線も，この重心を通ります。

収束
⇨収束する

収束する [converge]

変数 x と定数 a との差が無限小*であるとき，x は a に「収束する」といい，
$$x \to a$$
と表します。

また，無限級数* $\sum_{k=1}^{\infty} a_k$ においては，部分和 $S_n = \sum_{k=1}^{n} a_k$ が定数 S に収束するとき，この無限級数は「収束する」といいます。また，S をその値といいます。

無限級数の値を，無限級数の和と呼ぶこともありますが，無限級数の和といえば，$\sum_{k=1}^{\infty} a_k + \sum_{k=1}^{\infty} b_k$ となります。

なお，S_n が収束しないときは，無限級数 $\sum_{k=1}^{\infty} a_k$ は，発散するといいます。このとき，この無限級数は値を持ちません。

自由度 [degrees of freedom]

たとえば3次方程式 $x^3 = px + q$ において，$x = u + v$ と表せば，u の値を自由に決めるなど，何かの条件を設ける自由が生まれます。この例では，
$$u^3 + v^3 + 3uv(u+v) = p(u+v) + q$$
なので，自由度を生かして，
$$3uv = p$$
とすれば，
$$u^3 + v^3 = q$$
が得られ
$$u^3 v^3 = \left(\frac{q}{3}\right)^3$$

として解くことができます。

十分条件 [sufficient condition] 中

命題「P ならば Q である」が真であるとき，P を，Q であるための十分条件といいます。

2つの三角形が合同である条件として，(1)対応する2つの角の大きさがそれぞれ等しく，その2角の共有する辺の長さが相等しい，(2)対応する2辺の長さがそれぞれ等しく，それら2辺のなす角が相等しい，(3)対応する3辺の長さが，それぞれ相等しい，ということが挙げられますが，これは真ですから，これらの条件は，2つの三角形が合同であるための十分条件です。

縮尺 [reduced scale] 小

縮図と原図との比を，縮尺といいます。地図を一種の縮図と見て，縮尺5万分の1のように表します。

地図に添えられている尺度で，実際の尺度を，同じ縮尺で縮小したものをいいます。この縮尺で，地図上の2点間の距離を測れば，実際の距離が分かります。

縮小 [contraction, reduction] 小 中

ある図形と相似であって，相似比が1より小である図形を描くことをその図形を縮小するといいます。

このとき，どの長さも同じ割合で短くなりますが，角度はどれも変わりません。

縮図 [reduced drawing, miniature copy] 小 中

縮小によって得られた図を縮図といいます。地図は，記号で表示するなど

一定の約束によって描かれていますから、実際の地形の縮図とはいえません。しかし広い意味では縮図の一種と考えられます。 ⇨ 縮小

樹形図 [tree diagram] 中

たとえば、A, B, C の順列は、右図のように表されます。

形が樹木に似ているところから、樹形図といいます。上下を逆に描く場合もあります。

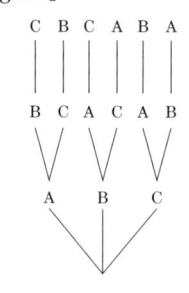

⇨ 順列

種差 [specific difference]

類を種に分けることを分類といいます。その種と種との違いが種差です。分類の基準といってよいでしょう。

首線 [initial line]

⇨ 始線

十進法 [decimal system, denary scale] 小

卵を10個ずつケースにつめて、3ケースと7個など数えるように、数を10ずつまとめて、20, 30, …と数え、10が10個集まったら、100, 200, …というようにまとめて数える方法を、十進法といいます。

私たち日本人が使っている数え方です。手の指が10本であることから十進法が生まれたと思われます。

循環小数 [recurring decimal] 中

たとえば、

$$\frac{2}{3} = 0.6666\cdots$$

$$\frac{7}{111} = 0.675675675\cdots$$

$$\frac{735}{1100} = 0.66818181\cdots$$

のように、同じ数字が繰り返し出てくる小数を、循環小数といいます。また、繰り返される数字の列を、循環節といいます。はじめから循環節が繰り返す場合を純循環小数、途中から循環節が始まる場合を混循環小数といいます。

循環節のはじめと終わりに点を打って、それぞれ、

$$0.\dot{6},\quad 0.\dot{6}7\dot{5},\quad 0.6\dot{6}81\dot{1}$$

と表します。

循環小数を分数に直すには、たとえば、循環節の長さが2ならば、元の数を100倍、循環節の長さが3ならもとの数を1000倍することによって、循環節をけすことができます。

$$0.66818181\cdots = x$$

とおくと、

$$66.818181\cdots = 100x$$
$$0.66818181 = x$$
$$66.15 \quad\quad = 99x$$
$$9900x = 6615$$
$$1100x = 735$$
$$x = \frac{735}{1100}$$

となります。

瞬間速度 [instantaneous velocity]

ある時刻において、平均速度の極限値として得られる速度を、瞬間速度ということがあります。

じゅんじょ [order]小

バス停に行くと，待っている人が1列に並んでいます。早く来た人から，さきに乗るためです。これを，じゅんじょといいます。じゅんじょは，1ばんめ，2ばんめ，3ばんめ，というふうによびます。

1, 2, 3, …は，ぜんたいのかずもおしえてくれますが，じゅんじょもおしえてくれます。

順序数 [ordinal number]小

自然数を小さい順に並べると，順序を示すことができます。このように，順序を示す数を，順序数といいます。

準線 [directrix]

定点Fと定直線ℓにいたる距離の比が1より小である点の軌跡は，楕円となります。1に等しいときは，放物線です。1より大であるときは，双曲線となります。この定直線を，これら円錐曲線*の準線といいます。

Fは，焦点の1つです。

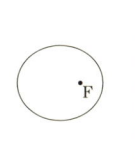

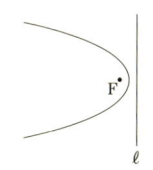

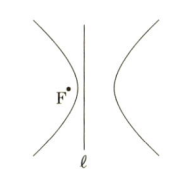

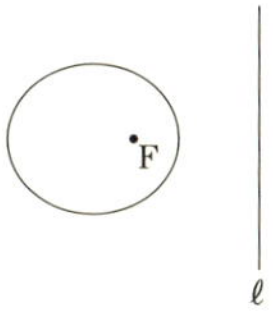

順列 [permutation]

A，B，C，Dから2文字を選んで並べると，何通りの並べ方があるでしょうか。

AB, AC, AD, BA, BC, BD, CA, CB, CD, DA, DB, DCの12通りです。これは，4×3と計算されます。この1つひとつが順列です。

一般に，相異なるn個のものから，r個を選んで1列に並べたものを，n個のものからr個をとる順列といいます。また，その総数を，$_nP_r$と表します。

$$_nP_r = n(n-1)(n-2)\cdots(n-r+1)$$

が成り立ちます。

商 [quotient]小 中

割り算の答えを，商といいます。

$$75 \div 3 = 25$$

の場合は，25が，商です。また，

$$77 \div 3 = 25 \cdots\cdots 2$$

のときも，商は25で，余りが2です。

また，多項式A，B（B≠0）に対して，

$$A = BQ + R \quad (\deg(R) < \deg(B))$$

となる多項式Q，Rが，かならず，ただ1組求められます。このQを商，Rを余りといいます。⇒整除

小円 [small circle]

球を，中心を通らない平面で切ったとき，切り口にできる円を小円といいます。
⇒大円

定規 [ruler]小

直線を引くために用いられる器具を定規といいます。

目的によっては，三角定規*もあります。また，製図用の平行線を引くためのT定規もあります。

曲線を描くための雲形定規*もあります。

消去する [eliminate]中

たとえば，連立方程式

$$\begin{cases} 2x - y = 4 \\ x + 3y = 9 \end{cases}$$

において，第1式を3倍して第2式と辺々を加えると
$$7x = 21$$
が得られます。このように，1つの文字，たとえばyを含まない式を求めることを，文字yを「消去する」といいます。

消去法 [method of elimination]
消去によって連立方程式を解く方法を，消去法といいます。加減法，代入法などがあります。

象限 [quadrant] 中
平面は，x軸，y軸によって，4つに部分に分けられます。そのおのおのを，象限といいます。

x軸の正の部分から，反時計回りに，第1象限，第2象限，第3象限，第4象限と名づけます。

条件 [condition] 中
命題「PならばQである」において，Pを仮定，Qを結論といいました。しかし，PもQも，実は，条件なのです。

たとえば，命題「△ABCにおいて，AB＝ACならば，∠B＝∠Cである」において，仮定の命題「AB＝AC」は，本当にAB＝ACであるならば真ですが，AB≠ACであれば偽となります。このように，条件によって真になったり偽になったりする命題を条件付き命題といいますが，簡単に条件ということもあります。

結論の命題「∠B＝∠Cである」も同じで，本当に∠B＝∠Cであれば真ですが，∠B≠∠Cであれば偽です。よって，これも条件です。

条件付確率 [conditional probability]
乱数さい*において，Aを偶数の目が出る事象，Bを3の倍数が出る事象とすると，積事象$A\cap B$は，6の目が出る事象を表します。また，積事象$\overline{A}\cap B$は，3か9の目が出る事象を表します。

このとき，$\dfrac{P(A\cap B)}{P(A)} = \dfrac{\frac{1}{10}}{\frac{5}{10}} = \dfrac{1}{5}$ となります。同様に，$\dfrac{P(\overline{A}\cap B)}{P(\overline{A})} = \dfrac{2}{5}$ がいえます。それぞれ，偶数が出るという条件の下での3が出る確率，奇数が出るという条件の下での3が出る確率を与えます。この確率を条件付確率といい，それぞれ，$P(B/A)$，$P(B/\overline{A})$と表します。

複事象ABにおいても，$\dfrac{P(AB)}{P(A)}$を条件付確率といい，$P(B/A)$と表します。
⇨積事象　⇨複事象

正午 [noon] 小
日中の12時を正午といいます。午前の12時，午後の0時です。⇨正子

正子 [midnight]
子の刻。一日の起点で午前0時です。方位にも十二支があり，北が子，南が午です。子と午を結ぶ大円の弧を子午線といいます。⇨正午

小数 [decimal] 小
0.1，0.14のように，1より小さい数を小数といいます。また，3.14のように，整数がついているときは，帯小数

といいます。帯小数でなければ単に小数といいますが，わざわざ純小数ということもあります。

3.14は，整数3と小数0.14の合計です。

$3.14 = 3 + \dfrac{1}{10} + \dfrac{4}{10^2}$ となります。それで，詳しく呼ぶときは，十進小数といいます。

3.14は，「さん点いちよん」と読みます。間の点は，小数点といいます。また，1は小数第1位，4は小数第2位です。以下同じです。

時間の場合は，たとえば5時間48分46秒は $5^h\,48'\,46''$ と表します。同じように，角度の場合は，5度48分46秒を $5°\,48'\,46''$ と表します。これは，$5 + \dfrac{48}{60} + \dfrac{46}{60^2}$ のことで，六十進法の小数，六十進小数です。

「°」は0で，小数点に当たります。「′」はⅠで，ローマ数字の1です。小数第1位を示します。「″」はⅡで，ローマ数字の2で小数第2位を表します。第3位以下もあるのですが，時間や角度では，第2位で終わりです。

小数点 [decimal point] 小

整数の第1位と，小数の第1位の間に打たれる点を，小数点といいます。

クシランダー（1532〜1576）は，小数237.578を

237.5①7②8③

と表しています。

現在の小数点がはじめて用いられたのは，ネイピアの『対数の驚くべき規則の叙述』(1614) の中で，25.803 は

$25\dfrac{803}{1000}$ と同じであると書いています。

また，その後，ジョン・ウォリスが『代数学』(1685) で小数点を用いたことが知られています。

同じ年に，ゲオルク・アンドレアス・ベックレルはコンマを用い，ドイツでは，現在もコンマを用いています。⇨小数

上底 [upper base] 小

台形の平行な辺を水平に置いたとき，上の辺を上底といいます。

消点 [vanishing point]

透視図では，平行線は，視点からその平行線に平行に引いた直線が立画面と交わる点に集まります。この点を消点といいます。平行線が，無限のかなたに消えていく点という意味です。

焦点 [focus]

⇨楕円　⇨放物線　⇨双曲線

照度 [illumination intensity]

光に照らされた面の明るさを照度といいます。照度の単位は，ルクスです。1ルクスは，1ルーメンの光束が $1\,m^2$ を一様に照らすときの明るさです。

昇べきの順 [ascending order of power] 中

多項式の項を，ある文字に関する次数が，次第に高くなるように並べることを，昇べきの順に並べるといいます。

たとえば，$7-5x+3x^2$ は，x に関して，昇べきの順に並べられています。

乗法 ${}^{じょう}_{ほう}$ [multiplication] 中

掛け算を乗法といいます。数や式の積を求める計算です。

2と3の積は2×3と表します。多項式 P と Q の積は，PQ と表します。

$PQ=QP$ を乗法の交換法則といいます。

$(PQ)R=P(QR)$ を乗法の結合法則といいます。

証明 ${}^{しょう}_{めい}$ [proof] 中

ある命題が真であることを，公理，あるいはすでに証明されている定理から推論によって導くことを，証明あるいは論証といいます。

証明を求められている命題を，提題といいます。提題そのものを証明することを，直接証明といいます。

提題の対偶を証明することによって提題の証明を行うことを間接証明といいます。

論証ではなく，事実を示して証明することもあります。これは，実証と呼ばれます。

正面図 ${}^{しょう}_{めんず}$ [elevation] 中

⇨立面図

剰余 ${}^{じょう}_{よ}$ [remainder]

⇨余り

剰余の定理 ${}^{じょうよ}_{のていり}$ [remainder theorem]

⇨余りの定理

常用対数 ${}^{じょうよう}_{たいすう}$ [common logarithm]

10を底*とする対数を，常用対数といいます。常用対数は，整数＋正の小数として表され，整数部分を指標，正の小数部分を仮数といいます。

真数の整数部分がn桁のときは，指標は$n-1$，有効数字が小数n桁から始まるときは，指標は$-n$です。仮数は，小数点の位置に関わりなく，有効数字によって定まります。⇨対数

初項 ${}^{しょ}_{こう}$ [first term]

数列の最初の項です。⇨数列

徐光啓 ${}^{じょ}_{こうけい}$ (1562～1633)

明末の政治家，数学者。上海出身です。マテオリッチとともに，ユークリッドの『原論』(ストイケイア)の第六巻までを訳出して『幾何原本』の名で出版しました。これが，幾何学という名前のもととなりました。

除数 ${}^{じょ}_{すう}$ [divisor]

除法 $a\div b$ において，数bを除数といいます。割る数ともいいます。

助変数 ${}^{じょ}_{へんすう}$ [parameter]

変数x,y がともに変数tの関数であるとき，点(x,y)は，tの変動によって，曲線を描きます。この曲線は，x，y の間の関数関係を表しています。それで，tを助変数といいます。助変数は，媒介変数ともいいます。

変数x,y,zがともに変数tの関数であるとき，点(x,y,z)は，tの変動によって，空間内に曲線を描きます。このときも，tを助変数といいます。

除法 ${}^{じょ}_{ほう}$ [division] 中

割り算を除法といいます。12を3で割る計算は，$12\div 3=4$ と表されます。また，12を5で割る場合は $12\div 5=\dfrac{12}{5}$ と表されます。

一般に，a を b で割るというのは，

$bx = a$ となる x を求めることをいいます。$x = \dfrac{a}{b}$ と表されます。

しりょう [data] 小
がっこうでは，図書室を利用した人数や，保健室に来た人数などを，学年に分けてしらべます。その人数などを，しりょうといいます。

資料 [data] 中
統計調査によって集められた結果のことを，資料といいます。

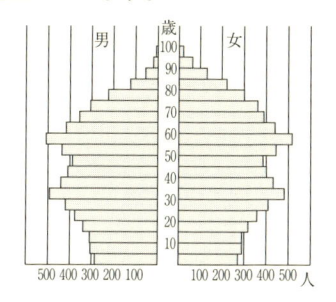

資料の整理 [arrangement of data] 小
下のグラフは，2006年にわが国で暮らす人々の年齢別人口を調べたものです。このように，何かの数を調べて表にしたり，グラフで表したりすることを，資料の整理といいます。

ジレンマ [dilemma]
di は2つ，lemma は前提，論拠です。ダブル・スタンダードともいいます。同じ前提から，正反対の結論が導かれます。

次の例はよく知られているものです。

あるお母さんが子どもにさとしました。

「お前は公務員になってはいけない。公務員になると，正直であれば人から憎まれる。また，不正直であれば，神からにくまれるから。」

これを聞いたアリストテレスは言いました。

「お母さんは間違っている。公務員になりなさい。正直であれば神から愛される。また，不正直であれば，人から愛されるから。」 ⇨トリレンマ

真 [truth] 中
ある命題*が成り立つとき，その命題は真であるといいます。

塵劫記 じんこうき
江戸時代に，吉田光由（1598〜1673）が著した庶民のための数学教科書です。初版は寛永4年（1627）ですが何度も改版されています。

本の名前は，塵劫来事糸毫不隔（無限に近い時間がたっても，少しも変わらない）からとったものです。

内容は，大小の数詞，面積，体積の単位，掛け算，割り算の九九，日常の算術からパズルまで，広範に及んでいます。

面白いのは，円積率（円の面積と外接正方形の面積の比）を，0.79としていることです。これは，エジプトの円積率 $\left(\dfrac{8}{9}\right)^2 = 0.790123456\cdots$ とほぼ同じで，これから円周率を求めると，3.16となります。ただし，根拠は示されていません。『塵劫記』は，今の教科書のように体系的でなく，証明もありません。

人口密度 [density of population] 小
1 km² 当たりの人口を人口密度といいます。わが国の人口密度は，2005年で343人でした。

真数 しんすう [anti-logarithm]
⇨対数

振動数 しんどうすう [frequency]
単位時間に振動する回数をいいます。振動数 n の単振動は，
$x = A\sin(2n\pi t + \alpha)$ と表されます。

振動する しんどうする [oscillate]
数列が収束*せず，正の無限大，負の無限大に発散する*こともない場合に，その数列は振動するといいます。

振幅 しんぷく [amplitude]
単振動が $x = A\sin(\omega t + \alpha)$ と表されるとき，A を振幅といいます。

シンプソンの公式 シンプソンのこうしき
[Simpson's formula]
定積分が初等関数で求められない場合に利用される近似計算の式です。区間$[a,b]$を $2n$ 等分し，2区間ごとに2次関数で近似します。分点を
$a = x_0, x_1, \cdots, x_{2n} = b$ とし，$h = \dfrac{b-a}{2n}$，各分点における関数値を $y_0, y_1, \cdots, y_{2n}$ とすると，定積分の近似値は，
$\dfrac{h}{3}\{y_0 + 4(y_1 + y_3 + \cdots + y_{2n-1})$
$\qquad\qquad + 2(y_2 + y_4 + \cdots + y_{2n-2}) + y_{2n}\}$
で与えられます。これがシンプソンの公式です。

真分数 しんぶんすう [proper fraction] 小
分子が分母より小さい分数を，真分数といいます。

信頼区間 しんらいくかん [confidence interval]
母集団が平均値 m，標準偏差* σ の正規分布*をするとき，標本平均 m' は，いろいろの値をとりますが，おおよそ，右のグラフのようにばらつきます。s は $\dfrac{\sigma}{\sqrt{n}}$ です。

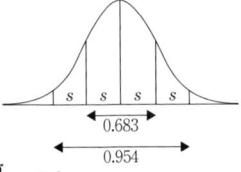

$m - \dfrac{\sigma}{\sqrt{n}} \leq m' \leq m + \dfrac{\sigma}{\sqrt{n}}$

となる確率は68.3%です。

$m - \dfrac{2\sigma}{\sqrt{n}} \leq m' \leq m + \dfrac{2\sigma}{\sqrt{n}}$

となる確率は95.4%です。

$m - \dfrac{3\sigma}{\sqrt{n}} \leq m' \leq m + \dfrac{3\sigma}{\sqrt{n}}$

となる確率は99.7%です。

それで，逆に1つの m' が分かったとすると，母平均 m は，

$m' - \dfrac{\sigma}{\sqrt{n}} \leq m \leq m' + \dfrac{\sigma}{\sqrt{n}}$

となる確率が68.3%です。

$m' - \dfrac{2\sigma}{\sqrt{n}} \leq m \leq m' + \dfrac{2\sigma}{\sqrt{n}}$

となる確率が95.4%です。

$m' - \dfrac{3\sigma}{\sqrt{n}} \leq m \leq m' + \dfrac{3\sigma}{\sqrt{n}}$

となる確率が99.7%です。

このようにして，母平均 m を推定することができます。

これらの区間を，信頼区間といい，母数がその区間に含まれる確率を，信頼度といいます。

真理値 しんりち [truth value]
命題が真であるか，偽であるかを表す数値を真理値といいます。命題 A の真

理値は，$T(A)$ で示します。

命題 A が真であれば $T(A)=1$，命題 A が偽であれば $T(A)=0$ と定めます。それぞれの場合に，$T(A)=T$，$T(A)=F$ と表している書物も見られます。

命題 A の否定命題「A でない」を $\overline{A}$ で表すと，真理値は

A	$\overline{A}$
1	0
0	1

となります。これから，
$$T(A)+T(\overline{A})=1$$
$$T(\overline{A})=1-T(A)$$
が導かれます。

また，選言命題「A または B である」を $A \vee B$ で，連言命題「A かつ B である」を $A \wedge B$ で表すことにすると，真理値は次のようになります。

A	B	$A \vee B$	$A \wedge B$
1	1	1	1
1	0	1	0
0	1	1	0
0	0	0	0

これから
$$T(A)+T(B)$$
$$=T(A \vee B)+T(A \wedge B)$$
が導かれ，
$$T(A \vee B)$$
$$=T(A)+T(B)-T(A \wedge B)$$
が成り立ちます。これを，真理値の加法定理といいます。また，
$$T(A \wedge B)=T(A)T(B)$$
もいえます。これを，真理値の乗法定理といいます。

す

推計学 すいけいがく [theory of inference]
⇨推測統計学

垂心 すいしん [orthocenter] 中
三角形では，次の定理が成り立ちます。
【定理】 △ABC の頂点から対辺に下した垂線を AP，BQ，CR とすると，これら 3 垂線は，1 点 H で交わる。

その点 H を，この三角形の垂心といいます。
【定理の証明】
AP，BQ の交点を H とし，直線 CH と AB との交点を R とすると，P，Q は AB を直径とする円周上にあり，また，CH を直径とする円周上にもあります。

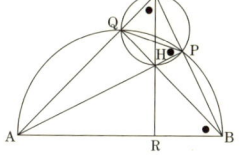

そこで，円周角は等しいという定理から，
$$\angle ABQ = \angle APQ = \angle HCA$$
△ABQ と △ACR は，∠A が共通で，∠B と ∠C とが等しいので，
$$\angle R = \angle Q = 90°$$
となり，CR は，C からの垂線となりました。（証明終）

垂線 すいせん [perpendicular] 中
直線，または平面に対して垂直な直線を，垂線といいます。⇨垂直

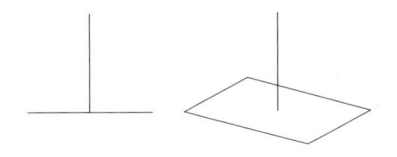

推測統計学 [theory of inference]

統計資料を母集団から得られた標本とみなし，母集団の確率分布に関する諸量を推測しようとする統計学です。

垂直 [perpendicularity] 小 中

2直線の作る角が直角であるとき，これら2直線は垂直であるといいます。

平面上のすべての直線に対して垂直である直線は，その平面に対して垂直であるといいます。

2平面の交線に垂直な平面がこれら2平面と交わる交線が垂直であるとき，この2平面は垂直であるといいます。

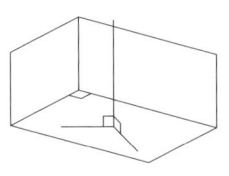

垂直二等分線 [perpendicular at midpoint] 中

線分の中点を通り，その線分に垂直な直線を，その線分の垂直二等分線といいます。

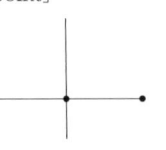

推定 [estimate]

母集団から取り出された標本を基にして，母数とよばれる母集団の平均，分散などの諸量を推定することをいいます。

推理 [inference] 中

いくつかの命題から，新しい命題を導くことを推理といいます。

帰納推理は，個々の命題から一般法則を導く推理です。逆に，一般法則から個々の命題を導く推理を，演繹推理といいます。

類推は，いくつかの共通性から，他の共通性を判断する推理です。たとえば，新薬の開発にあたって，サルに投与して副作用などを調べるのは，人間とサルの共通性に着目して，類推しているのです。

推論 [reasoning] 中

筋道を立てて物事を考えることを，推論といいます。

数学の歴史 [history of mathematics]

数学は，人が作ったものです。したがって，数学の歩みは，人類の歩みとともにあります。

人類の起源がアフリカにあることは，定説となりつつあります。最初に人類がアフリカを出たのは，百数十万年前と見られます。その人類にはいくつかの種があったようですが，それらの種の多くが絶滅しています。現生人類も，アフリカで生まれ，世界各地に広がったようです。

最も古い数の記録は，チェコのヴェストニッツやナイル川源流地域のイシャンゴで，どちらも動物の骨に刻まれて発見されています。共通の起源があるのかもしれません。人類にとって，食の獲得は最大の課題であり，狩猟に依拠していた時代には，個体の数に関心が向けられたことでしょう。

数については，万，億，兆，京などなど，驚くほど大きな数がかぞえられています。農耕が始まり，播種，収穫の時期

を知る必要から，年周期を知るため，何年にもわたって日数を数えたと想像されます。

穀物栽培に依拠するようになると，かさや目方の測定が必要となり，小数や分数が生まれます。

穀物栽培によって食料の生産が飛躍的に増大すると，自らは働くことなく，他人の労働に依拠する階級が生まれます。数学はそのための道具として発達します。数学は，書記，官吏，僧侶の独占物でした。粘土板やパピルスは，そのことを雄弁に語っています。

ところで，『九章算術』には負数が登場しますが，このことは，貨幣経済が相当の水準に達していることを示しています。この時代には，民間人の中にも「九九」のできるものがおり，数学は，もはや官吏の独占物ではなくなっています。

エジプトの書記アーメス*は，数学について，「正確な計算。存在するすべての物および暗黒なすべての物を，知識へ導く指針。」と書きましたが，『ローマ法大全』を編纂したユスチニアヌスⅠ世は，529年に『悪人，数学者，ならびにそれに類する者に関する法律』をさだめ，「誤りを犯すことのない数学技術は完全に禁止される」としています。数学によって真実が明らかにされることを恐れたのです。スペインでは，ヴァルメスが4次方程式を解いたかどで宗教裁判にかけられ，火あぶりの刑に処されました。

1000年以上たって，ユスチニアヌスⅠ世が恐れていたことが起こりました。ニュートンが，微分積分学という新しい数学の力を借りて，天体運動の秘密を明らかにしたのです。天体は神の意思によって動かされているのではなく，自然の法則に支配されている，というのです。もっとも，敬虔なクリスチャンであるニュートンは，最初に宇宙に運動を与えたのは「神の一撃」であると神の役割も残しておきましたので，「無神論者」との批判もありましたが，宗教裁判にかけられることもなく，いまも教会で安らかに眠っています。

ニュートンの研究は，西欧の精神界に衝撃を与えました。人々は神学的呪縛から解放され，科学的で合理的な「近代精神」に目覚め，改めて，宗教とは何かが問われることになりました。

近代はまた，人類を封建的な身分制度の呪縛からも解放しました。数学は，人類を様々な呪縛から解放する役割を果たしたのです。

しかし皮肉なことに，こうして開花した『近代科学』は，西欧社会を世界制覇に向かわせ，植民地的呪縛が地球を覆うようになったのでした。植民地諸国が解放されるのは，実に20世紀も後半のことでした。

今現在，人類は，核による呪縛，憎悪の連鎖という呪縛，大恐慌といった経済的呪縛に苦しんでいます。果たして，数学は，これらの呪縛からの解放のために何らかの役割を果たせるのでしょうか。

すうじ 小

1, 2, 3 などを，すうじといいます。

数値積分 すうちせきぶん [numerical integration]
数値計算で定積分*を求める方法を指します。

数直線 すうちょくせん [number line] 小
物差しのように、数を等間隔に目盛った直線を、数直線といいます。小数も、分数も、表すことができます。

正の数は 0 の右に、負の数は 0 の左に、書き込みます。

—|—|—|—|—|—
　-1　0　1　2

座標の目盛られた直線を、数直線といいます。⇨座標

数ベクトル すう [numerical vector]
ある工場では、A, B, C 3 種の製品を作っていて、1 月には、それぞれ、200 個、300 個、450 個作り、2 月には、それぞれ、150 個、250 個、300 個作ったとすると、合計は、

$$\begin{pmatrix} 200 \\ 300 \\ 450 \end{pmatrix} + \begin{pmatrix} 150 \\ 250 \\ 300 \end{pmatrix} = \begin{pmatrix} 350 \\ 550 \\ 750 \end{pmatrix}$$

となります。もし、1 月と同じ様に、3 か月間生産していれば、

$$3 \times \begin{pmatrix} 200 \\ 300 \\ 450 \end{pmatrix} = \begin{pmatrix} 600 \\ 900 \\ 1350 \end{pmatrix}$$

だけ、生産したことになります。

このような計算法則に従う数の組を数ベクトルといいます。

数ベクトルを $\boldsymbol{a}, \boldsymbol{b}$ などと表し、その計算を、$\boldsymbol{a}+\boldsymbol{b}$, $3\boldsymbol{a}$ というように表せば、

$\boldsymbol{a}+\boldsymbol{b}=\boldsymbol{b}+\boldsymbol{a}$

$(\boldsymbol{a}+\boldsymbol{b})+\boldsymbol{c}=\boldsymbol{a}+(\boldsymbol{b}+\boldsymbol{c})$

$k(\ell\boldsymbol{a})=(k\ell)\boldsymbol{a}$

$k(\boldsymbol{a}+\boldsymbol{b})=k\boldsymbol{a}+k\boldsymbol{b}$

$(k+\ell)\boldsymbol{a}=k\boldsymbol{a}+\ell\boldsymbol{a}$

がいえます。

また、$\boldsymbol{a}+\boldsymbol{0}=\boldsymbol{0}+\boldsymbol{a}=\boldsymbol{a}$ となる $\boldsymbol{0}$ と、$(-\boldsymbol{a})+\boldsymbol{a}=\boldsymbol{a}+(-\boldsymbol{a})=\boldsymbol{0}$ となる $-\boldsymbol{a}$ が存在します。

これは、ベクトル空間の公理ですから、数ベクトルがベクトルであることがわかります。

ところで、力、速度、加速度などのベクトルの演算は、すべて、数ベクトルで表して行うことができます。つまり、ベクトルは、数ベクトルの一種ということになります。

{ベクトル} ⊃ {数ベクトル}

{数ベクトル} ⊃ {ベクトル}

の両方がいえましたので、数ベクトルとベクトルとは、実は全く同じものであることがわかりました。

数列 すうれつ [sequence, progression]
数を 1 列に並べたものを、数列といいます。数列は、自然数を定義域とする関数と考えることができます。数列は、

$a_1, a_2, a_3, a_4, a_5, \cdots$

などと表します。a_i を、第 i 項といいます。

このような数列を、簡単に $\{a_n\}$ と表します。

数列の極限 すうれつのきょくげん [limit of sequence]
n が無限大であるとき、a_n-a が無限小となるような定数 a が存在すれば、数列 $\{a_n\}$ は収束するといい、a をその極限値といい、

$$a = \lim_{n \to \infty} a_n$$

と表します。

n が無限大であるとき，a_n が正の無限大，または負の無限大であるならば，a_n はそれぞれ，正の無限大に発散する，負の無限大に発散するといいます。

そのいずれでもないとき，a_n は振動するといいます。

数列の和 [sum of sequence]
⇨級数

スカラー [scalar]
質量，体積，エネルギー，時間のように，空間の中で向きを持たない量をスカラー量といいます。時間は向きを持ちますが，空間の中の向きではないので，スカラー量に入れています。その測定値が，スカラーです。したがって，スカラーは，正，負，0の実数です。

スカラー積 [scalar product]
ベクトル*の内積をいいます。

スカラー量 [scalar quantity]
質量，面積，体積，エネルギー，温度，時間など，空間の中で向きを持たない量をいいます。

図形 [figure] 小
点，直線，平面，三角形，円，立体などを，図形といいます。

点は，実在する点から，大きさを捨象し，位置だけを抽象したものです。直線も，ぴんと張った糸から，素材や，太さを捨象し，まっすぐであるという形だけを抽象して作り出したものです。立体も，実在する物体から，素材や，表面の色，質量などを捨象し，形と大きさだけを抽象したものです。

ステヴィンの法則 [Stevin's law]
⇨平行四辺形の法則

ストイケイア [stoicheia] 中
前300年頃，アレクサンドリアのムセイオンで活躍していたユークリッドの著書（全13巻）の書名です。平面幾何，立体幾何をはじめ，数論，比例論など，当時の数学の集大成となっており，『原論』と訳されます。中国の徐光啓とマテオリッチは，はじめの6巻を翻訳して，『幾何原本』の名で出版しましたので，「幾何学原本」と呼ばれたときもありました。

書名のストイケイアとはストイケイオン（字母）の複数形で，古代ギリシャのピュタゴラス学派は，すべての存在の構成要素は数の構成要素であると考え，これをストイケイアと呼んでいました。

第1巻の始めに，定義，公準，公理があり，数学を定義と公理を前提とする演繹的体系とする出発点となりました。『聖書』と並ぶベストセラーで，不朽の名著といってよいでしょう。⇨ユークリッド

ストマキオン [stomachion] 小
胃の痛み，腹痛とよばれる古代ギリシャのパズルです。図のように，正方形を14片に分割し，象や魚などを作るパズルです。

アルキメデス*は，論文『ストマキオン』で，正方形に並べる方法が何通りあるかを研究したようです。

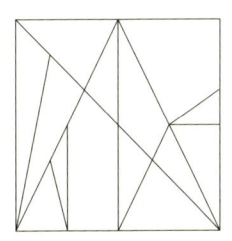

現在，17152通りとされています。その中のいくつかを紹介しましょう。

図で黒くなっているところは裏返したことを示しています。⇨付録［ストマキオン］

せ

正 [positive] 中
ある数が0より大きいことを表します。

正規直交系 [ortho-normal system]
互いに直交する単位ベクトルの組を，正規直交系といいます。

正弦 [sine]
⇨三角関数

正弦曲線 [sine curve]
サインカーブともいいます。$y = \sin x$のグラフのことです。

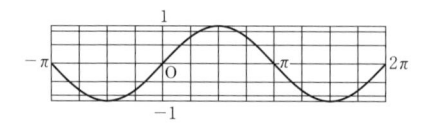

正弦定理 [sine theorem]
$\triangle ABC$の3つの内角の大きさをA, B, C，その対辺の長さをa, b, cとし，外接円の半径をRとすると，角の大きさに関わらず，次の式が成り立ちます。

$$a = 2R \sin A$$

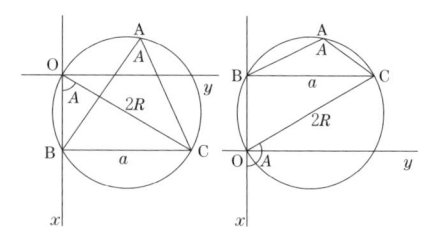

同様にして，

$$\frac{a}{\sin A} = \frac{b}{\sin B} = \frac{c}{\sin C} = 2R$$

これを，正弦定理といいます。

正項 [positive term] 中
多項式の中で，+の符号を持つ項を，正項といいます。

正号 [positive sign]
数が正であることを示す符号+を，正号といいます。プラスと読みます。

正三角形 [equilateral triangle, regular triangle] 小 中
3辺の長さが等しく，したがって3つの角の大きさも等しい三角形を，正三角形といいます。

正三角形を描くには，図のように線分ABを書き，コンパスを使って，点A，Bをそれぞれ中心として線分ABの長さを半径とする円をそれぞれ描き，その交点と点A，Bを結びます。3つの内角の大きさは，それぞれ60°となります。

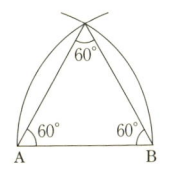

この角の大きさが，バビロニアの角の単位で，1ソスと呼ばれていました。その60分の1が1ゲシュで，現在の角の単位1°になっています。

整式

[polynominal, integral expression]

多項式と同じです。

単項式と多項式を区別し，両方を合わせて整式とする場合もあります。

斉次積 [homogeneous product]

⇨ 重複組合せ

正四面体 [regular tetrahedron] 中

4つの合同な正三角形で囲まれる立体を正四面体といいます。

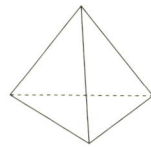

〈正四面体を折る〉

折り紙を，図のように，縦に2等分，横に7等分します。

右上の三角形をきりとり，右下に貼りあわせます。

左下の直角三角形を裏に折り返し，斜辺を2つ折にして重ねると，正三角形の中線が決まります。

それで，左右の余りを，裏に折り返し，あまった分はさらに折り返して，正三角形を作ります。

折った分を開いて，セロテープなどでとめると，正四面体ができます。

誤差は1.25‰程度です。なぜか，考えましょう。

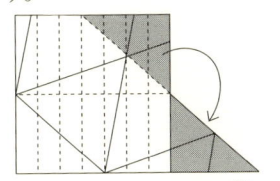

整除 [integral division] 中

整数 A, B ($B \neq 0$) に対して，
$$A = BQ + R \quad (0 \leq R < B)$$
となる整数 Q, R は，ただ1通りに決まります。もし，もう1通り，整数 Q_1, R_1 が存在すれば，
$$A = BQ_1 + R_1 \quad (0 \leq R_1 < B)$$
$$BQ + R = BQ_1 + R_1$$
$$B(Q - Q_1) = R_1 - R$$
$$0 \leq R_1 < B$$
$$-B < -R \leq 0$$
$$-B < R_1 - R < B$$
そこで，
$$-B < B(Q - Q_1) < B$$
$$-1 < Q - Q_1 < 1$$
となります。

Q, Q_1 は整数ですから，$Q - Q_1$ も整数となり，$Q - Q_1 = 0$ でなければなりません。したがって，
$$Q_1 = Q, \quad R_1 = R$$
となります。それで，Q, R は，ただ1通りであることがわかりました。この Q を商，R を余りといいます。

この商，余りを求める計算を整除といいます。

例）
```
       16
   17)283
      17
      113
      102
       11
```

したがって，$283 = 17 \times 16 + 11$ で商は16，余りは11となります。

また，多項式 A, B ($B \neq 0$) に対して，
$$A = BQ + R \quad (0 \leq \deg(R) < \deg(B))$$
となる多項式 Q, R は，ただ1通りに決まります。もし，もう1通り，多項式 Q_1, R_1 が存在すれば，
$$A = BQ_1 + R_1 \ (0 \leq \deg(R_1) < \deg(B))$$
$$BQ + R = BQ_1 + R_1$$
$$B(Q - Q_1) = R_1 - R$$
$$0 \leq \deg(R_1) < \deg(B)$$
一般に，$\deg(R_1 - R)$
$$\leq \max\{\deg(R_1),\ \deg(R)\}$$
ですから，
$$\deg(R_1 - R) < \deg(B)$$
$$\deg(B(Q - Q_1)) < \deg(B)$$
$$\deg(B) + \deg(Q - Q_1) < \deg(B)$$
$$\deg(Q - Q_1) < 0$$

Q, Q_1 は多項式ですから，$Q - Q_1$ も多項式です。

もし，$Q - Q_1$ が0でない数であれば，$\deg(Q - Q_1) = 0$ となり，
$$\deg(Q - Q_1) < 0$$
に合いません。

したがって，$Q - Q_1 = 0$ です。

したがって，$Q_1 = Q$, $R_1 = R$ となります。それで，Q, R は，ただ1通りです。この Q を商，R を余りといいます。

この商，余りを求める計算を，多項式の整除といいます。

整除される [divisible] 中

整除において，余りが0であるとき，被除数は除数によって整除されるといいます。

「割り切れる」ということもありますが，正確な表現ではありません。たとえば $5 \div 2 = 2.5$ で割り切れますが，商が整数ではありませんから，整除されるとはいいません。

整数 [integer] 小

小学校では，0と自然数1, 2, 3, 4, …をあわせて，整数といいます。小数や分数のような半端のない数です。

中学に入ると，$-1, -2, -3, -4, \ldots$ などの負の整数が入ります。

整数の和，整数の差，整数の積は，やはり整数です。

整数の割り算 小

小学4年生で，勉強します。たとえば，$763 \div 24$ は，つぎのようにします。

```
       3
   24)763
      72
      43
```

まず3を立てて，24×3 の72を76の下に書きます。

本当は，$24 \times 30 = 720$ なのですが，0は書きません。

つぎに，のこりの43を24で割り，1を立てます。

```
      31
24 ) 763
     72
     ──
     43
     24
     ──
     19
```

それで、商は31, 余りは19です。

正接 [tangent]

⇨三角関数　⇨三角比

正接定理 [law of tangent]

三角形の内角の大きさを A, B, C, その対辺の長さを a, b, c とすると、次の定理が成り立ちます。

$$\frac{b-c}{b+c} = \frac{\tan\frac{B-C}{2}}{\tan\frac{B+C}{2}}$$

これを、正接定理といいます。

正多角形 [regular polygon] 小

辺の長さがどれも等しく、角の大きさがどれも等しい多角形を、正多角形といいます。

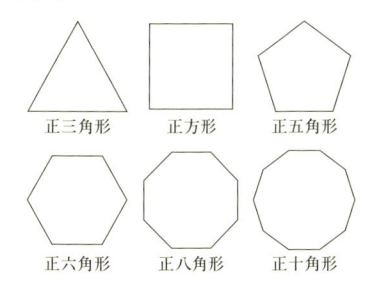

正三角形　正方形　正五角形

正六角形　正八角形　正十角形

正多面体 [regular polyhedron] 中

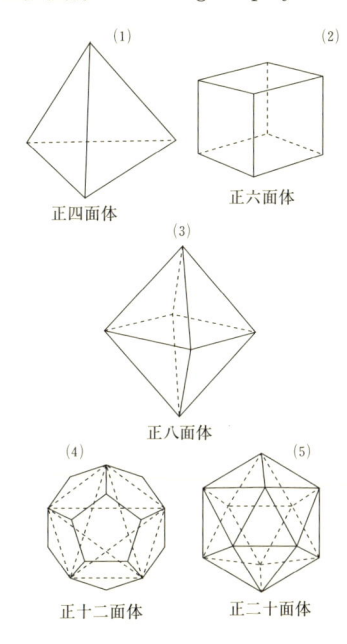

(1) 正四面体　(2) 正六面体

(3) 正八面体

(4) 正十二面体　(5) 正二十面体

すべての面が合同な正多角形でできていて、ひとつの頂点に集まる面の数がすべて等しく、凹みのない多面体を、正多面体といいます。

正多面体は、正四面体, 正六面体, 正八面体, 正十二面体, 正二十面体の5種類に限ります。

正投影法 [orthogonal axonometric projection] 中

互いに直交する3つの平面上に、立体図形の正射影を描いて、元の図形を表現する投影法を、正投影法といいます。水平な平面を平画面といい、鉛直な平面の1つを立画面、その右、ないし左の鉛直な平面を側画面と呼びます。

OX, OY, OZ の囲む部分に立体を置

く方法を第一画法，または第一角法といいます。第一画法は，いわば舞台に乗せて下から見る方法です。

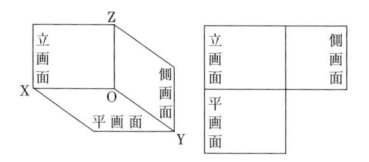

OX，OY′，OZ′の囲む部分に立体を置く方法を第三画法，または第三角法といいます。第三画法は，博物館や貴金属店などのように，ショー・ケースに納めて上から覗いて見ているようになります。

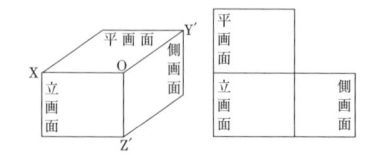

正二十面体 [regular icosahedron] 中

⇨正多面体

正の項 [positive term] 中

多項式において，＋符号で結ばれた項を正の項といいます。⇨正項

正の数 [positive number] 中

0より大きい数を，正の数といいます。1, 2, 3, 0.5, $\frac{2}{3}$ など，符号のない数は，正の数です。

正の数であることを強調するときは，+1, +0.5, +$\frac{2}{3}$ などと，＋の符号をつけます。

正の符号 [positive sign] 中

正の数，または正の項であることを示す符号＋を，正の符号，または正号といいます。「プラス」と読みます。

正の向き [positive direction, positive orientation] 中

数直線上で，0から正の数の方に向かう向きを，正の向きといいます。1, 2, 3と，数が増えていく向きです。

座標平面のx軸上では右向きを，y軸上では上向きを，正の向きと決めています。

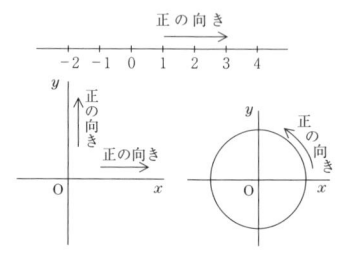

原点Oのまわりの回転では，反時計回りの向きを，正の向きと決めています。

正の無限大 [positive infinity]

無限大が，ある値から先，一貫して正の値をとるならば，これを正の無限大といいます。⇨無限大

正八面体 [regular octahedron] 中

⇨正多面体

正八角形 [regular octagon] 小

すべての辺の長さが等しく，すべての角の大きさが等しい八角形を正八角形といいます。

正比例 [direct proportion]

⇨比例

成分 [component]

n 次元ベクトル空間*では，基本ベクトル e_1, e_2, e_3, …, e_n を定めると，任意のベクトル a は，

$$a = a_1 e_1 + a_2 e_2 + a_3 e_3 + \cdots + a_n e_n$$

と，ただ1通りに表されます。このとき，a_1, a_2, a_3, …, a_n を，成分といいます。

a は，成分を用いて，

$$(a_1, a_2, a_3, \cdots, a_n)$$

と表すことができます。これを数ベクトルといいます。

ベクトルは，すべて，数ベクトルとして表されることが，分かりました。⇨数ベクトル

正方行列 [square matrix]

行の数と列の数の等しい行列をいいます。

正方形 [square] 小

4辺の長さが等しく，4つの角の大きさが等しい四辺形を，正方形といいます。

正六面体 [regular hexahedron] 中

立方体を正六面体ともいいます。

積 [product] 小

掛け算の結果を積といいます。
5×6＝30では，30が積です。
文字の場合は，$a \times b = ab$ と表しますが，ab が積です。

積事象 [product event]

いくつかの事象が同時に起こっているとき，その事象を，それらの積事象といいます。

たとえば，1枚引いたカードがスペードの絵札であれば，スペードであるという事象と，絵札であるという事象が，同時に起こっています。これらの事象を，それぞれ S, F と表すと，積事象は $S \cap F$ とあらわします。

積集合 [product set, common set]

集合 A の元*でもあり，集合 B の元でもあるものの集合を，A, B の積集合といい，$A \cap B$ と表します。$\cap$ は，インターセクションと読みます。共通集合ともいいます。

集合 A の元 a と集合 B の元 b とを組み合わせた元 (a, b) の集合は直積集合（direct product）といい，$A \times B$ と表します。直積集合は積集合ではありません。

関孝和 (1642？～1708)

生年には，寛永14年，寛永19年の両説があります。寛永19年は，ガリレオが死に，ニュートンが生まれた年，1642年に当たります。

幼時から吉田光由*の『塵劫記』を独学したといいます。6代将軍家宣の直参として西の丸御納戸組頭に任じられています。

中国渡来の代数「天元術」を改良して，『発微算法』(1674) を著しました。また，行列式を扱った『解伏題之法』*(1683) を著しています。

関孝和は, $2^{17}=131072$角形を利用して, 円周率3.14159265359を求めています。

和算の関流を開いて, 建部賢弘, 荒木村英ら多くの弟子を育てました。

積分 せきぶん [integral]

原始関数を求める演算, あるいはその結果を, 積分といいます。⇨原始関数

積分学 せきぶんがく [integral calculus]

積分法について研究する数学を指します。

積分定数 せきぶんていすう [integral constant]

$F(x)$ が $f(x)$ の原始関数であるとき, $F(x)+C$ はすべて $f(x)$ の原始関数となります。これを $f(x)$ の不定積分といい,

$$\int f(x)\,dx$$

と表します。このときの定数 C を, 積分定数といいます。⇨原始関数

積分法 せきぶんほう

[method of integration, integration]

積分を求める計算を, 積分法といいます。積分学を積分法と呼ぶこともあります。

接弦定理 せつげんていり 中

「接線と弦とのつくる角の大きさは, その角内に含まれる円弧に対する円周角の大きさに等しい」という定理を, 簡単に接弦定理ということがあります。

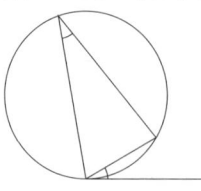

接する せっする [be tangent to, contact] 中

曲線と直線が接するというのは, その直線が, その共有点における曲線の接線となっていることを意味します。⇨接線

また, 2曲線が接するというのは, その2曲線が共有点を持ち, その共有点において, 接線を共有することを意味します。

接線 せっせん [tangent] 中

円の直径の1端において, この直径に垂直な直線は, この円とただ1点を共有します。このような直線を, この円の接線といいます。

図のように, PTをPにおける接線とすると∠QPT=∠PRQ が成り立ちます。

点Qを, 限りなくPの近づけると, ∠PRQ は, 限りなく0に近づき, したがって, 直線PQは, 限りなく接線PTに, 近づきます。

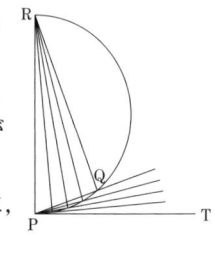

一般の曲線でも, 点Qが曲線に沿って, 曲線上の点Pに限りなく近づくとき, 直線PQがある直線PTに限りなく近づくならば, この直線PTを, この曲線の点Pにおける接線と呼びます。

接線を求めるには, 次のようにします。まず, 図のように, Pを中心とする適当な円を描きます。

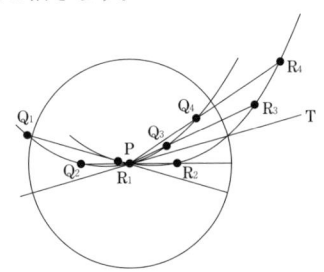

曲線に沿って点Pを通り越して進む点Qを考えます。

PQ_1 の長さに等しく，円周から内側に点 R_1 を，PQ_2 の長さに等しく，円周から内側に点 R_2 を，また PQ_3 の長さに等しく，今度は円周から外側に点 R_3 をというようにとると，Rが，滑らかな曲線 $R_1 R_2 R_3 R_4$ を描くことがあります。Rの描く曲線が，円周と交わる点とPを結ぶ直線をPTとしましょう。この瞬間には，PQ＝0となっていると思われますから，直線PTは，元の曲線とただ1点Pを共有します。これが，この曲線の，点Pにおける接線です。

絶対値 ぜったいち [absolute value] 中

数 a の絶対値は，数直線上での，0 と a との距離です。$|a|$ と表します。

0〜a で求められ，a が正の数または0ならそのままです。a が負の数ならば，符号－を＋に変えた正の数が，絶対値です。

$$|a| = \begin{cases} a & (a \geqq 0) \\ -a & (a < 0) \end{cases}$$

接点 せってん [point of contact] 中

曲線が接線と接する点を接点といいます。ほかに共有点があっても，交わっていても，かまいません。

また，曲線と曲線とが共通の接線をもつ点を，接点といいます。

切片 せっぺん [intercept] 中

1つの直線が x 軸及び y 軸と交わる点を，それぞれ $(a, 0), (0, b)$ とするとき，a を x 切片，b を y 切片といい

ます。

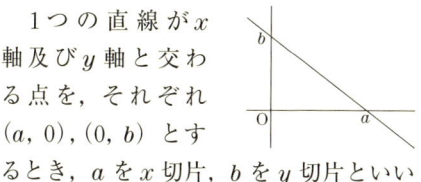

直線の方程式を，
$$\frac{x}{a} + \frac{y}{b} = 1$$
と表すとき，これを切片表示といいます。

ゼノンの逆理 ぎゃくり [paradox of Zenon]

ゼノンの逆理（逆説，パラドックス）では，次の3つが有名です。

(1) 移動するものは，目的地に達する前に，その半分の点に達しなければならない。その前に，さらにその半分の点に達しなければならない。したがって，移動は不可能である。

(2) アキレスは，亀に追いつくことはできない。アキレスが亀のいたところに着けば，亀はそこから前に移動している。アキレスがそこに着けば，亀はまた，何がしか，先に進んでいる。このようにして，アキレスは，決して亀を追い抜くことができない。

(3) 飛んでいる矢は，どの瞬間にも静止している。静止しているものを，いくら加えたところで，運動は生まれない。

⇨逆説

ゼロ [zero]
⇨零

千 せん [thousand] 小

100を10個あつめた数を千といい，1000と書きます。

線 せん [line] 小

ものさしをつかうと，まっすぐな線をひくことができます。まっすぐでない線は，曲がった線といいます。

まっすぐな線

まがった線

全円分度器 ぜんえんぶんどき 小
360°測れる分度器です。

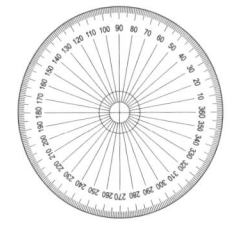

全確率 ぜんかくりつ [total probability]
複事象*において，事象 B に先行する全事象 E が，互いに排反で，すべてを尽くす事象 $E_1, E_2, \cdots, E_n$ からなるとき，

$$P(E_1B) + P(E_2B) + \cdots + P(E_nB)$$

を，B の全確率といい，$P(B)$ と表します。

たとえば，10本中3本の当りがあるくじを，甲，乙の順に引くとき，甲が当りを引く事象を A，乙が当りを引く事象を B とすれば，

$P(B) = P(AB) + P(\overline{A}B)$
$= P(A)P(B/A) + P(\overline{A})P(B/\overline{A})$
$= \dfrac{3}{10} \times \dfrac{2}{9} + \dfrac{7}{10} \times \dfrac{3}{9} = \dfrac{27}{90} = \dfrac{3}{10}$

これからも分かるように，くじに当たる確率は，引く順序によって変わることはありません。⇨複事象

漸化式 ぜんかしき [recurrence formula]
数列において，ある項を先行する項から導く式をいいます。

例）$a_{n+1} = a_n + d$ （等差数列*）

$a_{n+2} = a_n + a_{n+1}$ （フィボナッチ数列*）

漸近線 ぜんきんせん [asymptote, asymptotic line]
ある曲線に沿って無限に遠ざかる点とある直線との距離が無限小であるとき，その直線を，もとの曲線の漸近線といいます。

線形代数学 せんけいだいすうがく [linear algebra]
ベクトル空間*を研究する代数学を線形代数学といいます。

線形微分方程式 せんけいびぶんほうていしき [linear differential eqution]
$y' + P(x)y = R(x)$ のような1次形式の微分方程式をさします。上の解は，

$$y = e^{-\int P(x)dx}\left\{\int R(x)e^{\int P(x)dx}dx + C\right\}$$

で与えられます。

全数調査 ぜんすうちょうさ [total inspection]
統計調査において，標本のすべてを調査することを，全数調査といいます。

全体集合 ぜんたいしゅうごう [universal set]
ある集合の部分集合だけを考えるとき，その集合を全体集合といいます。U, E, I などと表されます。

線対称 せんたいしょう [axial symmetry] 小
図のように，直線 ℓ を軸として折りたたんだとき，図形 G と G′ が完全に重なるならば，G と G′ とは，直線 ℓ に関して線対称であるといいます。

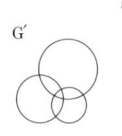

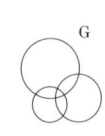

また，右のように，自分自身に線対称となる図形もあります。

線分PP′の垂直二等分線がℓであるとき，点P，P′は，直線ℓに関して対称であるといいます。

図形G上の点の直線ℓに関する対称点が，すべて，図形G′上にあり，逆に図形G′上の点の直線ℓに関する対称点が，すべて，図形G上にあるならば，図形Gと図形G′とは，直線ℓに関して線対称であるといいます。

線対称な図形

[figures symmetric with respect to a straight line] 中

1つの図形を直線によって2つの部分に分けたとき，それぞれの部分が，たがいに線対称であれば，もとの図形を，線対称な図形といいます。

全対数方眼紙

[logarithmic paper]

⇨両対数方眼紙

センチメートル

[英 centimetre，米 centimeter] 小

1mの長さの100分の1の長さです。cmと表します。⇨メートル

前提 [premises] 中

推論の基礎となっている命題を，前提といいます。三段論法*は，大前提，小前提から結論を導いています。この大前提，小前提が前提となっています。

線分 [segment] 中

両端の限られた直線の1部を，線分といいます。

線分の両端の点を A，B とするとき，この線分を，線分ABといいます。

A———————B

そ

素因数 [prime factor] 中

素数である因数を，素因数といいます。

⇨素数 ⇨因数

素因数分解

[factorization in prime factors] 中

合成数*を，素数*だけの積として表すことを，素因数分解といいます。

順序を除いて，素因数分解はただ1通りに決まります。

例) $360 = 2^3 \cdot 3^2 \cdot 5$

層 [stratum]

統計調査において，結果に影響を与えると考えられる要因，たとえば年齢，性別，地域などを勘案して，標本を作ることがあります。それら要因について，等質であると考えられる集団を層といいます。

増加 [increase]

関数 $f(x)$ が，ある区間内の x_1, x_2 に対して，$x_1 < x_2$ ならば

$f(x_1) \leq f(x_2)$

となるとき，関数 $f(x)$ は，この区間で増加であるといいます。

層化抽出法 [stratified sampling] 中

母集団*を忠実に代表するために，母集団を等質な層にわけ，その構成比に応じて標本を抽出することがあります。これを，層化抽出法といいます。

増加の状態 [state of increasing]

$x = a$ を内部に含む区間で定義された関数 $f(x)$ に対して，ある正の数 δ が存

在し，$0<h<\delta$ であるすべての h に対して，
$$f(a-h)<f(a)<f(a+h)$$
が成り立つとき，$f(x)$ は $x=a$ において増加の状態にあるといいます。

$f(x)$ が $x=a$ において微分可能であり，$f'(a)>0$ であるならば，$f(x)$ は $x=a$ において増加の状態にあるといえます。

双曲線 ［hyperbola］中

反比例
$$y=\frac{a}{x}$$
のグラフは，右のようです。

このような曲線を，双曲線といいます。

この例では，直角に交わる 2 直線に限りなく近づきますから，直角双曲線といいます。

一般的には，円錐面を，上下 2 箇所で交わるような平面で切った断面に現れる曲線です。

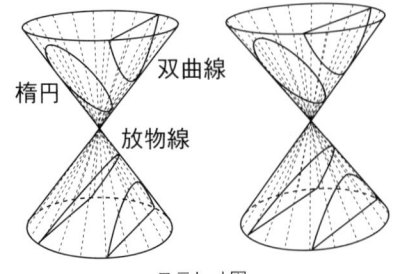

ステレオ図

2 定点からの距離の差が一定である点は，双曲線を描きます。

2 点を $(c,0)$，$(-c,0)$ とし，距離の差を $2a$ とすると，双曲線は，
$$\frac{x^2}{a^2}-\frac{y^2}{c^2-a^2}=1$$
で表されます。

$c^2-a^2=b^2$ とすれば，
$$\frac{x^2}{a^2}-\frac{y^2}{b^2}=1$$
となります。2 定点を，焦点といいます。

上の方程式を
$$\left(\frac{x}{a}+\frac{y}{b}\right)\left(\frac{x}{a}-\frac{y}{b}\right)=1$$
$$\frac{x}{a}+\frac{y}{b}=Y,\quad \frac{x}{a}-\frac{y}{b}=X$$
と変形すれば，
$$Y=\frac{1}{X}$$
となります。
斜交座標で表せば，同じ曲線であることがわかります。

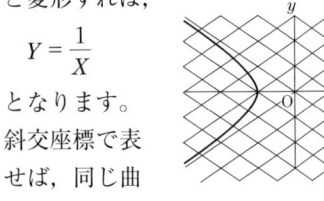

相似 ［similar］中

コピー機を使って，図形を140%に拡大してみましょう。このとき，図形の長さは，どこも1.4倍になっています。ところが，角度の方は全く変わりません。形はそのままで，大きさだけが変わっています。このとき，コピーの図形は元の図形と相似であるといいます。

縮小の場合も同じです。

数学では，相似の位置におくことのできる 2 つの図形は，相似であるといいます。⇨相似の位置

図形 G，G' が相似であることを，
$$G\infty G'$$
と表します。∞は，similar の頭文字 S

を記号化したものです。

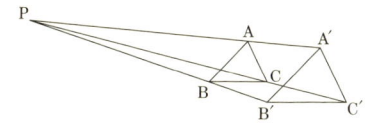

相似の位置 [position of similarity] 中

相似な三角形△ABC，△A'B'C'を次の図のように置くと，対応点を結ぶ直線は1点 P に集まり，その点から各対応点までの距離の比が，一定になります。

このとき，この2つの三角形は，相似の位置にあるといいます。また，点 P を，相似の中心といいます。

一般に，2つの図形の各点に適当な対応を決め，対応点を結ぶ直線が1点に集まり，その点から各対応点に至る距離の比が一定となるとき，これら2つの図形は，相似の位置にあるといいます。

また，このように，相似の位置に置くことのできる2つの図形は，相似であるといいます。

合同な図形は，重ねて置けば相似の位置にありますから，相似です。

例）2つの円は，互いに相似です。放物線も，互いに相似です。

相似の中心 [center of similitude] 中
⇨相似の位置

相似比 [ratio of similitude] 中

相似な図形においては，対応する2点間の長さの比が，どの2点をとっても一定です。この長さの比を，相似比といいます。

相似な図形を相似の位置に置くと，相似の中心から対応点に至る距離の比が，相似比に等しくなります。

相対度数 [relative frequency] 中

統計資料を階級に分けるとき，各階級の中に，いくつの資料が含まれるかが分かります。この資料の数を度数*といい，度数と総度数との比を，相対度数といいます。

増分 [increment]

ある区間で定義された変数 x が，x_1 から x_2 まで変化するとき x_2-x_1 を x の増分といい Δx と表し，デルタ x と読みます。

x に対応する関数 $f(x)$ が存在するときは，$f(x_2)-f(x_1)$ を $f(x)$ の増分といい，$\Delta f(x)$ と表します。

測定 [measurement] 小

長さや体積，質量などは，それぞれ，単位の長さ，単位の体積，単位の質量を決めて比較し，その大きさが単位の何倍であるかを知ることができます。長さは物差しで計ります。液体の体積は，ますやメスシリンダーで測ります。質量は，天秤やサオバカリ，バネ秤で重さを比べて計ります。この作業を，測定といいます。また，測定によって直接得られた数値を，測定値といいます。

面積や固体の体積は，長さを測って計算で求めます。このような測定を，間接測定といいます。

測定値 [measured value] 小

測定によって得られた数値を，測定値といいます。測定値は数ですから，単位をつけません。単位のない数値ですから，無名数といいます。

測定値に単位名をつけて表したものは，

その量の値です。これは，単位を表す記号（単位の名前）がついていますから，名数といいます。無名数である測定値とは，区別しています。

測定値を，測定によって得られた誤差を含む数値と考える場合もあります。

しかし，このような場合には，3回とか5回とか，複数回の観測や測定を行って，その平均を測定値の近似値とみなし，誤差のばらつきから誤差の限界を求めて±0.18のように示しています。

円周率も，1兆桁以上分かっていますが，実際は近似値で間に合わせています。⇨近似値

測定値の公理

[axiom of measured value]

量 A の測定値を $M(A)$ と表すと，

(1) $M(A) \geq 0$
(2) $A = B$ ならば
$M(A) = M(B)$
(3) $M(A+B)$
$= M(A) + M(B)$
($A+B$ は直和)

という関係があります。これを，測定値の公理といいます。

「量の公理」と書く書物もありますが，量は意識の外に実在するものであって，客観法則には従いますが，人為的に定めた公理に縛られることはありません。

速度 [velocity] 中

その瞬間々々で，向きを考えた速さを速度といいます。速さ（speed）は，どんなに曲がりくねった道でも，

$$速さ = \frac{道のり}{時間}$$

で測られます。

速度ベクトル [velocity vector]

動点の位置ベクトルを，動径といいます。動径 r を時間で微分＊して得られるベクトル $\frac{dr}{dt} = v$ を，速度ベクトルといいます。

$\overrightarrow{OP} = r, \overrightarrow{OQ} = r + \Delta r$
とすると，$\Delta r = \overrightarrow{PQ}$ で，

$\frac{\Delta r}{\Delta t}$ は割線ベクトル

です。

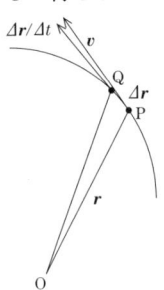

Q が限りなく P に近づくと，割線 PQ は，限りなく P における接線に近づき $\frac{\Delta r}{\Delta t}$ は限りなく v に近づきます。

側面 小

角柱や角錐で，まわりの長方形や三角形を，側面といいます。円柱や円錐にも，側面があります。

側面図 [side elevation] 中

側画面に描かれた投影図を側面図といいます。⇨正投影法

側面積 [side surface area] 小

側面全体の面積をいいます。底面の面積は含みません。

例）底面の半径が r で，高さが h である直円柱の側面積は $2\pi rh$ です。

測量 [surveying]

測量とは，地球表面上にある自然，または建物などの相互の位置関係を求め，

これを数値や図面で表現する技術の体系のことです。数値とは多くの場合，ある決められた座標系での座標であり，図面とは各種の地図を指します。おおまかに基準点を求める測地測量と細部の位置を求める地形測量に分けられます。その中にスタジア測量といって，距離を巻尺で測らず直角三角形の相似の原理を使って計測する測量もあります。

いまは，静止衛星を利用する「カーナビ」なども普及しています。測量の対象は，地球上の物体に限らず，月面など，他の天体での測量も行われています。

測量は「測天量地」の略で，天を測り地を量る，という意味です。幾何学の語源となったgeometryも，もともとは土地を量るという意味でした。

最初に複素平面を考えたヴェッセルもノルウエーの測量技師で，方向を持つ数を考えているときに，複素数を発見したのでした。⇨座標系　⇨幾何学　⇨複素平面

素数 そすう [prime number] 中

1と自分自身以外に約数*を持たない2以上の数を素数といいます。

たとえば，4＝2×2で，4は2が作り出した数です。6＝2×3で，6は2と3が作り出した数です。このような数を，2次的な数，第2の数，または合成数といいます。

それに対して，2, 3, 5, 7, 11などは，1とその数以外の自然数では割り切れず，最初から存在していた数とみなされました。それで，ラテン語のprimus（最初の）に由来するprime numberという名前がついたのです。

ところで，1は最初の数，素数の中の素数といいたいところですが，なぜか，素数に入っていません。それは，1が入ると，数を素数の積として表すとき，1×1×2×3という風に，何通りにも表されることになり，不便だからです。よって1は素数には入りません。⇨合成数

祖沖之 そちゅうじ（429～500）

中国の数学者です。円周率を3.1415926と3.1415927の間と推算したことで知られています。

『綴術』という著作があったことがわかっていますが，残されていません。

ソピステース [sophistes]

ペリクレスがアテネの執政であった時代をペリクレス時代（前443～前429）といいます。この時代には，世襲制が廃止され，力があれば誰でも登用されました。このような時代背景の下で，知恵ある人を意味するソピステースが輩出しました。彼らは，旅回りの最初の職業的教育者です。

なかでもエリスのヒッピアスは，けばけばしい紫の衣を身に着けて現れ，指輪をはじめ身につけているものは全部，自分で作ったと言っていたことで有名です。特殊な曲線を利用して任意の角の3等分に成功しました。⇨円積曲線

アリストテレスは，アンティフォンというソピステースについて，「彼の円の求積の試みは，取り尽くし法に，彼を導いた。彼は，正多角形を円に内接させ，辺の数を2倍，2倍としつづければ，いつかは円と一致すると考えていたように思える。」と述べています。

アンティフォンは，この方法によって，円と等しい面積を持つ正方形が作図されると考えたのでした。もちろん，弦が円弧と一致することはありませんから，この結論は誤りです。

しかし，取り尽くし法の考えは，アルキメデスによって発展させられ，近代数学のさきがけとなりました。

ソピステースはソフィストとよばれ，詭弁論者と訳されて悪い印象を持たれていますが，それは，プラトンが運動学的方法を排除し，ソピステースの近代数学を先取りするような業績を評価しなかったことと，無縁ではありません。

プラトンは，体系性を重視する点で学問の発展に貢献しましたが，時代的限界もあったということです。

そろばん [abacus] 小

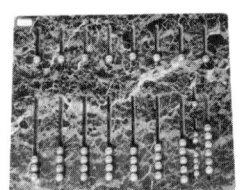

算盤，十露盤とも書きます。図のような計算用具です。ローマに起源があるようです。

ローマそろばん

ヨーロッパ，ロシアで使われ，元の時代から，中国でも使われていました。わが国には，室町時代に伝わったようです。当時は，上に2珠，下に5珠がありましたが，やがて上が1珠となり，太平洋戦争中に下が4珠となりました。

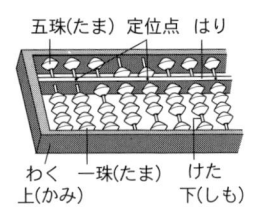

上の図は，198334を示しています。

そろばんは，計算できる桁数が限られていますし，コンピュータには及びませんが，驚くほどの速さで計算することができます。

た

第1象限 [first quadrant] 中
⇨象限

第1余弦定理 [first cosine rule]
三角形の3つの角の大きさを A, B, C, その対辺の長さを a, b, c とすると, 次の等式が成り立ちます。

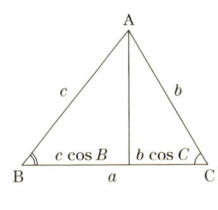

$$a = b\cos C + c\cos B$$
$$b = a\cos C + c\cos A$$
$$c = b\cos A + a\cos B$$

これを, 第1余弦定理といいます。

大円 [great circle] 中
球を中心を通る平面で切ったとき, 切り口に現れる円を, 大円といいます。大円の中心はこの球の中心であり, 大円の半径はこの球の半径です。 ⇨小円

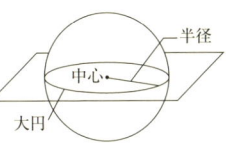

対応する角 [corresponding angles] 小
たとえ合同な三角形であっても, 重ね方が悪いと, ぴったり重なりません。それは, 頂点がうまく対応していないからです。
合同な三角形をぴったり重ねたとき, 重なった角同士を, 対応する角といいます。このとき, 対応する角の大きさは, それぞれ相等しいといえます。
相似三角形の場合は, 3つの辺がそれぞれ平行となるように置くと, 平行に置かれた辺の端点同士を対応させるとき, 対応点を結ぶ線分は, 1点で交わります。

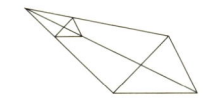

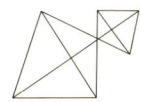

このとき, 対応点を頂点とする角は, 相等しくなります。これらの角も, 対応する角といいます。
対応させるというのは, 選んで, 何かの関係を設けることですが, 対応するとか, 対応しているというのは, すでに何かの関係が存在しているという意味です。したがって, 対応する角というのは, たとえば大きさの等しい角だとか, あるいは, 何かの関係を設けた角という意味です。

対応する点 [corresponding points] 小
たとえば合同な三角形を重ねたとき, 重ね合わさる頂点を対応する点とすることができます。
たとえば, 関数関係では, PとQを対応させます。
このように, 何かの関係を設けた点を, 対応

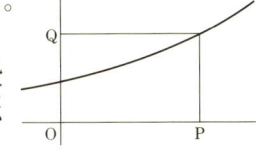

対応する辺 [corresponding sides]

合同な三角形で重なり合う辺のように、何らかの関係が存在する2つの辺をいいます。

対角 [opposite angle]

三角形の場合は、1つの辺に向かい合う角を、その辺の対角といいます。四辺形の場合は、隣り合わない角を、対角といいます。

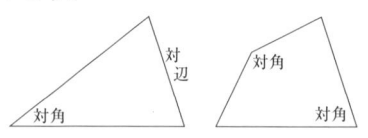

対角線 [diagonal]

多角形の対角線は、同一辺上にない2つの頂点を結ぶ線分です。
多面体の場合は、同一面上にない2つの頂点を結ぶ線分です。

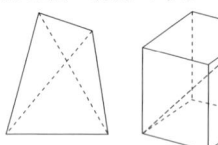

大括弧 [bracket]

[ ] を大括弧といいます。⇨括弧

対偶 [contraposition]

命題*「A ならば B である」に対して、「B でなければ A でない」を、その対偶といいます。元の命題が真であれば、対偶も真です。

台形 [trapezoid]

一組の対辺が平行である四辺形を、台形といいます。平行四辺形*も台形に含まれます。

線対称*である台形を、等脚台形*といいます。

等脚台形で、かつ平行四辺形である台形は、長方形です。長方形でない平行四辺形は、等脚台形ではありません。

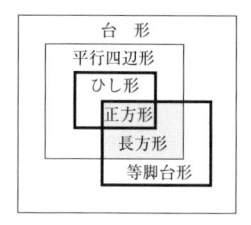

台形公式 [trapezoidal formula]

$\int_a^b f(x)dx$ の数値積分の公式の1つです。区間 $[a, b]$ を n 等分してその一つの幅を h とし、各分点における関数値を $y_0, y_1, y_2, y_3, \cdots, y_n$ とすれば、定積分*は、

$$h\left(\frac{y_0+y_n}{2} + y_1 + y_2 + \cdots + y_{n-1}\right)$$

で与えられます。各区間の積分を台形で近似しているので、この名があります。

台形の面積 [area of trapezoid]

台形の面積は、
(上底＋下底)×高さ÷2
で、計算できます。

大圏コース [great circle route]

たとえば、北極から南極まで、飛行機で行くとしましょう。燃費を節約するために最短コースで行くとすれば、どこを通ればよいでしょうか。いうまでもなく、子午線に沿っていくのが最短です。わざわざ隣の子午線に移れば、それだけ燃費がかかります。子午線は地球の中心を通

る平面で，地球を輪切りにした曲線です。これは地表に描いた最大の円ですから，大円といいます。大圏も同じ great circle です。

　成田空港からハワイの空港まで直行便で行くなら，成田とハワイの空港と地球の中心の3点が決定する平面で地球を輪切りにして，その切り口に沿って飛行します。これが大圏コースです。

第3画法 中
　正投影法の一つです。第3角法ともいいます。⇨正投影法

第3象限 [third quadrant] 中
　⇨象限

対称 [symmetry] 小
　点対称，線対称，面対称があります。面対称は，互いに鏡に映った像となっていますから，鏡像ともいいます。
　直交する2直線 a, b があり，図形 A, B は，直線 a に関し線対称であり，図形 B, C は直線 b に関して線対称であるとすると，図形 A, C は，a, b の交点 O に関して，点対称になります。

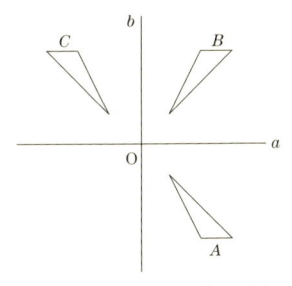

点対称は，また，対称の中心の周りに180度回転したときに重なる関係でもあります。⇨点対称 ⇨線対称

対称移動 [symmetric transformation] 中
　点，ないし図形を，対称な図形に移すことを，対称移動といいます。
　線対称では，図形は裏返しとなります。
　点 (x, y) を x 軸に関して対称移動すると，$(x, -y)$ に移ります。さらに，y 軸に関して対称移動すると，$(-x, -y)$ に移ります。これは，原点を中心とする点対称移動です。

対称行列 [symmetric matrix]
　$a_{ij} = a_{ji}$ である行列*を対称行列といいます。左の添え字は行番号，右の添え字は列番号です。右下がりの対角線に関して対称の位置にある元が，等しくなっています。

対称軸 [axis of symmetry] 中
　自分自身に対称な図形において，対称の軸を対称軸といいます。単に軸ということもあります。例）放物線の軸
⇨線対称

帯小数 [mixed decimal] 小
　3.14のように，小数点の前が0でない小数を，帯小数といいます。
　3.14＝3＋0.14で，3を整数部分，0.14を小数部分といいます。

対称点 [point of symmetry] 小
　⇨線対称　⇨点対称

対称の軸 [axis of symmetry] 小
　図形 G, G' が直線 ℓ に関して線対称であるとき，直線 ℓ を，その対称の軸といいます。⇨線対称

対称の中心 [center of symmetry] 小 中

図形 G, G' が点 P に関して点対称であるとき, 点 P を, その対称の中心といいます。⇨ 点対称

対数 [logarithm]

logarithm は, ロゴス（$\lambda o \gamma o \varsigma$）アリスモス（$\alpha \rho \iota \theta \mu o \varsigma$）に基づきます。ロゴスは比, 等比数列 $\{a^n\}$ の公比 a です。アリスモスは数です。それで, logarithm は累乗の指数という意味です。つまり, 対数は累乗の指数なのです。

$$8 = 2^3$$

であれば, 2 をロゴスとする 8 のロガリスム（対数）は, 3 です。8 は, 2^3 の本当の値, つまり真数です。

一般に, $y = a^x$ であれば, x は a をベースの比とする真数 y のロガリスム（対数）です。このことを,

$$x = \log_a y$$

と表します。x は, logarithm of y, based a, 「a を底とする y の対数」であると書かれているのです。

10 を底とする対数は常用対数と呼ばれ, 底を省略して, $\log 2$ などと書きます。パソコンソフト BASIC では, $LOG10(x)$ と表します。

ほかに, e を底とする自然対数があります。

和算家会田安明 (1747〜1817) の著書では, 2 を底とする指数を仮数, その累乗を真数と記し, 仮数から真数を求める表を対数表と呼んでいます。⇨ 自然対数
⇨ 常用対数

代数学の歴史 [history of algebra]

代数学の語源は, アル・フワーリズミーの著した『ヒシャブ・アルジャブル・ワル・ムカバラ』にあります。ヒシャブは, 本という意味です。アルジャブルのアルは, 冠詞です。ジャブルは回復という意味です。これには, 負の項を移項して正の項にするという意味もありますが, 分母を払って分母のない式にすることも含まれるようです。

ワルは「と」をあらわすウと, 冠詞のアルが, つながったものです。ムカバラは, 縮約と訳されますが, 同類項を簡約したり, 両辺に同じ因数があればそれで割って簡単にすることも含むようです。それで, この本は, 「方程式の解法の本」といえるでしょう。

アルジャブルが algebra となり, 中国で代数と訳されて日本に伝わりましたが, これは方程式*を研究する数学を意味します。

方程式の根*の語源は, サンスクリット語の木の根を意味するムーラですが, インドに限らず, バビロニアでも, エジプトでも, 中国でも, 方程式は解かれていました。言葉を使って個々の問題を解く形式でしたが, 2 次方程式の根の公式なども, 何千年も前から知られていましたし, 開平*, 開立の計算も知られていました。

このように, 言葉で表された代数学を「言語代数」といいます。

ローマ時代のアレクサンドリアのディ

オファントス（生200〜214，没284〜298）は，たとえば $2x-3y=1$ の整数解をもとめるというような問題を解決しています。これを，ディオファントスの不定方程式*といいます。

ディオファントスは13巻の『算術』を著していますが，6巻しか残っていません。このなかで，次のような記号を用いています。

$$\kappa^{\hat{v}}\bar{\alpha}\varsigma^{\bar{a}}\bar{\eta}\eta^{\iota}\hat{\delta}^{\hat{v}}\varepsilon\mu^{o}\bar{\alpha}\iota\hat{\delta}^{\hat{v}}\bar{\gamma}$$

$\bar{\alpha}$ は1，$\bar{\gamma}$ は3，$\bar{\varepsilon}$ は5，$\bar{\eta}$ は8です。ι は，等しいという意味のギリシャ語 $\iota\sigma o \varsigma$ の頭文字です。⋔はマイナスを表します。

K は3乗，δ は2乗です。$\hat{v}$ は未知数です。また，ς も未知数です。μ^{o} は $\mu o \nu a \varsigma$ で単位を表します。x^0 つまり1のことです。それで，この記号は，

$$x^3 \, 1x8 - x^2 \, 51 = x^2 \, 3$$

今の書き方では

$$x^3 + 8x - 5x^2 - 1 = 3x^2$$

となります。言葉を，簡略に表したものといえます。このような代数学を「略語代数学」といいます。

フランスのビエタ*（1540〜1603），フランス語名ヴィエトは，1591年に既知の定数も文字で書き表すという画期的なアイディアを導入し，現在の

$$x^2 + 2bx = 2b^2 - d^2$$ を

A quad. + B in A2,

æquabitur B quad. 2 − D plano

のように書き，「記号代数学」の確立に向けて大きく歩を進めました。

現在では，代数学は，代数系と呼ばれる集合を研究対象にしています。⇨代数系

対数関数 たいすうかんすう [logarithmic function]

$y = \log_a x$ を，対数関数といいます。このとき，$x = a^y$ が成り立ちますから，対数関数は，指数関数*の逆関数です。

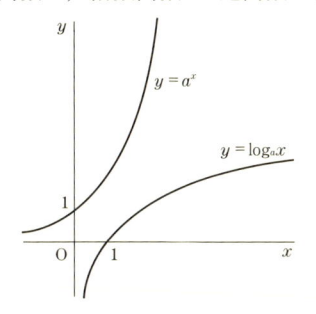

代数系 だいすうけい [algebraic system]

自然数と自然数の和は，自然数です。このように，ある集合の元 a，b にある演算を施したとき，その結果が，その集合の元 c と一致すれば，この集合は，その演算に関して代数系を作るといいます。自然数は，加法に関して代数系を作ります。

しかし，自然数−自然数は，自然数とは限りません。したがって，自然数は，減法に関しては代数系を作りません。

代数学は，いろいろの代数系について研究する数学です。

大数の法則 たいすうのほうそく

[law of great number]

ある試行において，事象 A が起こる確率が p であれば，n 回の試行中に A が起こる相対度数は，n が大となると，p に限りなく近づきます。この法則を，大数の法則といいます。これを証明した

のは，ヤコブ・ベルヌーイ（1654〜1705）です。

対数微分法（たいすうびぶんほう）
[logarithmic differentiation]

関数 $y = f(x)$ を微分するとき，$z = \log y$ とすると，

$$\frac{dz}{dx} = \frac{dz}{dy} \cdot \frac{dy}{dx} = \frac{1}{y} \cdot \frac{dy}{dx}$$

したがって，

$$\frac{dy}{dx} = y\frac{dz}{dx}$$

とできます。

たとえば，$y = x^a$ の場合，実数 a がたとえ有理数であっても，導関数*を求めるのは，大変厄介です。それでも，

$$z = \log y = a \log x$$

は，実数 a に対して，常に成り立ちますから，

$$\frac{dz}{dx} = \frac{1}{y}\frac{dy}{dx} = a\frac{1}{x}$$

ですから，

$$\frac{dy}{dx} = y\frac{dz}{dx} = x^a \cdot \frac{a}{x} = ax^{a-1}$$

と計算できます。

対数方眼紙（たいすうほうがんし）
[logarithmic paper]

片方，あるいは両方の目盛りが対数目盛りとなっている方眼紙です。⇨片対数方眼紙　⇨両対数方眼紙

代数和（だいすうわ）[algebraic sum] 中

多項式 $2x^2 - 5xy + 7y^2$ は，3つの項，$2x^2, -5xy, +7y^2$ から組み立てられている，あるいは，これら3つの項を含んでいる，と考えられます。これはまた，$(2x^2) + (-5xy) + (+7y^2)$ と考えることもできます。そこで，$2x^2 - 5xy + 7y^2$ を，$2x^2, -5xy, +7y^2$ の代数和とよびます。わざわざ，

$(2x^2) + (-5xy) + (+7y^2)$ と変形しなければ代数和と呼べないと，固く考えることはありません。

体積（たいせき）[volume] 小

液体や穀物のように，ますやメスシリンダーで測る量が体積です。体積の単位は，リットルや，その1000分の1のミリリットルです。

1リットルは，1辺の長さが10cmである立方体の体積です。牛乳のパックには1000mℓ と書いてあります。これが1リットルです。

ほかにも，1辺が1mである立方体の体積，1立方メートルを単位として用いる場合もあります。

直方体の体積は，縦×横×高さ によって求めます。⇨量

対頂角（たいちょうかく）[vertically opposite angle] 中

2直線が交わると，4つの角ができます。隣り合わない角が，対頂角です。対頂角は，1つの直線が回転して作られたと考えることができますから，その大きさは，いつも等しくなります。

第2象限（だいにしょうげん）[second quadrant] 中
⇨象限

代入する（だいにゅう―）[substitution] 中

1次式 $3x - 5$ は，$3 \times x - 5$ のことです。それで，x を4という数に取り替えると，

$$3x - 5 = 3 \times 4 - 5 = 7$$

となります。このように，文字を数に置

き換えることを，x に 4 を代入するといいます。

関数 $f(x) = x^2 + 4x - 7$ において，x を -5 に置き換えると，
$$f(-5) = (-5)^2 + 4(-5) - 7$$
$$= -2$$
となります。ここでも，変数 x に -5 という値を代入しました。このとき，関数の値は -2 となりました。コンピュータでは，x に -5 を入力するといいます。

また，連立方程式
$$\begin{cases} 2x + 3y = 13 \\ y = x - 4 \end{cases}$$
において，上の式の y を $x - 4$ に取り替えると，
$$2x + 3(x-4) = 13$$
$$2x + 3x - 12 = 13$$
$$5x = 25,$$
$$x = 5, \ y = 1$$
が得られます。このときも，$y = x - 4$ を，$2x + 3y = 13$ に代入するといいます。

代入法 [method of substitution] 中

代入によって 1 つの文字を消去して，連立方程式を解く方法です。⇨代入する

第 2 余弦定理 [second cosine rule]

第 1 余弦定理*
$$a = c \cos B + b \cos C$$
$$b = a \cos C + c \cos A$$
$$c = b \cos A + a \cos B$$
を，$\cos A, \cos B, \cos C$ に関する 3 元 1 次連立方程式として解くと，
$$\cos A = \frac{b^2 + c^2 - a^2}{2bc}$$
などが得られ，

$$a^2 = b^2 + c^2 - 2bc \cos A$$
$$b^2 = c^2 + a^2 - 2ca \cos B$$
$$c^2 = a^2 + b^2 - 2ab \cos C$$
が得られます。これを，第 2 余弦定理といいます。

代表値 [representative]

統計資料の特徴，傾向を示す数値です。平均値，メジアン，モードなどがあります。⇨平均値 ⇨メジアン ⇨モード

帯分数 [mixed fraction] 小

$2\frac{1}{3}$ のように，0 でない整数を含む分数を，帯分数といいます。この例では，2 を整数部分，$\frac{1}{3}$ を分数部分といいます。

対辺 [opposite side] 中

三角形では，1 つの角の頂点を通らない辺を，その角の対辺といいます。

四辺形では，隣り合わない辺を対辺といいます。2 組の対辺がそれぞれ平行な四辺形は，平行四辺形です。

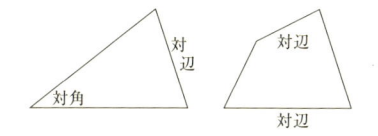

第 4 象限 [fourth quadrant] 中

⇨象限

楕円 [ellipse]

楕は味噌樽の意です。丸い樽を引き伸ばした形をしています。円錐面の片側を平面で切った切り口の閉曲線で，円でないものを楕円といいます。

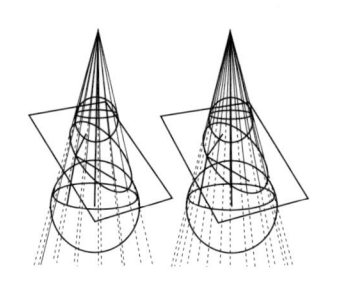

図のように，円錐と切断面とに接する球を考え，それらの球と切断面との接点をF，Gとすると，楕円上の任意の点Pに対して，

　　PF＋PG＝一定

という関係が成り立ちます。

このように，2定点にいたる距離の和が一定である点の軌跡が，楕円です。

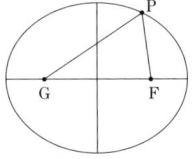

2点をF$(c, 0)$，G$(-c, 0)$とし，距離の和を$2a$とすると，楕円は，

$$\frac{x^2}{a^2} + \frac{y^2}{a^2-c^2} = 1$$

で表されます。$a^2 - c^2 = b^2$とすれば，

$$\frac{x^2}{a^2} + \frac{y^2}{b^2} = 1$$

となります。aを長半径，bを短半径といいます。

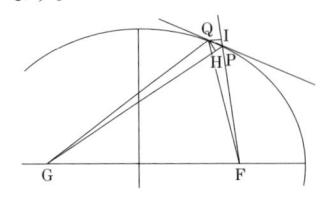

楕円上に2点P，Qをとり，QからGP，FPの延長に垂線QH，QIを引くと，PQが無限小*のとき，接線とみることができ，

PH＝GP－GH＝GP－GQ
IP＝FI－FP＝FQ－FP で，
　FP＋PG＝FQ＋QG から
　　FQ－FP＝PG－QG
したがって，PH＝PI
そこで，
　　∠HPQ＝∠IPQ

接線PQは，∠FPGの外角を2等分するので，法線*は∠FPGを2等分します。

楕円が鏡であれば，Fを出た光は，Pがどこにあっても，Pで反射してGを通ります。それで，光はGに集まります。Gを出た光はFに集まります。それで，F，Gを焦点*といいます。⇨円錐曲線

互いに素 たがいにそ

[relatively prime, coprime] 中

2つの整数が1以外の公約数を持たないとき，これら2数は互いに素であるといいます。

たとえば，10も21も素数ではありませんが，この2数は公約数を持ちませんから，互いに素です。

多角形 たかくけい [polygon] 小

三角形，四角形，五角形などを総称して，多角形といいます。

一般に，n個の点をn本の線分で途中で交わらないように順次結んだ図形をn角形といいます。

たかさ [height] 小

図のような線の長さを「たかさ」といいます。

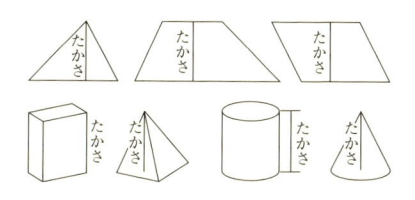

高さ [height]

鉛直線の長さを高さといいます。また，図形を鉛直に立てたとき，鉛直線となる位置にある線分の長さを，高さといいます。⇨鉛直

多項式 [polynomial] 中

単項式の代数和となっている式を，多項式といいます。このとき，個々の単項式を，その多項式の項といいます。

項が2つ以上の場合に限って多項式といい，単項式と多項式とをあわせて整式ということもありますが，一般的には，単項式は多項式のひとつの場合（特殊の場合）とみなします。

たとえば，
$$(x+y)+(x-y)=2x$$
を，（多項式）＋（多項式）＝（単項式）などと表すと，いろいろの場合を想定しなければならず，わずらわしくなります。それで，$2x$ も多項式の仲間に入れれば，
（多項式）＋（多項式）＝（多項式）
となり，1つで済ますことができます。
⇨単項式　⇨代数和

たこ形 [kite] 小

凧のように線対称である四辺形を凧形といいます。

たし算 [addition] 小

$2+3=5$ のように，2数の和を求める計算を，足し算，または加法といいます。2数の和は，＋で示します。

かけ算×と一緒になって，
$$a+b=b+a$$
$$(a+b)+c=a+(b+c)$$
$$a\times b=b\times a$$
$$(a\times b)\times c=a\times(b\times c)$$
$$a\times(b+c)=a\times b+a\times c$$
を成り立たせる計算です。
たとえば分数の計算なども，この関係を利用すると，
$$6\times\left(\frac{1}{2}+\frac{1}{3}\right)=6\times\frac{1}{2}+6\times\frac{1}{3}$$
$$=3\times\left(2\times\frac{1}{2}\right)+2\times\left(3\times\frac{1}{3}\right)$$
$$=3+2=5$$

それで，
$$\frac{1}{2}+\frac{1}{3}=\frac{5}{6}$$
として導かれます。

縦 [height, length]

「立てる」から生まれた言葉で，鉛直＊の方向を，縦といいます。

縦座標 [ordinate] 中

y 座標を，縦座標といいます。

縦軸 [axis of ordinate]

上下の軸を縦軸といいます。⇨座標軸

たてのじく 小

方眼紙のたての目盛りを書き込んだ線を，たてのじくといいます。

縦ベクトル [column vector]

⇨列ベクトル

たてる 小

割り算で，商の概数を決めることを，たてるといいます。たとえば，次のよう

に85を32で割るとき,およそ2と考えられます。このとき,「2をたてる」といいます。

$$32\overline{)85}^{2}$$

多胞体 [cell]

3次元の立体で囲まれた4次元の立体を多胞体といいます。

たとえば,正四面体,正六面体を2次元に投影すると,次のようになります。

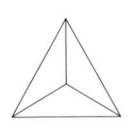

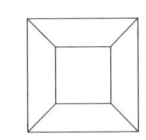

同じように,正五胞体,正八胞体を3次元に投影し,さらに2次元に投影すると,下のようになります。

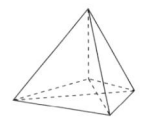

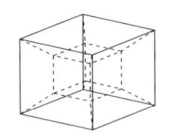

正五胞体の場合,頂点は5,辺は10,面は10,立体は5で,

頂点 − 辺 + 面 − 立体 = 0

が成り立ちます。正八胞体の場合,頂点は16,辺は32,面は24,立体は8で,やはり,

頂点 − 辺 + 面 − 立体 = 0

が成り立ちます。

ダミー・インデックス [dummy index]

ml 型行列 $A=(a_j^i)$, ln 型行列 $B=(b_j^i)$ の積を $C=(c_j^i)$ とすると,$c_j^i = \sum_{\alpha=1}^{l} a_\alpha^i b_j^\alpha$ が成り立ちます。このとき,上下に現れるインデックス(添数)をダミー・インデックスと呼び,Σ記号がなくても,すべてのαの値について総和する約束とします。アインシュタインの提唱によるもので,総和の規約(summation convention)といいます。

c_j^i の i,j は,フリー・インデックスといいます。

行列式 $A=|a_j^i|$ の値も,簡単に

$$\varepsilon_{\alpha\beta\cdots\gamma} a_1^\alpha a_2^\beta \cdots a_n^\gamma$$

と表すことができます。

多面体 [polyhedron] 中

四面体,三角柱,四角錐などのように,すべての面が平面である立体を多面体といいます。

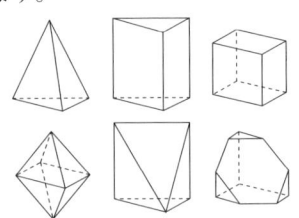

2つの平面は1直線を共有しますから,多面体では,すべての面が多角形となります。その多角形の辺を多面体の辺,多角形の頂点を多面体の頂点といいます。

特に,どの面を延長してもその多面体を2つの部分に切り分けることがない場合に,その多面体を凸多面体といいます。

多面体定理 [polyhedron theorem] 中

多面体では,

(面の数) − (辺の数) + (頂点の数) = 2

の関係があります。これを,オイラーの多面体定理*といいます。

タレス ［Thales］（前624〜前546）

ミレトス生まれの商人です。

万物の根源は水であると説いたところから、イオニア唯物論の開祖といわれます。ミレトスは、現在ではトルコのバラートという町になっています。

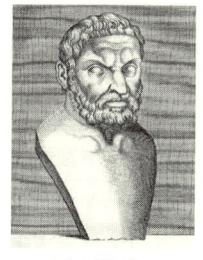

タレスの像

タレスは、次のような定理を発見したといわれます。
1. 円はその直径によって2等分される。
2. 二等辺三角形の両底角の大きさは等しい。
3. 対頂角は等しい。
4. 2角とその共有辺の長さが等しい三角形は合同である。
5. 直径を底辺とし、半円に内接する三角形は直角三角形である。

タレスは、フェルト工場の前を通ったとき、直接蒸気に触れていないのに熱気を感じました。今で言う輻射熱です。それで、太陽も高温の蒸気に相違ないと考えました。この蒸気が冷えて降ってくるのが雨だと考えたのです。

その雨が流れ下って、河口で砂州をつくります。砂州は、水が変化してできたものだと考えました。ここでできた小麦を挽くと白い粉となり、焼いて食べると、赤い血肉となり、死ねば土に戻ります。姿かたちは変わっても、根源は水であると考えたのでした。

たんい ［unit］小

長さは、もとにする長さをきめて、そのいくつ分かで表すことができます。このように、もとにする長さを、長さのたんいといいます。

長さのたんいには、センチメートルがあります。

かさを表すたんいには、リットルがあります。はしたをはかるには、デシリットルますをつかいます。

単位 たんい ［unit］小中

長さや重さ、質量、時間、面積、体積などを、量とか、物理量とか、呼んでいます。これらの量の「大きさ」を表すには、同じ種類の量の一定量を基準にして、その何倍分あるかを示します。その基準として決めた一定量を、単位といいます。

長さでいえば、1メートルの長さが単位です。「メートル」というのは、その単位の名前です。5mなどと表したときの「m」は、その記号です。

先生から、「単位を忘れないように」と言われたことがあるでしょう。それは、答えに単位の記号を書き忘れないように、という意味です。

単位あたり たんいあたり 小

東京都の人口は、1177万人です。東京都の面積は2183km²です。それで、ならすと、1km²に5392人が住んでいることになります。

速さを表すときは、1時間に何km走ったとか、1分間に何m歩いたというように表します。このように、単位面積

の人口や，単位時間の道のりなどを考えるとき，単位あたりといいます。

単位行列 [unit matrix]

任意の n 次の行列 A に対して，$AE = EA = A$ となる行列 E を，単位行列といいます。元は

$$a_{ij} = \begin{cases} 1 & (i = j) \\ 0 & (i \neq j) \end{cases}$$

となります。

単位点 [unit point] 中

座標軸上で，座標が1である点を，単位点といいます。

単位分数 [unit fraction]

分子が1である分数を，単位分数といいます。

たとえば，$\frac{3}{4}$ は，4倍すると3になる数ですが，$\frac{1}{4}$ の3倍でもあります。

それは，$\frac{1}{4}$ という単位で測ったときの測定値が3である，という意味でもあります。

それで，分子が1である分数を，単位分数といいます。

単項式 [monomial] 中

数だけ，あるいは文字だけ，あるいはそれらの間の乗法だけを含む式を，単項式といいます。

例） x, a, $2ab$, -7, ax^2

タンジェント [tangent]

正接のこと。⇒三角関数　⇒三角比

単振動 [simple oscillation]

$x = A\sin(\omega t + \alpha)$ と表される直線上の往復運動を，単振動といいます。A を振幅，ω を角速度，α を初位相といいます。

断面 [cross section] 中

立体を平面で切断したときにできる切り口を，断面といいます。

断面図 [cross figure] 中

立体を平面で切ったときの切り口の実形を，断面図といいます。

断面図を描くには，断面に垂直な副画面を利用します。次の図は，立方体をその6つの辺の中点を通る平面で切り，その時にできた立体の1つについて，その断面図を作図しているところです。

$G'L'$ が副画面との基線*です。

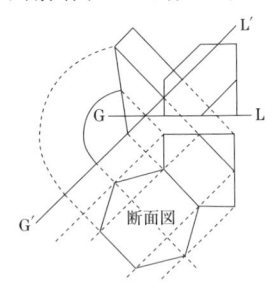

ち

値域 [range] 中

関数 $y = f(x)$ において，変数 x が，変域内のすべて値をとるとき，

それに対応して，$f(x)$ が取るすべての値の集合を，値域といいます。

$y = x^2$ において，x がすべての正数，負数，0 の値を取るときは，y の値域は $y \geq 0$ です。

$-1 \leq x \leq 2$ のときは,
$0 \leq y \leq 4$
です。

チェヴァの定理 [Ceva's theorem]

$\triangle$ABC の辺 AB, BC, CA を, 点 P, Q, R が, それぞれ, 内分または外分するとき, AQ, BR, CP が 1 点 G で交われば,

$$\frac{AP}{PB} \cdot \frac{BQ}{QC} \cdot \frac{CR}{RA} = 1$$

が成り立つ, という定理です。

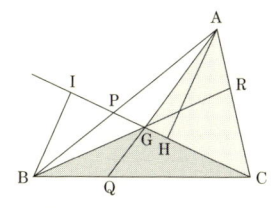

【定理の証明】

A, B から PC に垂線 AH, BI を引くと,

$\triangle$AGC : $\triangle$BGC = AH : BI
$ = $ AP : BP

同様に考えると,

$$\frac{AP}{PB} \cdot \frac{BQ}{QC} \cdot \frac{CR}{RA}$$
$$= \frac{\triangle AGC}{\triangle BGC} \cdot \frac{\triangle AGB}{\triangle CGA} \cdot \frac{\triangle CGB}{\triangle AGB} = 1$$

(証明終)

この定理の逆*も成り立ちます。

【逆】

$\triangle$ABC の辺 AB, BC, CA を, 点 P, Q, R が, それぞれ, 内分または外分するとき,

$$\frac{AP}{PB} \cdot \frac{BQ}{QC} \cdot \frac{CR}{RA} = 1$$

が成り立てば, AQ, BR, CP は 1 点で交わる。

この逆を用いれば, 三角形の 3 つの中線*が 1 点で交わることは, すぐ証明できます。

力 [force]

重さのように, 静止している物体に落下運動を起こさせたり, 運動の向きを変えたり, バネ秤のバネを変形させたりする作用が, 力です。重さは, その物体に働いている重力, つまり地球の引力です。

万国共通に採用されているメートル法では, 力は, パリにおいて 1 グラムの物体に働く重力の大きさである 1 グラム重を単位として, また, その1000倍の 1 キログラム重を単位として計ります。

置換積分法 [integration by substitution]

$$I = \int f(x)\,dx$$

を求めるとき, $x = g(t)$ とおくと,

$$\frac{dI}{dt} = \frac{dI}{dx} \cdot \frac{dx}{dt} = f(x)g'(t)$$

そこで,

$$I = \int f(g(t))g'(t)\,dt$$

となります。このような積分法を, 置換積分法といいます。

ここでは, dx が $g'(t)dt$ と置き換えられていますが, これはちょうど, $x = g(t)$ の微分*になっています。ライプニッツが考えたこの記号が, 大変優れていることが分かります。

例) $I = \int (2x-3)^2 dx$ のとき,
$2x - 3 = t$ とおくと,

$$dx = \frac{1}{2} dt$$

$$I = \int t^2 \frac{1}{2} dt = \frac{1}{6} t^3 + C$$

$$= \frac{1}{6}(2x-3)^3 + C$$

中央値 [median]
⇨メジアン

中国の数学 [Chinese mathematics]

中国の数学の第1期は,秦・漢・隋の時代です。『韓詩外伝,三』に,斉の桓公(前685〜前643)が,九九*を知っている者を礼をもって迎えたという話が記されています。民間人の中で,既に,九九が知られていたことがわかります。

『九章算術』はよく知られていますが,秦の始皇帝(在位前247〜前210)によって焼かれたものを,再構成したようです。後漢初年(25年)といいます。これには,面積,体積の計算,正負の数の計算,分数の計算,過不足算,比例配分,連立一次方程式,開平,開立,三平方の定理などが載せられています。算と呼ばれる竹の棒を用いる計算法が用いられていました。ユークリッドの互除法も知られています。

263年に『九章算術』の注を書いた魏の劉徽は,円に内接する3072角形の面積を計算して,円周率3.1416を求めています。また『隋書』「律暦志」によれば,祖沖之*(429〜500)は,3.1415926<π<3.1415927を得たとされています。

唐代の『緝古算経』では,3次方程式,4次方程式を扱っています。

第2期は宋・元の時代(10〜14世紀)です。この時代には,アラビアとの交流がありました。

この時代には,天元術が発展しました。天元之一は未知数で,天元術は方程式の解法,代数学です。高次方程式を解くホーナーの方法が算*を用いて行われていました。4つの未知数を持つ高次連立方程式も解かれていました。

天元術は元の朱世傑の著した『算学啓蒙』(1299)によってわが国にもたらされ,和算*に影響を与えました。この中では,九九が,一一如一から始まっています。

第3期は明(1366〜1644)以降で,西欧の数学が伝わりはじめます。徐光啓*らの『幾何原本』の出版は,1607年です。これによって,数学を体系的に捉える機運が生まれました。中国の古典の注解には力が注がれますが,独自の発展はおとろえます。

抽象 [abstract]

事物に共通の性質を抜き出すことを,抽象といいます。

長さ,重さ,かさ(嵩),角度,時間などは,どれも,単位*を決めて測ることができるという共通の性質を持ちます。このような共通の性質を抜き出すことが,抽象です。

また,このような共通の性質を持つも

のをひとまとめにしたものが，概念です。量は，長さ，重さ，かさなどから，「測定できる」という共通性に着目して，抽象によって作り上げた概念です。したがって，量の関係は，すべて，数の関係に置き換えることができます。数もまた，量から抽象することによって，人類が作り上げた概念です。

柱状グラフ [histogram] 小
⇨ヒストグラム

中心 [centre, center] 小
円の中心，球の中心，対称の中心，相似の中心などがあります。⇨円 ⇨球 ⇨点対称 ⇨相似の位置

中心角 [central angle] 小中
円弧 AB の両端と中心 O とを，線分で結ぶとき，∠AOB を弧 AB に対する中心角といいます。

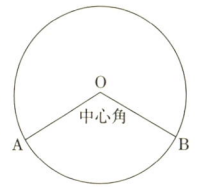

中線 [median] 中
三角形の頂点と対辺の中点とを結ぶ線分をその三角形の中線といいます。

三角形の3本の中線は1点で交わる，という定理があります。

その交点を，その三角形の重心といいます。⇨重心

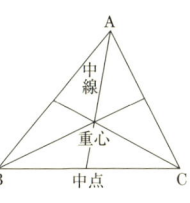

【定理の証明】
△ABC の中線 BM, CN の交点を G とし，AG を2倍に延長して AH とすると，
  GC ∥ BH，
  BG ∥ HC

したがって四辺形 GBHC は平行四辺形となり，AG の延長は BC の中点を通ります。
（証明終）

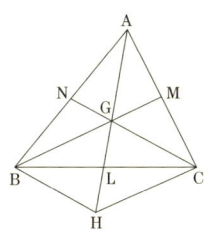

中点 [middle point] 中
線分を2等分する点を，その線分の中点といいます。

中点連結定理 [triangle midsegment theorem] 中
三角形の2辺の中点を結ぶ線分は，第3の辺に平行で，その長さは，第3の辺の長さの半分に等しい，という定理を，中点連結定理といいます。

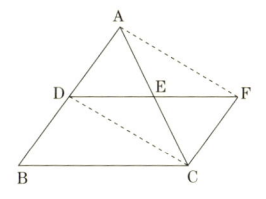

△ABC の辺 AB の中点を D，辺 AC の中点を E とし，DE を2倍に延長して DF とします。

AE = EC, DE = EF から，四辺形 ADCF は，平行四辺形です。それで，AD ∥ FC, AD = FC です。したがって，DB ∥ FC, DB = FC です。

そこで，四辺形 DBCF は平行四辺形となり，

  DE ∥ BC, DE = $\frac{1}{2}$ BC

がいえました。

兆 [英独仏 billion, 米 trillion] 小
1億の1万倍です。10^{12} です。

頂角 [vertical angle] 中
二等辺三角形で，等しい辺が作る角を，頂角といいます。

直円錐*において，母線*と軸のなす角の2倍を，頂角ということもあります。

ちょう点 小
三角形や四角形のかどの点を，ちょう点といいます。

頂点 [vertex] 小 中
角の辺が交わる点を，その角の頂点といいます。

多角形の辺の交わる点を，その多角形の頂点といい，多面体の3つ以上の辺が集まる点を，多面体の頂点といいます。

また放物線と軸との交点を，その放物線の頂点と言います。

双曲線では双曲線とその対称軸とが交わる点を，その双曲線の頂点といいます。楕円の場合は，長軸と楕円との交点が，頂点です。

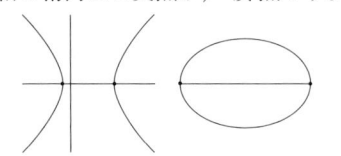

重複組合せ [repeated combination]
$\{a_1, a_2, a_3, \cdots, a_n\}$ から重複を許して r 個取り出した組み合わせを指します。これは，$(a_1+a_2+a_3+\cdots+a_n)^r$ の展開式における同次積の項と同じですから，その個数を，同次積 homogeneous product の頭文字 H を用いて，$_nH_r$ と表します。

この数は次の図の経路の選択と同数ですから，$_nH_r = {}_{(n-1)+r}C_r$ となります。

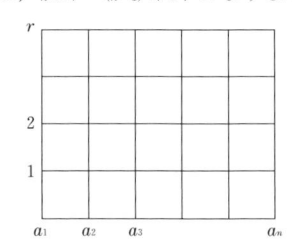

重複順列 [repeated permutation]
異なる n 個のものから，繰り返しを許して r 個並べる順列をいいます。

その数は，$_n\prod_r = n^r$ です。

長方形 [rectangle] 小
4つの角がすべて直角である四辺形を，長方形といいます。

四辺形の内角の和は4直角ですから，4つの角の大きさが等しい四辺形は長方形であるといえます。

直円錐 [right circular cone] 中
底面の円の中心において底面に立てた垂線上の1点を頂点とする円錐*を，直円錐といいます。

直積 [direct product]
2つの集合*A, B からそれぞれ一つの元*a, b を選んで，その組 (a, b) の集合を作るとき，これを A, B の直積

といい，$A \times B$ と表します。

直接測定 [direct measurement]

演算*によらずに，直接測定することをいいます。液体の体積をますやメスシリンダーで測るのは，直接測定の例です。

直線 [straight line] 小

まっすぐな線を，直線といいます。糸に錘をつけて吊るすと，糸はまっすぐになります。それで，直線が最短距離を与えることが分かります。墨縄は，この原理を利用して材木に直線を引く道具です。

直線の式 中

1次関数 $y = ax + b$ のグラフは，直線になります。この直線を ℓ とすると，$y = ax + b$ を直線 ℓ の式といいます。

直線の方程式 [equation of straight line] 中

$y = ax + b$ のグラフは，直線になります。このとき，方程式 $y = ax + b$ を，この直線の方程式といいます。

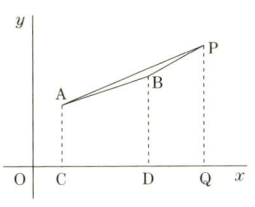

右の図で，$A(a_1, a_2)$，$B(b_1, b_2)$，$P(x, y)$ とすると，

$\triangle ABP = $ 台形 ACQP $-$ 台形 ACDB
$\qquad\qquad\qquad - $ 台形 BDQP

$= \dfrac{1}{2}(x - a_1)(y + a_2) - \dfrac{1}{2}(b_1 - a_1)(a_2 + b_2)$
$\qquad\qquad\qquad - \dfrac{1}{2}(x - b_1)(y + b_2)$

$= \dfrac{1}{2}\{(a_2 - b_2)x + (b_1 - a_1)y + a_1 b_2 - a_2 b_1\}$

$\triangle ABC = 0$ ならば点 P は直線 AB 上にあります。逆に，点 P が直線 AB 上にあれば $\triangle ABC = 0$ です。

それで，点 P が直線 AB 上にあるための必要十分条件*は，

$(a_2 - b_2)x + (b_1 - a_1)y + a_1 b_2 - a_2 b_1 = 0$

となります。

この方程式が，直線 AB の方程式です。この方程式は，

$$y = \dfrac{b_2 - a_2}{b_1 - a_1}x + \dfrac{a_2 b_1 - a_1 b_2}{b_1 - a_1}$$

と変形できます

$\dfrac{b_2 - a_2}{b_1 - a_1}$ をこの直線の傾き，$\dfrac{a_2 b_1 - a_1 b_2}{b_1 - a_1}$ を，この直線の切片といいます。⇨傾き ⇨切片

直方体 [rectangular parallelepiped] 小

どの面も長方形となっている平行六面体*を，直方体といいます。

直角 [right angle] 小

たとえば，折り紙を2つに折ると折り目の線は直線になります。その折り目を真中で折って，折り目と折り目を重ねて四つ折にしたときにできた角が，直角です。

直線 AB 上に点 O を取るとき，∠AOB を，平角といいます。平角を2等分した角が，直角です。

直角は図形ですが，角の単位と考えて，平角は2直角である，ということがあります。このとき，1回転の角は，4直角となります。

この1回転の角を，360度と決めたので，直角の大きさは90度となります。1度を1°と表すので，1直角は90°となります。

直角三角形

[right (angled) triangle] 小

1つの内角が直角である三角形を，直角三角形といいます。
直角三角形では，直角の対辺を斜辺といいます。直角三角形においては三平方の定理*が成り立ちます。

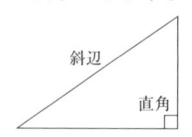

直角二等辺三角形

[rectangular equilateral triangle] 中

直角をはさむ2辺の長さが等しい直角三角形です。

直径 [diameter] 小 中

円の中心を通る弦*を，直径といいます。直径は，長さが最大の弦です。
これを一般化して，集合Mに属する2点間の距離の最大値を，集合Mの直径といいます。
楕円，双曲線の場合は，中心を通る弦を，直径といいます。放物線では，軸に平行な半直線が直径です。

直交する

[cut orthogonally, be orthogonal] 中

直線や平面が，垂直*に交わることを，直交するといいます。

直交弦の定理

[theorem of orthogonal chord]

半径 r の円内の点Pで直交する弦をAB，CDとすると，

$$PA^2 + PB^2 + PC^2 + PD^2$$
$$= PA^2 + PC^2 + PB^2 + PD^2$$
$$= AC^2 + BD^2$$
$$= AC^2 + AE^2$$
$$= CE^2 = 4r^2$$

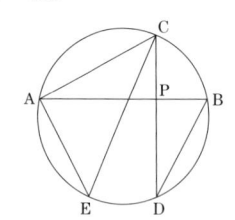

が成り立ちます。
この弦がPのまわりに $d\theta$ だけ回転すると，掃く面積は

$$\frac{1}{2}(PA^2 + PB^2 + PC^2 + PD^2)d\theta = 2r^2 d\theta$$

となります。
そこで，この弦が θ だけ回転すると，掃く面積は $2r^2\theta$ となります。

$\theta = \frac{\pi}{2}$ とすれば，円の面積 πr^2 が得られます。

$\theta = \frac{\pi}{4}$ のときは，掃いた面積と掃き残した面積が等しくなりますが，これは，積分によらず，初等的に証明できます。

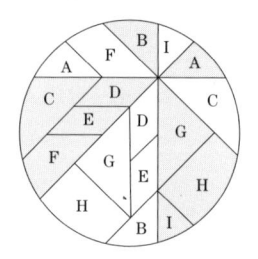

つ

通径 つうけい [latus rectum]

原点を焦点*とし，直線 $x=k$ を準線*とする離心率*e の円錐曲線上の点の極座標を (r, θ) とすると，

$$r = e(k - r\cos\theta)$$
$$r(1 + e\cos\theta) = ek$$
$$r = \frac{ek}{1 + e\cos\theta}$$

$ek = \ell_0$ とおくと，

$$r = \frac{\ell_0}{1 + e\cos\theta}$$

となります。この ℓ_0 を，通径といいます。$\theta = 90°$ のとき，$r = \ell_0$ です。すなわち，焦点 F から，F を通り軸に垂直な直線が円錐曲線と交わる点までの距離です。

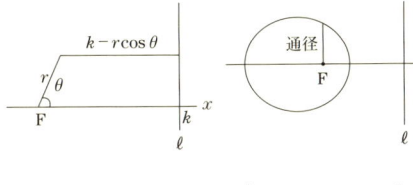

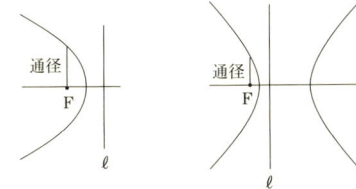

通分 つうぶん

[reduction of fractions to common denominator] 小

分母の違う分数を比べたり，足し算，引き算などを行うとき，もっと小さな単位で測ると便利です。$\frac{1}{4}$ と $\frac{1}{6}$ の場合，$\frac{1}{12}$ を単位として測ると，それぞれ測定値が 3 と 2 となります。$\frac{1}{4} = \frac{3}{12}$，$\frac{1}{6} = \frac{2}{12}$ と表されます。分母が，共通の 12 となりました。この変形を，通分といいます。12 は，4 の倍数でもあり，6 の倍数でもあります。つまり，4 と 6 の公倍数*です。

できるだけ小さい方が便利ですから，最小公倍数*を用います。

例) $\frac{1}{4} + \frac{1}{6} = \frac{3}{12} + \frac{2}{12} = \frac{5}{12}$

ツェノン [Zenon]

⇨ ゼノンの逆理

月形 つきがた [lune, crescent]

球面上で，2 つの大円*で囲まれた図形を月形といいます。

平面上では，両端を共有する 2 つの円弧で囲まれた図形を，月形といいます。

鶴亀算 つるかめざん

「ツルとカメの頭数が 7 で，足の数が，20 である。それぞれ，何頭か」というような問題を，鶴亀算といいます。

解 全部がツルとすれば，足は 14 です。20 − 14 = 6 だけ，不足します。

カメを 1 頭増やせば，足が 4 − 2 = 2 だけ増えますから，6 ÷ 2 = 3 が，カメの数です。

例)「上の茶は 100 グラム 700 円です。並みの茶は，100 グラム 450 円です。これをブレンドして，100 グラム 600 円の茶 1 キログラムつくるには，それぞれ，どれだ

け混ぜればよいでしょうか」

これも，やはり，鶴亀算です。

解 600円の茶1キロは，6000円です。1キロ全部が並み茶なら，4500円です。6000－4500＝1500ですから，これだけ，上の茶を混ぜることができます。100グラム上茶に替えると700－450＝250円高くなります。それで，

　　1500÷250＝6

600グラム上の茶を混ぜると，ぴったりになります。

つるまき線 [helix]
⇨螺線

て

底 [base]
⇨対数

定円 [fixed circle, constant circle]
位置と大きさの定まった円を，定円といいます。あるひとつの円についてだけ考えるときは，それが定円になります。

底角 [base angle] 中
二等辺三角形*で，底辺の両側にある角を，底角といいます。二等辺三角形の2つの底角は，大きさが等しくなっています。

定義 [definition] 中
数学で用いる用語は，誰もが同じ意味で用いる必要があります。その用語の意味を定めた文章，あるいは式を，定義といいます。

たとえば，根と解を例にとって，考えましょう。

ある方程式を満たす未知数の値を根といいます。しかし，1つの根が求められても，それで，その方程式が解けたことにはなりません。ほかにも，根があるかもしれないからです。全部の根が求められて，初めて解けたことになります。それで，方程式の解というのは，全部の根の集合となります。

1次方程式の場合は，根が1つですから，根を解と呼んでも，大きな違いはありません。

2次方程式の場合は，根が2つ存在します。2つの根が等しい場合には，等根とか，重根などといいます。この場合，解の元*はただ1つです。

解は根の集合ですから，1つの方程式に対する解は1つです。等解だとか，重解だとかは存在しません。ただ，その解の中に，いくつかの元が含まれることはあります。

2次方程式の根の公式は，2つの根を与えます。根は2つしかありませんから，全部の根を与えています。それで，解の公式と呼んでも，間違いではありません。

文部科学省検定教科書では，解と根とは同義語，つまり同じ意味の言葉であるとして，なぜか，根を解と呼ばせています。もっとも「2次方程式を成り立たせるような文字の値をその方程式の解といい，解をすべて求めることを，その2次方程式を解くという」とは書いていますが。

ただ，平方根だけは例外で，平方解と呼ぶことはありません。

実は，文章題では，根が解とはならない場合があるのです。人数が分数になったり，正でなければならない値に，負の根がまじっていたりするからです。ですから，解と根とは同義語であるとするのには，無理があります。

定言命題 [categorical proposition] 中

たとえば，1+1=2や，「食塩は甘い」のように，無条件で真偽が定まる命題を，定言命題といいます。それに対して，「△ABCは正三角形である」のように，△ABCが本当に正三角形であれば真となりますが，正三角形でない場合には偽となるような命題は，条件付命題，あるいは簡単に条件といい，定言命題と区別します。

定数 [constant] 中

ある条件の下では変化しない数を表す文字を，定数といいます。

1次関数を $y=ax+b$ と表すとき，a, b は，与えられた条件によって決定される定数です。x, y は，伴って変わる変数です。

定数をアルファベットのはじめの方の文字で，変数をアルファベットの終わりの方の文字で表すようにしたのはデカルト*です。

定数項 [constant term] 中

多項式の中で，変数*あるいは不定元を含まない項を，定数項といいます。

定積分 [definite integral]

区間 $[a, b]$ で有界な関数 $f(x)$ が与えられたとき，分点
$a=x_0, x_1, x_2, \cdots, x_n=b$ をとって n 個の区間に分け，各区間内に任意の ξ_k をとって，$S_n = \sum_{k=1}^{n} f(\xi_k)(x_k - x_{k-1})$ とおきます。

$\text{Max}(x_k - x_{k-1}) \to 0$ となるように $n \to \infty$ としたとき S_n の極限値が存在すれば，これを $f(x)$ の a から b までの定積分といい，$\int_a^b f(x)dx$ と表します。

$\int_a^x f(t)dt = F(x)$ とし，区間 $[x, x+\Delta x]$ 内の $f(x)$ の最小値を $f(\alpha)$，最大値を $f(\beta)$ とすると，
$$f(\alpha)\Delta x \leq F(x+\Delta x) - F(x)$$
$$\leq f(\beta)\Delta x$$
$$f(\alpha) \leq \frac{F(x+\Delta x) - F(x)}{\Delta x} \leq f(\beta)$$
$\Delta x \to 0$ のとき，$f(\alpha) \to f(x)$，$f(\beta) \to f(x)$ だから，
$$F'(x) = f(x)$$

したがって，$\int_a^x f(t)dt$ は $f(x)$ の原始関数*となり，
$$\int_a^x f(t)dt = F(x) + C$$
ここで $x=a$ とすると $F(a) + C = 0$
$$\therefore C = -F(a)$$
$$\int_a^x f(t)dt = F(x) - F(a)$$
したがって，

$$\int_a^b f(t)\,dt = F(b) - F(a)$$

この右辺を $[F(x)]_a^b$ と書きます。

これを，ニュートン・ライプニッツの公式といいます。

定点 [constant point] 中

位置が定められていて，移動しない点を定点といいます。反対に，移動する点は，動点といいます。

底辺 [base] 小

二等辺三角形で，等辺でない辺を底辺といいます。

一般の三角形でも，どれか1つの辺を底辺とし，その対角の頂点からの高さを測定して，面積を計算することがあります。

底面 [base] 小

角柱や円柱，角錐や円錐で，母線*と交わる平面を底面といいます。

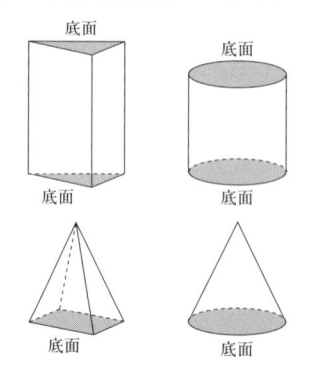

底面積 [area of base] 小

底面の面積を底面積といいます。
⇨底面

テイラー展開 [Taylor's expansion]

関数 $f(x)$ が $(n+1)$ 回まで微分可能であれば，$x<c<a$，または $a<c<x$ である適当な c に対して，

$$f(x) = f(a) + f'(a)(x-a)$$
$$+ \frac{f''(a)}{2!}(x-a)^2 + \cdots$$
$$+ \frac{f^{(n)}(a)}{n!}(x-a)^n + \frac{f^{(n+1)}(c)}{(n+1)!}(x-a)^{n+1}$$

となります。もし，n が無限大のとき $\frac{f^{(n+1)}(c)}{(n+1)!}(x-a)^{n+1}$ が無限小であれば，この関数は無限級数*で表されます。これを，テイラーの級数展開といいます。

定理 [theorem] 中

公理を前提にして，つぎつぎに成立することが論証された命題を，定理といいます。⇨公理

デカルト

[René Descartes] (1596〜1650)

フランスの哲学者，数学者。21歳で軍隊に入り，ドイツを舞台に戦われた三十年戦争に参戦しています。フランスは旧教国であるにかかわらず，戦争を長引かせる目的で新教徒であるドイツの新興階級の側に立って戦いました。しかし，デカルトは，戦争の初期に国王側で戦っています。その戦争の合間を縫って数学を研究し，思索を練ったといわれています。コギト・エルゴ・ス

ム（われ思う，ゆえにわれあり），すべての存在を疑ったとしても，考えている自分が存在していることだけは疑うことができないという有名な言葉を残しています。

「事物の真理を探究するには，方法が必要である」と考え，(1)私が明らかに真であると知ったことだけを真であるとして受け入れること。すなわち，軽率や偏見を極力避け，私の精神に明白に，直接に示され，何の疑いも起こさないことだけを私の判断にとり入れること（明証性）。(2)私の研究すべきおのおのを，できるだけ細かく，それを最も良く解決するのに必要なだけ小さく分割すること（分析）。(3)私の考えを，順序良く整え，一番簡単で分かりよい対象から始めて，だんだんと複雑な認識に到達すること。自然のままでは1つのものの後に次のものが続くというような順序がない場合にも，順序をつけて考えること（順序性）。(4)いつも，すべての場合を数え上げ，最も一般な検討をして，場合を1つも抜かさないようにすること（枚挙），を挙げました。

デカルトはこの成果を『理性を正しく導き，諸学問において真理を求めるための話。およびこの方法の試論である光学，気象学，幾何学』という表題の書物にまとめ，1637年にオランダで出版しました。普通『方法序説』と呼ばれるのは，この書物の最初の部分です。この付録論文「幾何学」の中で，座標幾何学を展開しています。⇨座標幾何学

デザルグ

［Girard Desargues］（1591〜1661）

フランスの数学者，建築技師です。デューラー（1471〜1528）の透視画法を発展させ，射影と切断という概念を導入して射影幾何学の基礎を作りました。彼の方法は，パスカルに大きな影響を与えました。

デザルグの定理 一のоて
［Desargues' theorem］

△ABC，△DEF があり，直線 AD，BE，CF が1点 V で交わるとき，直線 AB，DE が点 P で，直線 AC，DF が点 Q で，直線 BC，EF が点 R で交わるならば，P，Q，R は共線である，という定理です。

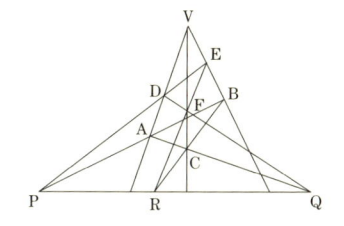

これは，△ABC を底辺とし点 V を頂点とする三角錐を，平面 DEF で切った図形の投影図と見れば，直線 AB と DE，BC と EF，AC と DF が，2平面 ABC，DEF の交線上で交わることから，自明です。

デジタル［digital］

ディジットは，指です。指で数を数えたところから，数字で処理することを，デジタルといいます。短針と長針をもつ時計はアナログですが，時刻を数字で示す時計は，デジタルです。⇨アナログ

デシリットル［deci litter］小

1リットルの10分の1を，1デシリッ

トルといいます。$1\,dl$ と表します。⇨リットル

点 てん [point] 小
場所を示すためにつけた，小さな黒丸を点といいます。

展開する てんかい― [expand] 中
単項式と多項式の積，あるいは多項式と多項式の積を，分配の法則を適用して単項式の代数和として表すことを，多項式の積を展開するといいます。

例) $(a+b)^2 = a^2 + 2ab + b^2$

$(a+b)(a-b) = a^2 - b^2$

展開図 てんかいず 小
多面体の面を適当に切り開いて，1つの平面上に広げた図を，展開図といいます。円柱や円錐も展開図を作ることができます。

ただし球面は，展開図が作れません。

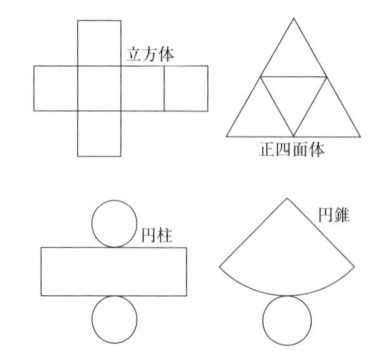

立方体

正四面体

円柱

円錐

天元術 てんげんじゅつ
天元術は，李冶(1192〜1279)撰の2冊の書『測円海鏡』(1248)，『益古演段』(1259)に初めて登場し，朱世傑の『算学啓蒙』(1299)によって，わが国に伝えられました。

益古は，平陽(山東省)の蒋周が撰した『益古』のことで，かなり前から天元術があったと思われます。

「天元一を立てて某とする」と書かれており，元は未知数，天は x に当たると思われます。なお上が x^2，高が x^3，層が x^4 を表していたといいます(銭宝琮『中国数学史』)。それで天元術は方程式の解法，代数学を意味します。朱世傑の『四元玉鑑』(1303)は，未知数を4つ含む高次方程式を扱っています。

点線 てんせん [dotted line] 小 中
次のような線です。

・・・・・・・・・・・・・・・・・・・・・・・・・・・・・・・・・・

投影図で，点の平面図と立面図とを結ぶときに用います。

点対称 てんたいしょう [point symmetry] 小
線分 AB の中点が O であるとき，点 A，B は，点 O に関して点対称であるといいます。

図形 G 上の点と点 O に関して点対称である点が，すべて，図形 G' 上にあり，図形 G' 上の点と点 O に関して点対称である点が，すべて，図形 G 上にあるならば，図形 G，G' は，点 O に関して，点対称であるといいます。

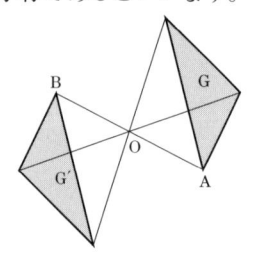

点対称な図形 てんたいしょうなずけい
[point symmetric figure] 中

自分自身に点対称である図形を，点対称な図形といいます。

転置行列 てんちぎょうれつ [transposed matrix]

行と列とを入れ替えた行列です。
第1行を第1列に置き，第2行を第2列に置きます。以下同様です。

と

度 と [graduation, degree] 小

〈長さの単位〉 度量衡というときは，度は物差しのことで長さを，量は枡のことでかさ（体積）を，衡は秤のことで重さを表しています。
古代中国の数学書『周髀』（『周髀算経』ともいう）では，周天を365度と4分の1としています。天球上で，太陽が1日に移動する長さが度でした。
〈角度の単位〉 円形のチーズを6等分した6Pチーズというチーズがあります。そのように，円を6等分したときの中心角の大きさを，バビロニアではソスと呼んでいました。ギリシャでは，ソッソス（σοσσος）といいます。
1ソスの60分の1の角度を，バビロニアでは1ゲシュと呼びました。1回転の角は，360ゲシュとなります。これが，度＝degree の起源です。

もともと日本には，角度という概念がありませんでした。円規（分度器）が輸入されたとき，これを，天の度を測るものと考えました。360degreesというのは，365.25が不便なので，概数360が使われているとみたのです。それで，degree は度と訳されることとなったのです。
六十進法で，度は小数0桁，分は小数1桁，秒は小数2桁と考えられますから，たとえば，角度の24度13分56秒は，24°13′56″ degree と表されます。
24°13′56″ というのは，もともとは六十進法で表された帯小数で無名数です。単位記号 degree がついて，はじめて名数，角の大きさとなるのですが，日本では，24°13′56″ は角の大きさを表す名数と考えられています。
〈温度の単位〉 水銀温度計で，1気圧の下で水と氷が共存する温度を0度，水が沸騰する温度を100度として，その間を100等分した温度目盛りを，セルシウス氏の温度目盛り（セ氏温度目盛り）といいます。度は，℃と表されます。

同位角 どういかく [corresponding angles] 中

右の図で，①と⑤，②と⑥，③と⑦，④と⑧は，互いに同位角であるといいます。
同位角が等しいとき，1直線に交わる2直線は，平行となります。
逆に，平行な2直線に第3の直線が交わるとき，その同位角は等しく

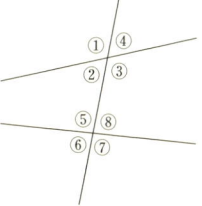

投影図 とうえい [projection chart] 中
⇨正投影法

等円 とうえん 中
半径が等しく，中心の位置が違う円を，等円といいます。

等角投影図 とうかくとうえいず
[conformal projection] 中
3つの軸が等角で交わるように描かれた投影図を，等角投影図といいます。⇨正投影法

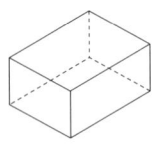

等加速度運動 とうかそくどうんどう
[uniformly accelerated motion]
等速円運動を行っている場合，加速度は中心に向かいますから，向きは絶えず変わりますが，大きさは一定です。このような運動を，等加速度運動といいます。

地球表面の狭い範囲内では，加速度は，大きさも向きも変わらないと考えることができます。この場合には，等加速度運動は放物線を描きます。特に，自由落下運動では，軌道は直線となります。

導関数 どうかんすう [derived function]
ある区間で定義された関数 $f(x)$ がその区間内で微分可能ならば，各点 a において，微分係数 $f'(a)$ をもちます。すなわち，$f'(a)$ は a の関数と見ることができます。⇨微分する

この関数を，$f(x)$ の導関数といいます。変数 a は流通座標*x に変えて $f'(x)$ と表します。

$y = f(x)$ の場合は，導関数を y'，$\dfrac{dy}{dx}$

などと表します。また，$\dfrac{df(x)}{dx}$，$\dfrac{d}{dx}f(x)$ などとも表します。

等脚台形 とうきゃくだいけい [isosceles trapezoid] 中
台形では，平行な2辺を底といい，底でない2辺を脚といいます。この両脚の等しい台形を等脚台形といいます。ただし一般の平行四辺形は除きます。そのために，両底角が等しいという条件をつけたり，線対称である台形という条件をつけたりします。長方形は平行四辺形ですが，等脚台形でもあります。⇨台形

統計 とうけい [statistics] 中
ある集団を構成する個々の元*を測定などの手段によって分類し，それぞれの度数の分布を調査するのが，統計です。その結果は，統計資料と呼ばれます。

動径 どうけい [radius]
平面上の点Pの位置を示すために，半直線 OX を定め，OP = r，∠POX = θ を用いて，(r, θ) と表すことがあります。これをPの極座標*といい，r を動径，θ を偏角と名づけます。

統計学 とうけいがく [statistics]
統計学の基礎は，統計調査にあります。マルティン・シュマイツェル（1679～1747）は，1723年から47年まで『政治統計学（politico statisticum）』の講義を行っています。その弟子のゴットフリート・アッヘンヴァル（1797～72）が，この学問を Statistik と呼びました。政治家（statista）に必要な知識大系という意味です。この段階では，法則の存在は考えられていませんでした。

エドムント・ハレー（1656～1742）は，ブレスラウ市の死亡率の推算を行っていますが，片対数方眼紙*に表すと，現在の統計とよく合い，法則性の存在を示しています。

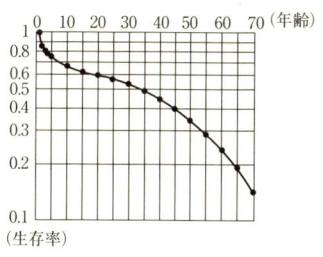

（グラフ：横軸 年齢 0～70，縦軸 生存率 0.1～1）

統計調査と確率論を結合して近代統計学を始めたのがケトレー（1796～1874）で，記述統計学を大成したのがカール・ピアソン（1857～1936）です。

統計資料を標本と見て，母集団の平均，分散などについての推測を行うのが，推測統計学です。

統計的確率 [statistical probability]

統計によって明らかとなる確率を，統計的確率といいます。試行回数 N を大にすると相対度数 $\dfrac{n}{N}$ が，実数 p に収束＊することがあります。この p を，統計的確率といいます。⇨検定確率紙

等号 [equal sign] 小

2つの数，量，または式の値が等しいことをあらわす記号 = を，等号といいます。= は，「イコール」と読みます。

等根 [equal root] 中

相等しい根を等根といいます。重根ともいいます。

等差級数 [arithmetic series]

等差数列*の和として表される級数をいいます。

等差数列 [arithmetic progression (sequence)]

隣り合う2項の差が一定である数列を，等差数列といいます。また，後の項から前の項を引いた差を，公差といいます。

初項を a，公差を d，第 n 項を a_n とすると，
$$a_n = a + (n-1)d$$
が成り立ちます。

また，初項から第 n 項までの和を S_n とすると，
$$S_n = \dfrac{n}{2}\{2a + (n-1)d\}$$
が成り立ちます。

同次 [homogeneous] 中

同じ次数であることを，同次といいます。特に，同次の単項式からなる多項式を同次式といいます。

等式 [equality] 中

数や量，式の値が等しいことを等号を用いて表した式を，等式といいます。たとえば，

$2 + 3 = 5$ 　　(1)
$a + b = b + a$ 　　(2)
$2x + 3 = 15$ 　　(3)
$AB = CD$ 　　(4)

などが等式です。

(1)は，無条件に成り立つ等式です。

(2)は，文字がどんな数となっても成り立ちます。このような等式を，恒等式といいます。

(3)は，x の値が 6 であるときに限って成り立ちます。このように，文字がある限られた値をとるときに限って成り立つ等式を，方程式といいます。

(4)は線分 AB の長さと線分 CD の長さが等しいことを表しています。実際に長さが等しければ，この等式は成り立ちますが，もしそうでなければ，この等式は成り立ちません。したがって，これは方程式です。

等式の性質 [law of equality]

等式には，次の性質があります。

(1) 等式の両辺に同じ数を足しても，等式が成り立つ。
(2) 等式の両辺から同じ数を引いても，等式が成り立つ。
(3) 等式の両辺に同じ数を掛けても，等式が成り立つ。
(4) 等式の両辺を 0 でない同じ数で割っても，等式が成り立つ。

透視図 [perspective projection]

ある図形の各点と，その図形外の 1 点 P とを結ぶ線分がある平面 a と交わる点の描く図形を，その図形の透視図といいます。

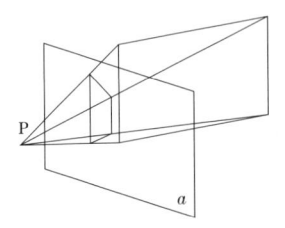

同次積 [homogeneous product]

$$(a_1 + a_2 + a_3 + \cdots + a_n)^r$$

の展開式の項はすべて，$a_1, a_2, \cdots, a_n$ から作られる r 次の同次式です。このように，n 個の文字から作られる r 次の同次式を同次積といいます。その個数を，${}_n\mathrm{H}_r$ と表します。

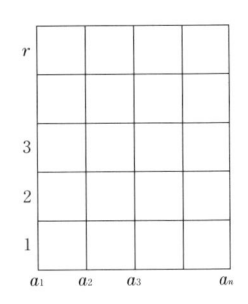

この個数は，$(n-1)$ 個の「右」と，r 個の「上」との $n-1+r$ 個の文字の順列*で示されますから，

$${}_n\mathrm{H}_r = {}_{n+r-1}\mathrm{C}_r$$

で求められます。

等周問題 [isoperimetric problem]

「一定の周を持つ平面図形のうちで，面積最大のものを求めよ」という問題です。

この問題の答が円になることは，次のように証明できます。

できた図形の周を 2 点 A，B で 2 等分します。線分 AB で分けた面積は，等しいはずです。違っていれば，対称変換で小さい方を大きい方に取り替えるとき，面積が増え，もとの図形が面積最大でなかったことになるからです。

この対称変換によって，AB に関して対称な図形として一般性を失いません。この図形の周上にあって AB を直径とする円周上にない点 P が存在すれば，

∠APBは直角ではありませんから、AとBを動かしAPとBPの外側の図形をそのままにして∠APBを直角にするとき、面積が増えます。なぜなら、2辺の長さが決まっている三角形APBの面積は∠P=90°のときに最大になるからです。

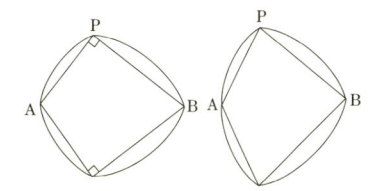

これは、はじめの図形が面積最大であったことに反します。

従って、できた図形の周上の点は、すべて、ABを直径とする円の周上にあります。つまり求める図形は円です。

同心円 [concentric circles] 中
同じ中心を持ち、半径が異なる円を、同心円といいます。

同側内角 [interior angles on the same side] 中
2直線に第3の直線が交わるとき、第3の直線の同じ側にある内角を指します。

同値 [equivalent] 中
2つの命題の真理値が等しいとき、これら命題は同値であるといいます。

等比級数 [geometric series]
$$a + ar + ar^2 + ar^3 + \cdots$$
と表される級数です。a を初項、r を公比といいます。

第 n 項までの和を S_n とすると、
$$rS_n = ar + ar^2 + \cdots + ar^n$$
$$S_n = a + ar + \cdots + ar^{n-1}$$
$$(1-r)S_n = a - ar^n$$
$$S_n = \frac{a(1-r^n)}{1-r} \quad (r \neq 1)$$

したがって、$|r|<1$ のとき収束して、値は $\frac{a}{1-r}$ となります。

等比数列 [geometric progression]
数列 $a_1, a_2, a_3, a_4, a_5, \cdots\cdots$ の項の間に、
$$\frac{a_n}{a_{n-1}} = r \quad (r は定数)$$
の関係が成り立つものを、等比数列といいます。定数 r を、公比といいます。
$a_1 = a$ と表すと、
$$a_n = ar^{n-1}$$
の関係が成り立ちます。

この数列の第 n 項までの和を S_n と表せば、
$$S_n = \begin{cases} \dfrac{a(1-r^n)}{1-r} & (r \neq 1) \\ na & (r = 1) \end{cases}$$
となります。

等分する [devide equally] 小
おなじ長さや同じ大きさに分けることを、等分といいます。

同様に確からしい [equally probable] 中
正確に作られたサイコロや、JIS規格の乱数さいの場合は、どの目が出る可能性も、全く同じと考えることができます。このような場合に、1から6までの目が出る6個の事象、あるいは0から9までの数が出る10個の事象は、同様に確からしいといいます。

これらの事象は，等確率であるともいいます。

同類項 [like terms, similar terms] 中
多項式において，数係数以外はすべて一致する項を，同類項といいます。

例）$2ab$, $-3ab$

また，不定元の部分が一致する項を同類項とするときもあります。

例）$3ax^2$, $-5bx^2$

解く [solve] 中
方程式で，それを成り立たせる未知数の値をすべて求めることを，その方程式を解くといいます。方程式を解いて得られたすべての値を，その方程式の解といいます。

不等式においては，その不等式を成り立たせる文字の値の範囲をすべて求めることを，その不等式を解くといいます。不等式を解いて得られたすべての値の範囲を，その不等式の解といいます。

一般には，問題が与えられた時，その問題が要求しているもの（数値，範囲，関数など）をすべて求めることを，問題を解くといいます。

特称命題 [particular proposition]
「ある x は A である」という命題を，特称命題といいます。これは，
「A である x が存在する」という意味ですから，記号で，
$$\exists x\,;A(x)$$
で表します。$A(x)$ は，x は A であるという命題です。; は関係代名詞で，〜であるところの，という意味です。; の前の x は，先行詞です。∃は，「存在する

(exist)」の頭文字を記号化したもので，特称記号といいます。

独立試行 [independent trials]
サイコロを投げる試行のように，前の試行が次の試行に影響を及ぼさないとき，独立試行といいます。

このとき，確率は一定です。

独立試行の定理
[theorem of independent trials]
ヤコブ・ベルヌーイが証明したので，ベルヌーイの定理ともいいます。

事象 A の確率が p であるとき，n 回の試行中に事象 A が r 回起こる確率は，
$$_nC_r p^r q^{n-r} \quad (p+q=1)$$
で与えられるという定理です。

$_nC_r$ は，n 個のものから r 個とる組合せです。

独立事象 [independent events]
2つの事象 A, B において，事象 A が起こるか起こらないかが事象 B の確率に影響を及ぼさないとき，これら事象は独立であるといい，これらの事象を独立事象といいます。

定義では，
$$P(A \cap B) = P(A) \cdot P(B)$$
または，
$$P(AB) = P(A) \cdot P(B)$$
が成り立つとき，A, B は独立であるといいます。

$A \cap B$ は，積事象で A と B とが同時に起こる事象です。AB は複事象で，事象 A に引き続いて事象 B が起こる事象です。

例）$P(A \cap B) = P(A) \cdot P(B)$

A を，カードのハートの札が出る事象，B を同じく絵札が出る事象としましょう。
$A \cap B$ は，ハートの絵札が出る事象ですから，$P(A \cap B) = \dfrac{3}{52}$

また，
$$P(A) = \dfrac{1}{4}, \ P(B) = \dfrac{3}{13}$$
ですから，A，B は独立です。
例）$P(AB) = P(A) \cdot P(B)$

同じく，A をカードのハートの札が出る事象，B をカードの絵札が出る事象としましょう。
A は13通り，B は12通りですから，AB は156通りです。したがって
$$P(AB) = \dfrac{156}{52 \times 52} = \dfrac{3}{52}\ \text{です}。$$
また，$P(A) = \dfrac{1}{4}$，$P(B) = \dfrac{3}{13}$ ですから，やはり独立です。⇨積事象　⇨複事象

独立変数　[independent variable]
関数 $y = f(x)$ において，x を独立変数といいます。y は従属変数です。

度数　[frequency] 中
統計資料を階級に分けたとき，それぞれの階級に含まれる統計資料の数を，度数といいます。また，その階級の中央の値を，階級値といいます。

度数分布　[frequency distribution] 中
度数をすべて，順序よく配列したものを，度数分布といいます。度数分布は，表にしたり，グラフに表したりして示します。⇨ヒストグラム

凸関数　[convex function]
下に凸である関数，すなわちある区間内に任意に取った2点 a，b に対して，常に 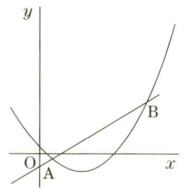
$$f\left(\dfrac{a+b}{2}\right) < \dfrac{f(a) + f(b)}{2}$$
が成り立つとき，関数 $f(x)$ は，この区間において凸関数であるといいます。グラフが，区間内に引いた任意の弦 AB の下側にあります。

凸多角形　[convex polyhedron]
多角形のうちで，その内部の任意の2点を結ぶ線分が，完全にその多角形の内部に含まれるものをいいます。 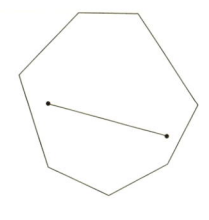
どの辺の延長もその多角形の外部にあります。

ド・モアブルの公式
[de Moivre's formula]
i を虚数単位*とする時，任意の整数 m に対して，
$$(\cos\theta + i\sin\theta)^m = \cos m\theta + i\sin m\theta$$
が成り立ちます。これを，ド・モアブルの公式といいます。

ド・モルガンの法則
[law of de Morgan]
補集合*を「′」で表すと，集合 A，B に対して
$$(A \cup B)' = A' \cap B'$$

$(A \cap B)' = A' \cup B'$

が成り立ちます。これを，ド・モルガンの法則といいます。

度量衡〔weights and measures〕

度は物差し，量は枡，衡は秤です。それで，長さ，かさ（体積・容積），目方（質量）を表します。

トリレンマ〔trilemma〕

古代ギリシャの哲学者アグリッパが，無限背進（あることは別のことから保証を得ることになるが，後者はさらに別のことから保証を得ることになるというようにして，その過程は無限に続く）と呼んでいる事柄です。

数学では，ある段階で議論を打ち切り，公理と呼ばれるいくつかの事柄を仮定して，それを前提として議論を組み立てます。

公理は，無矛盾性（互いに矛盾しない），独立性（他の公理から導かれない），有効性（それから定理が導かれる）を満たす必要があります。⇨ジレンマ

トレミー〔Ptolemy〕

プトレマイオス（83頃～168頃）のことです。トレミーは英語名です。⇨プトレマイオス

トレミーの定理〔Ptolemy's theorem〕

⇨プトレマイオスの定理

トン〔ton〕小

目方（質量）の単位で1000kgです。$1m^3$ の水の目方が，およそ1トンです。

鈍角〔obtuse angle〕中

大きさが直角（90度）より大きく，2直角（180度）より小さい角を，鈍角といいます。

鈍角三角形〔obtuse triangle〕中

1つの内角が鈍角である三角形を，鈍角三角形といいます。三角形は，最大角の大きさによって，鋭角三角形，直角三角形，鈍角三角形に分類されます。

な

内角(ないかく) [interior angle] 中

多角形の頂点において，2辺が作る角のうちで，多角形の内部にあるものを内角といいます。

内項(ないこう) [internal term] 小

比例式 $a:b=c:d$ において，内側(うちがわ)の b と c を，内項といいます。

内心(ないしん) [inner center] 中

三角形の内角の2等分線は，1点に集まります。この点は，3辺から等距離にあるので，この点を中心とし，この点と各辺との距離を半径として円を描くと，各辺と接する円を描くことができます。これを，この三角形の内接円といい，その中心を内心といいます。

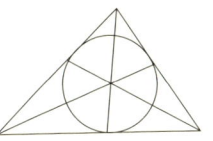

内積(ないせき) [inner product]

単価が b_1 円，b_2 円である品物を，それぞれ a_1 個，a_2 個買うと，総額は $(a_1b_1+a_2b_2)$ 円となります。このように，2次元ベクトル $\boldsymbol{a}=(a_1, a_2)$，$\boldsymbol{b}=(b_1, b_2)$ において，

$$a_1b_1+a_2b_2$$

を $\boldsymbol{a}$，$\boldsymbol{b}$ の内積といい，$\boldsymbol{a}\cdot\boldsymbol{b}$ と表します。この例では，$\boldsymbol{a}$ は個数ベクトルで，$\boldsymbol{b}$ は価格ベクトルです。

内積には，次の性質があります。

(1) $\boldsymbol{a}\cdot\boldsymbol{b}=\boldsymbol{b}\cdot\boldsymbol{a}$

(2) $(k\boldsymbol{a})\cdot\boldsymbol{b}=k(\boldsymbol{a}\cdot\boldsymbol{b})$
(k はスカラーです)

(3) $\boldsymbol{a}\cdot(\boldsymbol{b}+\boldsymbol{c})=\boldsymbol{a}\cdot\boldsymbol{b}+\boldsymbol{a}\cdot\boldsymbol{c}$

(4) $\boldsymbol{a}\cdot\boldsymbol{a}\geq 0$

$\sqrt{\boldsymbol{a}\cdot\boldsymbol{a}}=\sqrt{a_1^2+a_2^2}$ はベクトル $\boldsymbol{a}$ の大きさです。これを，$|\boldsymbol{a}|$ と表します。

ところで，右の図のような平面上のベクトルの場合には，

$$AB^2 = (b_1-a_1)^2+(b_2-a_2)^2$$
$$= b_1^2+b_2^2+a_1^2+a_2^2$$
$$\quad -2(a_1b_1+a_2b_2)$$
$$= OA^2+OB^2-2\boldsymbol{a}\cdot\boldsymbol{b}$$

一方，第2余弦定理*から

$$AB^2 = OA^2+OB^2-2OA\cdot OB\cos\theta$$

それで，

$$\boldsymbol{a}\cdot\boldsymbol{b} = OA\cdot OB\cos\theta$$
$$= |\boldsymbol{a}||\boldsymbol{b}|\cos\theta$$

となります。

$\theta=90°$ のときは，$\boldsymbol{a}\cdot\boldsymbol{b}=0$ となりますから，$\boldsymbol{a}\cdot\boldsymbol{b}=0$ となるベクトル $\boldsymbol{a}$，$\boldsymbol{b}$ は，垂直です。

2次元ベクトルと全く同じことが，3次元ベクトル

$\boldsymbol{a}=(a_1, a_2, a_3)$，$\boldsymbol{b}=(b_1, b_2, b_3)$ についてもいえます。

さらに，n 種類の品物を購入する場合などを想定すると，n 次元ベクトルについても内積を考えることができます。

内積はスカラーですから，スカラー積*ともいいます。

内接 ないせつ [inscription]

多角形に円が内接するというのは，その円が，多角形のすべての辺に接することをいいます。

多角形が円に内接するというのは，その多角形のすべての頂点が，その円の周上にあることです。

円が円に内接するというのは，1つの円が他の円の内部にあって，周上の1点を共有することです。

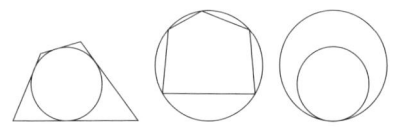

そのほかにも，次のような場合に内接といいます。

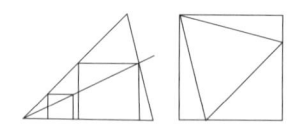

内接円 ないせつえん [inscribed circle] 中

ある図形に含まれ，その境界に接する円を内接円といいます。普通は，多角形のすべての辺に接する円を内接円といいます。

内接多角形 ないせつたかくけい [inscribed polygon]

すべての頂点が一つの円周上にある多角形を，その円の内接多角形といいます。

内対角 ないたいかく [interior opposite angle] 中

三角形の1つの外角*に接していない2つの内角*を，その外角の内対角といいます。

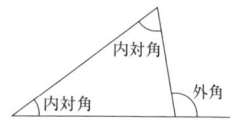

外角の大きさは，2つの内対角の和に等しくなります。

四角形の場合は，1つの外角に隣り合う内角の対角を内対角といいます。円に内接する四角形の場合は，外角の大きさは内対角の大きさと等しくなります。

内分する ないぶん― [divide internally] 中

直線 AB 上の点 C が A，B の間にあるとき，C は AB を内分するといいます。AC：CB＝$m：n$ であるとき，C は AB を $m：n$ の比に内分するといいます。

内包 ないほう [implication]

ある集合に属するための条件を，その集合の内包といいます。

また，ある概念の定義を，その概念の内包といいます。

内包量 ないほうりょう [implicate quantity]

温度や濃度のように，直接加えることができない量を内包量といいます。

ながさ [length] 小

えんぴつは，つかっていると，小さくなります。太さは，かわりません。このことを，「ちびる」といいますが，これを，ながさがみじかくなるといいましょ

う。糸や、線にもながさがあります。

クラスには、背のたかい人、背のひくい人がいます。背の高さも、ながさであらわします。

長さ [length] 小

直線のように、1つの方向への伸び方を示すものが長さです。糸とか、縄のように、まっすぐに伸ばせるものには、長さがあります。樹の周りの長さなどは、縄を巻きつけてはかることができます。

長さは、物差しで計ります。また、縄の代わりに、巻尺を使って、直接長さを測ることもできます。

長さの単位には、メートルや、尺、フィート、ヤードなど、国により、時代により、いろいろありますが、メートル法*では、メートルを使います。

1メートルの長さは、北極から赤道までの子午線の長さの1000万分の1と決められ、メートル原器がつくられましたが、あとで誤差があったことがわかりました。しかし、改めるわけにもいかず、メートル原器に刻まれた2線間の0℃のときの長さを1メートルとしました（1889年）。

現在では、光が真空中で1/299792458秒間に進む距離と定められています（1983年）。

長さが等しい [isometric]

2本の線分が過不足なく重なるとき、それらの線分は、長さが等しいといいます。単位を定めて測定すると、測定値が等しくなります。

ながしかく [rectangle] 小

4つの角が直角*である四角形をながしかくといいます。長方形ともいいます。⇨ましかく

ナノメートル
[nano metre, nano meter]

ナノは10億分の1のことです。それで、ナノメートルは10億分の1メートル、1/1000000000メートルのことです。10^{-9}メートルとも表します。1の下に0が9個並びます。

ナポレオンの定理
[Napoleon's theorem]

任意の三角形の各辺の上に正三角形を描き、これら正三角形の重心を結ぶと正三角形が得られる、という定理です。

【定理の証明】

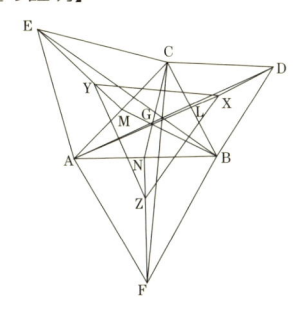

L、M、Nは、各辺の中点です。

Gは△ABCの重心です。X、Y、Zも、各正三角形の重心なので、

$$GX = GY = GZ = \frac{1}{3}AD = \frac{1}{3}BE = \frac{1}{3}CF$$

$\angle XGY = \angle YGZ = \angle ZGX = 120°$から、
$XY = YZ = ZX$ がいえます。

ナポレオンの問題
[problem of Napoleon]

円に内接する正方形の頂点を，コンパスだけで作図せよ，という問題です。

円Oの周上の点Aを中心に半径で切り，B，C，Dとします。

A，Dを中心に，ACを半径にして円を描き，交点をEとします。Aを中心にOEを半径に円を描き，もとの円との交点をM，Nとすると，A，M，D，Nが求める頂点です。

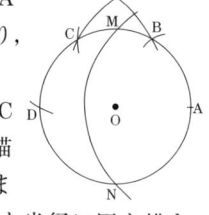

並数 なみすう [mode]
モードと同じです。⇨モード

ならす 小
たとえば，砂場の砂に高低ができたとき，それを平らにすることを，「ならす」といいます。数で言えば，同じ数にすることです。

クラスで学習グループをつくったら，5にん，8にん，4にん，7にん，6にんに分かれてしまいました。これをならすと，

$$(5+8+4+7+6) \div 5 = 6$$

6にんずつにすればよいのです。

並べ方 ならべかた 小
たとえば3にんで，300メートルのリレー競走をします。「い」「ろ」「は」というゼッケンを用意しました。どんな順が考えられるでしょうか。

いろは　　いはろ
ろいは　　ろはい
はいろ　　はろい

の6つがあります。このような順を，並べ方といいます。学年が進むと，順列* というようになります。

に

二位数 にいすう 小
ふた桁の数をいいます。10から99までの自然数です。

二角一対辺の合同 にかくいちたいへんのごうどう
対応する2角の大きさと1対辺の長さがそれぞれ等しい2つの三角形は合同であるという定理です。

二角夾辺の合同 にかくきょうへんのごうどう
対応する2角の大きさとその2角の間にはさまれた辺の長さがそれぞれ等しい2つの三角形は合同であるという定理です。

2元1次方程式 にげんいちじほうていしき
[linear equation with two unknowns, linear equation in two variables] 中

$ax + by + c = 0 \quad (ab \neq 0)$

と変形できる方程式を，2元1次方程式といいます。これは，

$$y = -\frac{a}{b}x - \frac{c}{b}$$

表されますから，そのグラフは，1次関数のグラフとなり，直線となります。この直線を，方程式

$ax + by + c = 0 \quad (ab \neq 0)$

のグラフといいます。

たとえば，

$$3x - y + 5 = 0$$

を満たす x, y の値は，(1, 8)，(2, 11) など，無数にありますが，これを，この方程式の根と呼ぶことにしましょう。また，すべての根の集合を，この方程式の解と呼びましょう。

そうすると，この方程式の解は，この方程式のグラフとなります。

2元1次方程式のグラフ [graph of linear equation]
⇨ 2元1次方程式

二項係数 [binomial coefficient]
二項展開の各項の係数をいいます。n 乗の展開式の場合は，
$$_nC_r \quad (r = 0, 1, 2, \cdots, n)$$
で与えられます。⇨二項定理 ⇨パスカルの三角形

二項式 [binomial]
単項式2つからなる多項式です。

二項定理 [binomial theorem]
$$(a+b)^n = \sum_{r=0}^{n} {}_nC_r a^r b^{n-r}$$
が成り立ちます。この展開式を二項展開といい，この事実を二項定理といいます。

二項分布 [binomial distribution]
1回の試行における確率が p である事象 A が n 回の試行中に r 回起こる確率は，
$$_nC_r p^r q^{n-r}$$
でした（ベルヌーイの定理）。ただし，$p + q = 1$ です。

このような確率分布を，二項分布といいます。

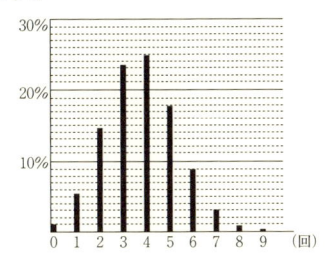

2次関数 [quadratic function]
x の関数 y が，x の2次式で，
$$y = ax^2 + bx + c \quad (a \neq 0)$$
と表されるとき，y を x の2次関数といいます。

x の2次関数 $y = ax^2$ のグラフは，おょそ，次のようになります。

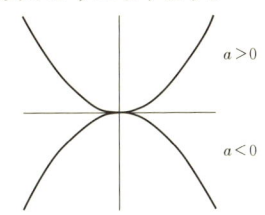

このような曲線は，野球のボールが描く曲線に似ていますから，放物線と呼びます。

こんどは，$y = ax^2$ のグラフを，右に p, 上に q だけ平行に移動しましょう。

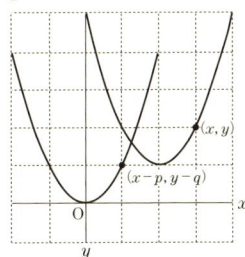

このグラフ上の任意の点を (x, y) とすると，平行移動する前の点の位置は $(x-p, y-q)$ となっています。

この点は，$y = ax^2$ のグラフの上にありますから，

$y - q$
$= a(x-p)^2$

が成り立ちます。

$y = a(x-p)^2 + q$
$y = ax^2 - 2apx + ap^2 + q$

が，求める方程式です。

この方程式を

$y = ax^2 + bx + c$

と表せば，

$-2ap = b$
$ap^2 + q = c$

したがって，

$p = -\dfrac{b}{2a}, \quad q = c - \dfrac{b^2}{4a} = -\dfrac{b^2 - 4ac}{4a}$

が得られます。

$y = ax^2 + bx + c$ のグラフは，$y = ax^2$ のグラフを，右に $-\dfrac{b}{2a}$，上に $-\dfrac{b^2 - 4ac}{4a}$ だけ，平行移動したものです。

2次式 [quadratic expression] 中

その多項式に含まれる最高次の単項式が2次である多項式を，2次式といいます。

不定元 x に関する2次式は，

$ax^2 + bx + c \quad (a \neq 0)$

と表されます。

不定元 x, y に関する2次式は，

$ax^2 + bxy + cy^2 + dx + ey + f$
$\quad\quad\quad\quad (a^2 + b^2 + c^2 > 0)$

と表されます。

2次導関数 [derived function of second order, second derivative]

関数 $f(x)$ の導関数 $f'(x)$ が微分可能であるとき，$f'(x)$ の導関数を2次導関数といい，$f''(x)$ と表します。

$\dfrac{d^2 f(x)}{dx^2}$ とも表します。

2次不等式 [inequality of second order]

不等式の基本性質（公理）を用いて変形した結果，

$ax^2 + bx + c > 0$
$ax^2 + bx + c \geqq 0$
$(a, b, c は定数，a \neq 0)$

の形に帰着する不等式を，2次不等式といいます。

2次関数 $y = ax^2 + bx + c$ のグラフの形は，$D = b^2 - 4ac$ とおくとき，次のようです。

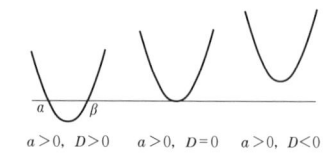

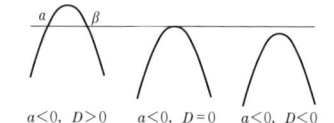

$a > 0, \ D > 0 \quad a > 0, \ D = 0 \quad a > 0, \ D < 0$

$a < 0, \ D > 0 \quad a < 0, \ D = 0 \quad a < 0, \ D < 0$

したがって，$ax^2 + bx + c > 0$ の解は，

	$a>0$	$a<0$
$D>0$	$x<\alpha,\ \beta<x$	$\alpha<x<\beta$
$D=0$	$x\neq\alpha$	解なし
$D<0$	$-\infty<x<+\infty$	解なし

$ax^2+bx+c\geqq 0$ の解は

	$a>0$	$a<0$
$D>0$	$x\leqq\alpha,\ \beta\leqq x$	$\alpha\leqq x\leqq\beta$
$D=0$	$-\infty<x<+\infty$	解なし
$D<0$	$-\infty<x<+\infty$	解なし

となります。
α,β は，$ax^2+bx+c=0$ の実数根です。

2次方程式 [quadratic equation] 中
$ax^2+bx+c=0 \ (a\neq 0)$ と変形できる方程式を，1元2次方程式といいます。

これを解くには，両辺に $4a$ を掛けます。
$$4a^2x^2+4abx+4ac=0$$
$$(2ax+b)^2=b^2-4ac$$

① $b^2-4ac=0$ のときは，
$$2ax+b=0$$
$$x=-\frac{b}{2a}$$

根は，ただ1つです。

② $b^2-4ac>0$ のときは，
$2ax+b$ は，b^2-4ac の平方根です。
そこで，
$$2ax+b=\pm\sqrt{b^2-4ac}$$
$$x=\frac{-b\pm\sqrt{b^2-4ac}}{2a}$$

と表されます。

これを，2次方程式の根の公式といいます。この場合は，根は2つあります。

③ $b^2-4ac<0$ のとき，
$$(2ax+b)^2=b^2-4ac$$
となる実数 x は，存在しません。

このように，b^2-4ac の符号によって，根がただ1つとなったり，2つ存在したり，実数の範囲には存在しなかったり，場合が分かれます。それで，b^2-4ac を，この2次方程式の判別式といいます。

高校では，平方すると負の数になる新しい数，虚数について学びます。
$i^2=-1$ となる i を定め，虚数単位と呼びます。
$b^2-4ac<0$ のときは，
$$\sqrt{b^2-4ac}=i\sqrt{4ac-b^2}$$
と計算した上で，②の公式
$$x=\frac{-b\pm\sqrt{b^2-4ac}}{2a}$$
で求めます。数の範囲を広げても，根の公式の形は不変です。

二重否定の法則
[law of double negation]
命題 A の否定命題を $\overline{A}$ と表すとき，$\overline{A}$ の否定命題が命題 A と同値になるという法則を，二重否定の法則といいます。

2乗
[square, raise to the second power] 中
同じ数，または同じ文字，同じ式を掛け合わせることを，それらを2乗するといいます。
たとえば，3の2乗は，
$$3\times 3=3^2$$
と表します。3^2 は，「3の2乗」と読みます。

多項式 $2ax+b$ の2乗は，$(2ax+b)^2$

と表します。
　2乗は，平方ともいいます。自乗ということもあります。自分自身に掛けるという意味です。

2乗に反比例する

[vary inversely as square, be inversely proportional to the second power of 〜]

$y = \dfrac{a}{x^2}$　$(a \neq 0)$ の関係があるとき，y は x の2乗に反比例するといいます。a は，比例定数です。

2乗に比例する

[vary directly as square]

$y = ax^2$　$(a \neq 0)$ の関係があるとき，y は x の2乗に比例するといいます。a は，比例定数です。

二等分線 [bisector] 中

　線分，角，面積などを2等分する直線を，二等分線といいます。
　線分の垂直二等分線は，その線分の中点を通って，その線分に垂直な直線です。

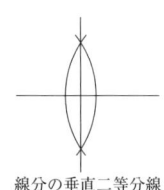

線分の垂直二等分線　　角の二等分線

二等辺三角形

[isosceles triangle] 小

　2辺の長さが等しい三角形を，二等辺三角形といいます。正三角形も，二等辺三角形です。
　長さの等しい辺を，等辺といいます。

　また，等辺の作る角を頂角といいます。頂角でない角を，底角といいます。
　二等辺三角形の底角は大きさが等しいという定理があります。
　この定理の逆も成り立ちます。

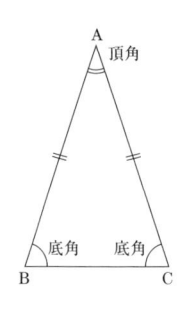

二倍角の公式

[formulas of double angles]

　三角関数に関する次の公式を，二倍角の公式といいます。

$\sin 2a = 2 \sin a \cos a$

$\cos 2a = \cos^2 a - \sin^2 a$

$\qquad = 2\cos^2 a - 1$

$\qquad = 1 - 2\sin^2 a$

$\tan 2a = \dfrac{2 \tan a}{1 - \tan^2 a}$

二辺夾角の合同

　対応する2辺の長さと，その2辺の作る角の大きさとが，それぞれ等しい2つの三角形は合同である，という定理です。

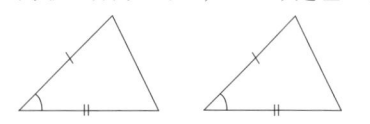

二面角 [dihedral angle]

　2平面が交わるとき，その交線を境として交わる2つの半平面は，空間を2つの部分に分けます。そのおのおのを，二

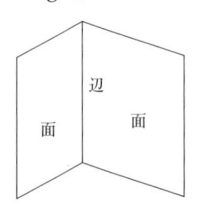

面角といいます。また，半平面を面，その交線を辺といいます。

二面角の大きさ
[measure of dihedral angle]

二面角の辺に垂直な平面で切ったとき，切り口にできる平面角の大きさを，この二面角の大きさといいます。

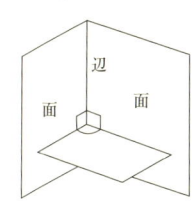

ニュートン (1)
[Isaac Newton] (1642～1727)

イギリスの数学者です。「りんごが落ちるのを見て，万有引力の法則を発見した」という逸話は有名です。

しかし，りんごが落ちるのを見ただけでは，万有引力の存在はわかっても，法則までは分かりません。彼は，りんごは落ちるのに，月はなぜ落ちてこないのか，と考えました。

月が全く落ちないなら，月はまっすぐ飛んでいって，やがて，視界から消えうせるでしょう。月が，何万年も前から地球の周りを回っているのは，月が落ちている証拠です。

ニュートンは，月はいったいどれくらい落ちているのだろうかと，計算したところ，1分間に4.9メートルでした。メートル法の制定はフランス革命の後ですから，メートルでなく，パリ・フィートという単位で測っています。

りんごは1秒間に4.9メートル落ちますから，ガリレオの計算では，月は1分間に，その3600倍も落ちます。しかしニュートンは，地球の引力は月まで届くうちに，3600分の1に弱まっていると考えました。そうすれば，りんごも，月も，同じ地球の引力によって，同じように落ちていることになります。

じつは，月の軌道半径は地球の半径の60倍なのです。つまり，月は，りんごより60倍も遠いところにあるのです。そのために，地球の引力は60^2分の1に弱まったのです。

映写機からの映像は，スクリーンまでの距離が2倍になると，面積が2^2倍になって，明るさが2^2分の1になります。距離が3倍になると，面積が3^2倍になって，明るさが3^2分の1になります。

それと同じ原理で，引力も距離の2乗に反比例して弱まるのです。これが万有引力の法則です。

ニュートンはこの考え方を発展させて，「微分積分学」という新しい数学を建設しました。⇨微積分学

ニュートン (2) [Newton]

力の単位です。1キログラムの物体に，毎秒，1m/秒の速度変化を起こさせる力です。

ニュートンの定理
[Newton's theorem]

四辺形ABCDの辺AD，BCの延長の交点をF，辺BA，CDの延長の交点をEとするとき，この図形を完全四辺形とい

います。また，線分 AC，BD，EF を，その対角線といいます。

ニュートンの定理は，この3つの対角線の中点が1直線上にあるというのです。

この直線を，ニュートン線といいます。

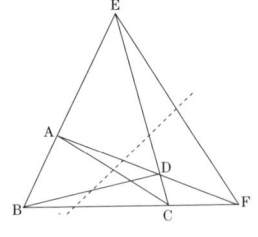

ニュートンの方法

[Newton's method]

方程式の根を求める方法です。

$f(x)=0$ の根の近似値を a とし，$x=a$ における $y=f(x)$ の接線の方程式を求めると，

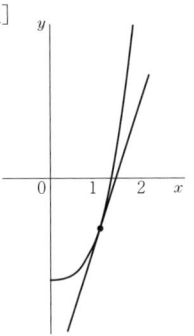

$$y = f(a) + f'(a)(x-a)$$

これと x 軸との交点を b とすると，

$$b = a - \frac{f(a)}{f'(a)}$$

となります。b の方が真の値に近ければ，繰り返すことによって，もっと良い近似値が得られます。

例) $f(x)=x^3-2$ のとき，

$$b = a - \frac{a^3-2}{3a^2}$$

$a=1$ とすると，

1.333333333
1.263888888
1.259933493
1.259921050
1.259921049

が得られます。真の値は

1.25992104989…

です。

ニュートン・ライプニッツの定理

[Theorem of Newton and Leibniz]

積分可能な関数 $f(x)$ の原始関数を $F(x)$ とするとき，

$$\int_a^b f(x)\,dx = \Big[F(x)\Big]_a^b = F(b) - F(a)$$

が成り立つという定理を，ニュートン・ライプニッツの定理といいます。⇨定積分

任意抽出法 [random sampling]
⇨無作為抽出法

ぬ・ね・の

抜き取り検査

[sampling inspection]

生産した商品や，輸入した商品などが，規格に合っているか，あるいは安全であるかを検査するとき，たとえば，電球の耐用時間検査や，開封によって売れなくなるなどのように，検査内容によっては全数検査を行うことが不可能な場合があります。このような場合に，一部の製品を抜き取って調査するのが，抜き取り検査です。母集団から標本を選んで調査す

る標本調査の一種です。

いくつかの生産ラインがあるときは，そのラインごとに検査を行います。⇨標本抽出法

ネイピア ［John Napier］（1550〜1617）

スコットランド出身の修道士です。1614年に『驚くべき対数の規則の記述』を出版して，初めて対数というものを世に問いました。

彼の死後，1619年に，遺稿『驚くべき対数の規則の構成』が出版され，その成立過程が明らかになりました。

ネイピアの対数

［Napierian logarithm］

ネイピアは，線分 ST 上を，単位時間に b だけ進む点 P が $y = SP = bt$ に達したときに，第2の線分 UV 上を，同じ時間に $0, r-ra, r-ra^2$ と進む点 Q が，$QV = x = ra^t$ に達するものと考えました。r は線分 UV の長さで，10,000,000 としました。

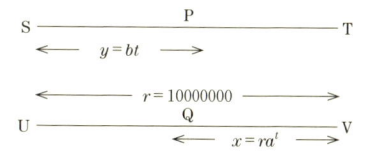

```
S ————————P——————————— T
    ← y = bt →
         ← r = 10000000 ———→
U ————————Q——————————— V
                    ← x = ra^t →
```

この y を x の対数と名づけたのでした。

最初，P, Q が同じ速さであったとすると，
$$b = r\ (1-a)$$
$a = 0.9999999$ とすると，$b = 1$ となります。このとき，
$$y = t = \log_a \frac{x}{r}$$
となります。この値は，次のようです。

$\frac{x}{r}$	y
.1	23025850
.2	16094378
.3	12039727
.4	9162907
.5	6931471
.6	5108256
.7	3566749
.8	2231435
.9	1053605
1.0	0

$\frac{x}{r}$ を横軸にとってネイピアの対数をグラフに表すと，次のようです。

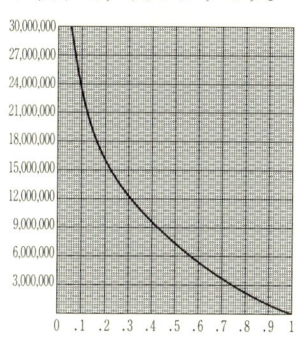

これは，底が1より小である対数関数のグラフと同じです。

点 Q の速さは，$ra^n(1-a) = (1-a)x$ に比例しますから，
$$\frac{d(r-x)}{dt} = -\frac{dx}{dt} = kx$$
$$\frac{dt}{dx} = -\frac{1}{k}\frac{1}{x}$$

自然対数を LOG で表すと，
$$\mathrm{LOG}\,x = -kt + c$$
$t=0$ のとき，$x=r$ なので，
$$\mathrm{LOG}\,\frac{x}{r} = -kt$$
ところで，$y = bt = t$ でしたから，
$$y = \frac{1}{k}\mathrm{LOG}\,\frac{r}{x}$$
と表されます。
$y = n = \log_a \frac{x}{r}$ でしたから，
$$\mathrm{LOG}\,\frac{x}{r} = -ky = -k\log\frac{x}{r}$$
の関係があります。
$$-k = \mathrm{LOG}(0.9999999)$$
$$= -0.0000001$$
$$\log_a \frac{x}{r} = -10^7\,\mathrm{LOG}\,\frac{x}{r}$$

それで，自然対数を，ネイピアの対数と呼ぶことがあります。

ネイピアの対数は，真数が 0 から 1 までです。なぜかといえば，ネイピアはサイン，コサインの積の計算を簡単にするために対数を考えたからです。ネイピアの時代には，負の数は数として認知されていませんでした。したがって，その対数は，正の値となるように工夫されています。自然対数や常用対数では，真数が 1 より小さいと，対数は負の数になります。

ねじれの位置 [skew position] 中

空間内の 2 直線が同一平面上にないとき，これら 2 直線は，ねじれの位置にあるといいます。たとえば，図の AB と CG とは，ねじれの位置にあります。

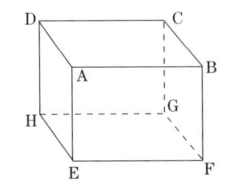

年 [year]

暦の年は，365日か，366日です。

ほかに，太陽年，恒星年，近点年があります。

太陽年は，太陽が天の赤道を南から北に横切ってから，次に同じく赤道を南から北に横切るまでの 1 年で，365日 5 時間48分46秒です。

恒星年は，恒星天の中で地球が太陽を 1 周する 1 年で，平均太陽日の365日 6 時間 9 分 9 秒です。

近点年は，地球が近日点を通過してから，次に近日点を通過するまでの 1 年で，平均太陽日の365日 6 時間13分53秒にあたります。

濃度 [density, concentration]

たとえば，食塩水を作る場合には，水の中に食塩を入れて食塩の姿が見えなくなるまでかき混ぜます。このとき，水を溶媒，食塩を溶質，できあがった食塩水を溶液といいます。溶液の質量は，溶媒の質量と溶質の質量の和となっています。

溶液の質量に対する溶質の質量の比を，その溶液のパーセント濃度，あるいは，単に濃度といいます。たとえば 5 ％の食塩水というのは，95グラムの水に 5 グラムの食塩を溶かしたものです。

ほかに，体積パーセント，モル濃度などがあります。

ノギス [vernier caliper]

板の厚さ，丸棒の直径，円孔の直径などを測定する金属製の物差しです。キャ

リパーとも呼ばれます。

副尺*を利用して，0.02mmまで読み取ることができます。

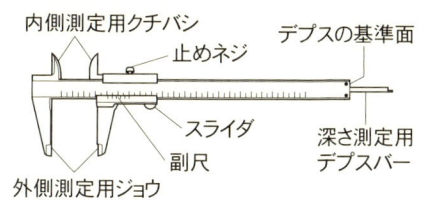

内側測定用クチバシ　デプスの基準面
止めネジ
スライダ
副尺　深さ測定用デプスバー
外側測定用ジョウ

のこり 小

5から2をとると，のこりは3です。このことを，

$5-2=3$

とあらわします。

ノット [knot]

毎時1海里（1929年に1852mと定められた）の速さです。船の速さを表すのに用います。1海里は，およそ，子午線の緯度1分にあたります。ノットとはもともと結び目のことで，等間隔に結び目をつくった縄を海上に流し，砂時計でその数をかぞえて速度を測った名残りです。

のべ人数 [total number of persons] 小

ある仕事を仕上げるのに関わった人を，全部別人とみて数え上げた総人数を，のべ人数といいます。たとえば，5人の人が働いて，3日かかったとすると，のべ人数は15人です。

は

場合の数 [number of cases] 中

ケース・ワーカーという仕事があります。いろいろな場合の相談に乗る仕事です。

数学では，サイコロを投げるとか，カードの札を選ぶとか，ある条件を決めて実行した結果を「場合」と呼んでいます。

たとえば，サイコロを投げてみましょう。結果は，1の目が出るか，2の目が出るかなど，6つの場合に分かれます。この例では，場合の数は6つです。

宝くじの場合はどうでしょうか。6桁の数字が並んでいます。このように並んでいるものを順列といいます。

当たりの番号を見ると，6個の数字が全部違うものより，同じ数字が入っている方が当たりやすいようです。どうせ買うなら当たりやすい方を，と思いますが，実は，もともと同じ数字が入っているくじの方が圧倒的に多いのです。したがって，当たりやすさでは，どの1枚も同じです。

ここでは，同じ数字があるかどうかだけを見て数字の順序は考えませんでした。順序を考えずに，どんな数が入っているかだけを考えたものを組合せといいます。

順列や組合せなどの数を，「場合の数」と呼んでいるのです。⇨順列　⇨組合せ

倍 [times] 小

ある数，または量を2つ合わせたものを倍といいます。倍増とか，倍加というのは，2倍にすることです。たとえば，5の倍は10です。

もっとも，よく使われている「人一倍」という言葉は，人より1倍多く，つまり2倍という意味ではなく，人なみ以上にという意味です。

いまは，k倍といえば，kを掛けた数，あるいは量を表します。

π [pi] 中

円周率を表す記号です。最初に使ったのはウイリアム・ジョーンズの『数学新入門』(1706)で，$\frac{1}{2}$ Periphery(π) と書かれています。オイラーが1737年に著した力学の本のなかで，

　　π　peripheriam circuli

と書いて以来，円周率を表す記号として定着しました。⇨円周率

媒介変数 [parameter]

⇨助変数

倍角の公式 [formula of double angles]

⇨二倍角の公式

倍数 [multiple] 小

九九の3の段は，数3に1, 2, 3, 4, …を掛けた積*で，3いちが3, 3にが6, 3

ざんが 9, 3 し 12 などとなっています。

このように，ある整数に，もう1つの整数を掛けた積を，はじめの整数の倍数といいます。

それで，3 の倍数は，0, 3, 6, 9, 12, … などです。九九の段だけでなく，30, 33, 36, …, 120, 300 なども，3 の倍数です。

中学で負の数を勉強すると，−3, −6, −9 なども，3 の倍数となります。

逆に，3 は 0, 3, 6, 9, 12 などの約数であるといいます。

2 の倍数を偶数といいますが，偶数は，0, 2, 4, 6 などです。1 の位が 0, 2, 4, 6, 8 である整数は偶数です。0 も $0 = 2 \times 0$ と書けるので偶数ですから，忘れないようにしましょう。⇨約数

倍数 [multiple] 中

ある整数に，もう1つの整数を掛けた積を，はじめの整数の倍数といいます。

また，多項式 A が，多項式の積として，
$A = BC$

と表されるとき，A は B の倍数です。A は，C の倍数でもあります。

このとき，B は A の約数であるといいます。⇨約数

排中律 [law of excluded middle]

ある集合 E の部分集合 A を取ると，E の元は A に属するか，A に属さないかのどちらかです。中間の立場はありません。同じように，ある命題を取ると，その命題は真であるか，偽であるかのどちらかで，中間の立場はないというのが，排中律です。

ある人物が，ある事件の犯人であるかどうかについては，もちろん，排中律が成り立ちます。

しかし，$x > 0$ という命題については，x が正の数であれば真ですが，それ以外の場合は偽です。したがって，排中律は成り立ちません。

もっとも，この場合でも，x が 2 や，−3 などの具体的な値をとれば，排中律は成り立ちます。

排中律が成り立つ場合だけを命題と呼び，$x > 0$ などは「条件」と呼んで，命題に入れないという考えもあります。

排中律が成り立つ命題を命題の一部と見て，定言命題と呼んで区別する考えもあります。⇨命題　⇨定言命題

排反事象 [exclusive events]

事象 A, B が同時には起こらないとき，事象 A, B は排反であるといい，これら事象を排反事象といいます。

事象 A, B が排反事象であるとき，和事象 $A \cup B$ を A, B の直和といい，$A + B$ と表します。このとき，事象 A の確率を P(A) と表せば，
$P(A + B) = P(A) + P(B)$

が成り立ちます。

背理法

[reduction to absurdity, 羅 reductio ad absurdum] 中

ある命題*を証明するとき，結論が成り立たないと仮定して推論を進めると仮定に矛盾することを示し，結論が成り立たなければならないことを証明する方法を，背理法といいます。帰謬法ともいい

ます。

たとえば，「実数 x, y が $x^2+y^2=0$ を満たせば，$x=y=0$ である」という命題を考えましょう。

結論が成り立たず，$x=y=0$ ではないとすれば，x, y の少なくとも一方は，0 ではありません。

仮に x が 0 でないとすれば，x が正の数であっても負の数であっても，$x^2>0$ となります。

y は実数ですから $y^2 \geq 0$ がいえ，

$$x^2+y^2>0$$

となり，仮定に反します。

y が 0 でないとしても，同様です。

仮定と合わなくなったのは，結論が成り立たないとしたためです。それで，結論が成り立つことが証明されました。

はかり 小

物には，重さがあります。その重さをはかるには，はかりを使います。

秤 [balance]

物の重さを測る道具です。竿ばかり，天秤，台ばかり，バネばかりなどがあります。体重計も，台ばかりの一種です。

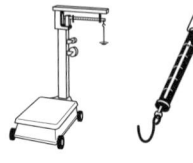

天秤　　　台ばかり　　バネばかり

天秤は，重さを比較することによって，質量を測定することができます。バネばかりは重力の大きさを測定しますので，一般の力を測定することができます。

はかる 小

長さ，かさ，重さなどが，もとになる長さ，かさ，重さなどのいくつ分になるかを比べることを，もとになる長さ，かさ，重さなどを単位*としてはかるといいます。

物差しや，メスシリンダー，はかりなどを利用すると，目盛りを読むだけで，はかることができます。

はした・はんぱ 小

反物を使って，浴衣を縫うとします。1 着分に満たない部分は，「はんぱ」や「はした」といいます。

1 に満たない数は，はんぱの数です。

1 にかぎらず，ある基準を設けたとき，その基準に達しない数は，はんぱ，はしたといいます。

端数 [fraction] 小

有効数字*を何桁と定めたとき，それ以下の数を端数といいます。端数は，切り上げ，切り捨て，四捨五入などの処理を行います。

パスカル (1) [Blaise Pascal] (1623〜1662)

フランスの天才的数学者です。12歳のとき，三角形の内角の和が180度であることを発見したといいます。それを契機にユークリッドの『ストイケイア』*の勉強を始めました。16歳のとき，『円錐曲線試論』を書き，パスカルの定理を証明しています。

パスカルは，ドゥ・メレが提出した「賭

けを途中で止めたとき，賞金はどのように分配すべきか」という問題に取り組み，フェルマーと意見を交わしながら，解決しました。その際，確率の研究に組合せ*を用いることを思いつきました。

この組合せの計算表は，パスカルの三角形*と呼ばれます。

パスカル (2) [pascal]

圧力の単位です。1平方メートルあたり1ニュートン*の力が作用する圧力が，1パスカルです。

パスカルの三角形 [Pascal's triangle]

$(a+b)^n$ を，計算しましょう。

$(a+b)^0 = 1$
$(a+b)^1 = a+b$
$(a+b)^2 = a^2 + 2ab + b^2$
$(a+b)^3 = a^3 + 3a^2b + 3ab^2 + b^3$
$(a+b)^4 = a^4 + 4a^3b + 6a^2b^2$
$\qquad\qquad\qquad + 4ab^3 + b^4$

この係数*だけを，並べましょう。

$n=0$　　　　　　　　1
$n=1$　　　　　　　1　1
$n=2$　　　　　　1　2　1
$n=3$　　　　　1　3　3　1
$n=4$　　　　1　4　6　4　1
$n=5$　　　1　5　10　10　5　1
$n=6$　　1　6　15　20　15　6　1

これを，パスカルの三角形といいます。ここにある数字は組合せ*の数で，$_nC_r = {}_{n-1}C_{r-1} + {}_{n-1}C_r$ によって，計算されています。

パスカルの定理 [Pascal's theorem]

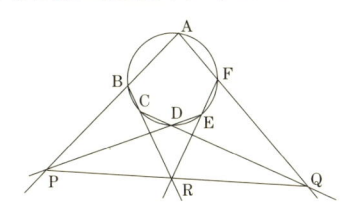

円に内接する6角形ABCDEFにおいて，「ABとDEの交点をP，CDとAFの交点をQ，BCとEFの交点をRとすると，P，Q，Rは共線である」という定理です。

同じことが，楕円でもいえます。

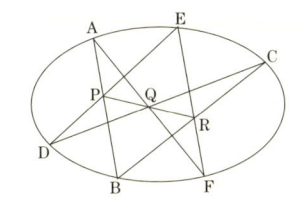

破線 [broken line] 中

下のような線を破線といいます。投影図で，隠れて見えない辺を表す際に用います。

パーセント [percent] 小

パーは「対する」という意味です。記号「/」で表します。セントは，「100」という意味です。それで，パーセントは，/100となるのです。5パーセントは，5/100となるのです。百分率といいます。

パーセントには，pcや，$\frac{o}{o}$ など，いろいろな表し方があったようです。現在は，％が用いられます。

発散する[はっさん] [diverge]

数列や級数が収束しないとき，発散するといいます。⇨収束する

パッポス・ギュルダンの定理[-のてい り]
[Pappos-Guldin's theorem]

平面上の閉曲線の囲む図形が，その平面上にあって，これと交わらない直線を軸として1回転するときにできる回転体の体積は，その閉曲線の囲む図形の面積に，その図形の重心の描く円の周の長さを掛けたものに等しい，という定理です。

パッポスの定理[-のてい り]
[Pappos's theorem]

△ABC の辺 BC の中点を M とすると，$AB^2 + AC^2 = 2(AM^2 + BM^2)$ が成り立つ，という定理です。

幅[はば] [breadth] 小

ある図形を平行な2直線ではさんだとき，その平行線間の距離を，その図形の幅といいます。たとえば長方形を例にとれば，幅は平行線の方向によって変化します。

平行線の方向によって幅が変わらない図形を，定幅曲線といいます。円も定幅曲線です。

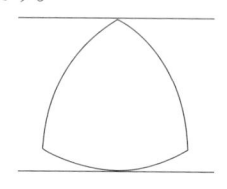

定幅曲線

パピルス [papyrus]

パピルスというカヤツリグサ科の植物の茎の薄片を貼り合わせて作った紙です。古代エジプト以来，製紙法が発達するまで使用されました。アーメスのパピルス，モスクワ・パピルスが有名です。⇨アーメスのパピルス ⇨モスクワ・パピルス

バビロニアの数学[-のすうがく]
[mathematics of Babylonia]

メソポタミオスと呼ばれるチグリス，ユーフラテス両河地帯で発展した，古代メソポタミア文明における数学をバビロニアの数学といいます。初めて文字を考案したシュメル人の都市国家群の後，アッカド王朝（前2334～前2154），ウル第三王朝（前2112～前2004），古バビロニア時代（前2004～前1595），カッシート王朝（前1550～前1150），アッシリア帝国（前885～前612），カルデア王朝（前612～前539），セレウコス王朝（前311～前64）などが知られています。現在，この地帯はイラクに属しています。

文字は楔形文字で，数は六十進法で表されていました。私たちが使っている時間や角度は，いまもこの六十進法で，表されています。

バビロニアの数学は，膨大な粘土板で知ることができます。

古バビロニア時代に，すでに三平方の定理が知られていました。$\sqrt{2}$ の値を，十進法に直して小数5桁まで正確に計算していました。具体的な計算例から，2次方程式の根の公式を知っていたと判断することができます。

バビロニアでは，整然とした単位の体系が決められていました。大麦180粒の体積が1シェケルとされ，1シェケルの

大麦を播く耕地面積が1シェケルとされていました。0.6平方メートルほどであったといいます。

また，1シェケルの大麦の目方を1シェケルとして，目方の単位としていました。およそ8グラムほどです。1シェケルの目方の銀の価格が貨幣の単位で，やはりシェケルと呼ばれました。

現在のメートル法の場合は，大麦でなく水1リットルの目方を1キログラムと決めていますが，バビロニアではこの決め方を先取りしているようです。

パーミル [permil] 小

1000分の1を，パーミルといいます。0.1パーセントです。‰と表します。鉄道路線の勾配などに用います。

ハミルトン・ケーリーの定理 一のていり

[Hamilton-Cayley's theorem]

$$A = \begin{pmatrix} a & b \\ c & d \end{pmatrix}, E = \begin{pmatrix} 1 & 0 \\ 0 & 1 \end{pmatrix}, O = \begin{pmatrix} 0 & 0 \\ 0 & 0 \end{pmatrix}$$

とすると，

$$A^2 - (a+d)A + (ad-bc)E = O$$

が成り立つという定理です。

速さ [speed] 小

速さは，

$$\frac{道のり}{時間} = 速さ$$

で求められます。

たとえば時速200kmの速さは，

$$\frac{200km}{1時間} = 200km/時$$

と表されます。

道のりは，m，kmという単位の記号で表します。時間は，時，分，秒という記号を書いて表します。速さを表す単位の記号はkm/時です。速さは，道のりでもない，時間でもない，新しい量だと考えることができます。

先ほど例に挙げた200km/時という速さは，1km/時の速さの200倍の速さであるということを意味しています。

速さの単位には，ほかにm/秒とか，m/分などもあります。

速さはまた，速度の大きさでもあります。⇨速度

速さというのは，速いか遅いかを表す言葉です。速さを表すには，いろいろな方法があります。新幹線の速さは，平均時速，つまり1時間にどれだけの道のりを走ったかで表します。

マラソンのように，コースの長さが決まっている場合は，タイム，つまり所要時間で表します。水泳でも同じです。100メートルを泳ぐのに何秒かかったかを競います。

ところで，テレビで野球の試合を見ていると，画面にボールの速さが，135km/hなどと表示されることがあります。これは，その瞬間のボールの「速さ」を時速で表しているのです。

「時速」というのは1時間に進む道のりですから，「速さ」ではなくて「長さ」です。単位もkmです。「時速135kmの速さ」というのは，その移動の「速さ」です。単位もkm/時で，長さの単位とは違います。

さっきの野球のボールの速さは,「時速135kmの速さ」を意味しているのです。

ばら 小
キャラメルが13個あるとしましょう。そのうちの10個を箱につめると,3個のこります。このように,1箱にならない分を,「ばら」といいます。

パラドックス [paradox]
逆説のことです。⇨逆説

パラメータ [parameter]
⇨助変数

バール [bar]
圧力の単位です。1バールは,100万ダイン/cm² です。大気圧は,およそ1013ミリバールです。したがって,1バールは,1気圧弱です。⇨パスカル(2) ⇨ヘクトパスカル

範囲 [range] 中
統計資料の最大値から最小値を引いた差を,範囲といいます。

身長 (cm)	人数
152.5 − 157.5	5
157.5 − 162.5	21
162.5 − 167.5	81
167.5 − 172.5	110
172.5 − 177.5	45
177.5 − 182.5	14
182.5 − 187.5	4

たとえば右の表では187.5 − 152.5 = 35となり,範囲は35cm です。

ほぼ同じ意味で,いろいろな場面で用いられます。

半円 [semi-circle] 小
円を直径で2等分した1つを,半円といいます。

半回転の角 小
時計の針は,長針でも,短針でも1回転すると,360°回ります。これを1回転の角といいます。半回転の角はその半分で,頂点から左右に延びる半直線が作る平らな角です。大きさは180°です。

半角の公式
[formulas for half angles]

次の公式を半角の公式といいます。±は,変数 θ の値が何象限にあるかによって,定めます。

$$\sin\frac{\theta}{2} = \pm\sqrt{\frac{1-\cos\theta}{2}}$$

$$\cos\frac{\theta}{2} = \pm\sqrt{\frac{1+\cos\theta}{2}}$$

$$\tan\frac{\theta}{2} = \pm\sqrt{\frac{1-\cos\theta}{1+\cos\theta}}$$

半球 [semi-sphere]
球を中心を通る平面で2等分した1つを,半球といいます。

半径 [radius] 小
円周上の1点と中心を結ぶ線分を,半径といいます。また,球面上の1点とその球の中心を結ぶ線分を,半径といいます。

半径の長さを,単に半径ということもあります。

番号 [number] 小
何番目かをしめす数を,番号といいます。クラスでも,安倍君は1番,井上さんは2番,大島君は3番などと,出席簿の番号が決まっています。

反射律 [reflective law]
たとえば,任意の数に対して,

$a = a$ (等しい)

が成り立ちます。また,任意の三角形に

対して，

$$\triangle ABC \equiv \triangle ABC \quad (合同)$$

が成り立ちます。また，任意の図形 G に対して，

$$G \backsim G \quad (相似)$$

も成り立ちます。このような法則を，反射律といいます。

＞（より大），＜（より小），⊥（垂直）などの関係は，反射律を満たしません。

反数（はんすう）

ある数の符号を変えた数を，その数の反数といいます。

たとえば 3 の反数は -3 で，-3 の反数は 3 です。3 と -3 とは，互いに反数です。

半対数方眼紙（はんたいすうほうがんし）

[semi-logarithmic paper]

⇨片対数方眼紙

パンタグラフ [panthograph]

図形を相似*に拡大するための写図器です。

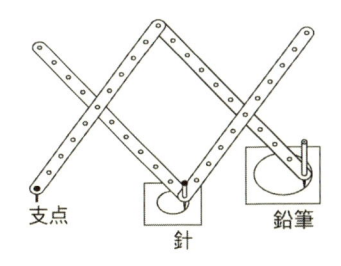

支点　針　鉛筆

判断（はんだん）[judgement] 中

ある事柄を正しいと認めたり，正しくないと考えたりすることを，判断といいます。判断の内容を，言葉や式，記号などで表したものが，命題です。同じ認識の，内容が判断で，表現が命題です。判断と命題とは，同じ紙の表と裏のように，切り離すことはできません。文字通り，表裏一体です。

判断には，次のようなものがあります。

【全称判断】たとえば，「すべての三角形の内角の和は 2 直角である」というのは，全称判断です。

【特称判断】たとえば，「ある三角形の 2 辺の長さは等しい，あるいは 2 辺の長さが等しい三角形が存在する」というのが，特称判断です。

【単称判断】「$\triangle ABC$ は，正三角形である」のように，1 つの事柄に関する判断を単称判断といいます。

【定言判断】無条件に成り立つ判断です。

【仮言判断】「A であるならば B である」という判断を，仮言判断といいます。ここで，A を仮定，B を結論といいます。

【選言判断】「A であるか B であるかである」というのを，選言判断といいます。A または B であるとすると，木の又のように，2 肢選択になります。「A であるか B である」というのは，A でなければ B である，という意味です。B でなければ A であるといっても同じです。

【連言判断】「A であり，かつ B である」という判断です。

【肯定判断】A であることを肯定する判断です。

【否定判断】A であることを否定する判断です。「A でない」と表されます。

それぞれの判断に対応する命題は，それぞれ，全称命題，特称命題，単称命題などと呼ばれます。⇨命題

半直線 [half line] 小中

直線を，その上の1点で2つに分けたとき，そのおのおのを，半直線といいます。分けた点は，端点として，どちらにも含まれます。

反比 [reciprocal ratio]

比 $a:b$ に対して比 $b:a$ を，その反比といいます。逆比ともいいます。

反比例 [reciprocal proportion, inverse proportion] 小中

(1) ある量の値が a から b まで変わったときに，もう1つの量の値が c から d まで変わり，$a:b$ の比と，$c:d$ の反比＊（逆比）とが等しければ，つまり，$a:b=d:c$ が成り立てば，この2量は，反比例の関係にあるといいます。

(2) 2つの量 x, y があって，x の値が2倍，3倍，…となるとき，y の値が $\frac{1}{2}$ 倍，$\frac{1}{3}$ 倍，…となるならば，y は x に反比例するといいます。

このとき，

$$y = \frac{a}{x} \ (a \neq 0)$$

が成り立ちます。これは，

$$y = a \cdot \frac{1}{x}$$

とも表されますから，0でない定数 a は比例定数です。

ある道のりを歩くとき，速さと所要時間とは，反比例の関係にあります。

反比例のグラフ [graph of inverseproportion] 中

反比例の関係

$$y = \frac{a}{x} \ (a \neq 0)$$

が成り立つとき，グラフは，次のようになります。

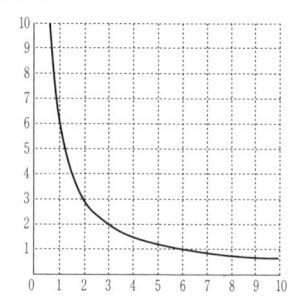

数の範囲を負の数まで広げると，グラフは，次のようになります。

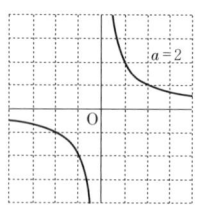

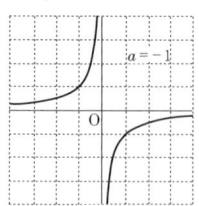

このような曲線を，双曲線といいます。

半分 小

1つのものを，同じ大きさの2つの部分に分けたとき，その1つひとつを，もとの半分といいます。

2等分した1つが，半分です。

繁分数 [complex fraction] 小

分子，分母の少なくとも一方が分数を含むような分数を，繁分数といいます。

例） $\dfrac{\frac{2}{3}}{\frac{5}{8}}$, $\dfrac{1}{2+\frac{1}{3}}$

半平面 はんへいめん [half plane] 中

平面上の1直線は、その平面を2つの部分に分けます。そのおのおのを、半平面といいます。

はじめの直線を含む半平面は閉半平面、直線を含まない場合は開半平面といいます。

2つの半平面の内部にそれぞれ1点をとって線分で結ぶと、必ずはじめの直線と交わります。

判別式 はんべつしき [discriminant]

2次方程式

$$ax^2 + bx + c = 0 \quad (a \neq 0)$$

の2根は、

$$x = \frac{-b \pm \sqrt{b^2 - 4ac}}{2a}$$

で与えられます。⇨2次方程式

もし、$b^2 - 4ac > 0$ であれば、2根は、相異なる数となります。

また、$b^2 - 4ac = 0$ であれば、2根は相等しくなります。

$b^2 - 4ac < 0$ のとき、中学校では、根は存在しないとしています。

しかし、平方したときに負の数になる虚数という新しい数を用いれば、根が存在することになります。⇨虚数 ⇨複素数

このように、$b^2 - 4ac$ の値によって、2次方程式の根がどのようになるかが判別されますので、この $b^2 - 4ac$ を、2次方程式

$$ax^2 + bx + c = 0 \quad (a \neq 0)$$

の判別式といいます。

万有引力の法則 ばんゆういんりょくのほうそく [law of universal gravitation]

質量がそれぞれ m, m' である2つの物体の距離が r であるとき、両者の間には、大きさが

$$F = \frac{Gmm'}{r^2}$$

である引力 F が働きます。G は比例定数で、万有引力定数と呼ばれます。$G = 6.6732 \times 10^{-8} \text{cm}^3 g^{-1} s^{-2}$ です。g はグラム、s は秒を表します。

この法則は、ニュートンが発見しました。⇨ニュートン

ひ

比 ひ [ratio] 小

ドレッシングを作るために、サラダ油を大さじ3杯、酢を大さじ2杯まぜました。このときのサラダ油と酢の体積の割合を、：という記号を使って、

3 : 2

と表すことにします。3 : 2 は、「3対2」と読みます。3 : 2 のような表し方を、比といいます。この例では、3 : 2 は、体積比を表しています。

2つの量 A と B の比を

$A : B$

と表すときは、A を B と比べているのです。それで、B を「もとにする量」

と呼び，Aを「比べられる量」と呼びます。

これは，Bを単位としてAの値を測っているのと同じです。したがって，上の例では

$$A : B = 3 : 2 = 3 \div 2 = 1.5$$

と考えることができます。この1.5を，比3：2の値といいます。

比の値を，簡単に比と呼ぶことがあります。

一般に，2つの数，または量 a，b があるとき，a が b の何倍であるかを，「b に対する a の比」あるいは「a の b に対する比」といって，

$$a : b$$

と表します。$a : b$ は，「a 対 b」と読みます。a を比の前項，b を比の後項といいます。

$a : b = \dfrac{a}{b}$ ですから，$\dfrac{a}{b}$ をこの比の値といいます。比の値が等しいとき，それらの比は，相等しいといいます。

一般に，

$$a : b = ka : kb$$

$$a : b = \dfrac{a}{k} : \dfrac{b}{k}$$

が成り立ちます。

ところで，三角形の3辺の長さ a，b，c が，それぞれ，ある長さの3倍，4倍，5倍であるときは，

$$a : b : c = 3 : 4 : 5$$

と表します。この比 $a : b : c$ を，連比といいます。

このとき，$a = 3k$，$b = 4k$，$c = 5k$ となっていますから，

$$\dfrac{a}{3} = \dfrac{b}{4} = \dfrac{c}{5} = k$$

が成り立ちます。

たとえば，$a : b = 3 : 2$，$b : c = 3 : 5$ であれば，

$$\begin{array}{ccccc} a & : & b & : & c \\ 3 & : & 2 & & \\ & & 3 & : & 5 \\ \hline 9 & : & 6 & : & 10 \end{array}$$

したがって，

$$a : b : c = 9 : 6 : 10$$

となります。

連比＊においては，

$$9 : 6 : 10 = 9 \div 6 \div 10$$
$$= 1.5 \div 10 = 0.15$$

などとすることは無意味です。

ピアソン ［Karl Pearson］（1857～1936）イギリスの数理統計学者です。

ガルトン（1822～1911）はチャールス・ダーウィンの進化論を統計的に検証しようとして「優生学」をはじめましたが，ピアソンはそれを継承して，生物統計学，記述統計学を大成させました。

ピアソンは『自由思想の倫理』（1887）の中で，一切の神話の独断を放棄し，時代の最高の科学的知識を学び，それを普及するのが自由思想家の道であると述べています。その立場で書かれた『科学概論』（1896）は有名で，夏目漱石にも大きな影響を与えました。

ポーランドの著名な経済学者オスカー・ランゲ（1904～65）は，「ガルトン，ピアソンの統計研究に対する態度は，数

理形式主義と呼ぶことができる。彼らは，生物学，経済学に頼らなくても，数理統計的分析そのものによって規則性を研究することが可能であると考えた。しかし，経験が示し，方法論的分析が確証したところによると，大量現象における法則性は統計学だけの著からでは分析できず，各個別科学の力に頼る必要がある。」と批判しています。

ビエタ [Francis Vieta]（1549〜1603）

フランスの数学者です。フランス名は，Viéte です。数式に文字を初めて使用したことで有名です。

ビエタは，未知数だけでなく，既知数も文字で表しました。また，頭文字による「略語代数学」から出発して，$A+B$ のように，一般的な文字使用による「記号代数学」への道を切り開きました。

比較 [comparison, parallel]

比は，大小の割合を表します。割り算の答えです。較は，差と同じです。引き算の答えです。両方あわせて，比べるという意味になります。大小関係や，数量関係を比べることを意味します。

被加数 [summand]

加法 $a+b$ で，a を被加数といいます。足される数です。

ひかれる数 [minuend] 小

9から3をひくと，答えは6です。このとき，3をひく数，9をひかれる数といいます。

ひき算 [subtraction] 小

数を取り去ったり，2つの数のどちらがどれだけ大きいかを求めたりする計算を，ひき算といい，「−」の記号を使います。

例）チョコレートが10個あります。3個食べました。残りはいくつですか。
　　10−3＝7　　　　　　　答　7個

引き算 [subtraction] 中

$x+a=b$ となる x を求める計算を引き算といい，
　　$x=b-a$
と表します。
　　$(b-a)+a=b$
が成り立ちます。

また，A，B を多項式とするとき，
　　$X+A=B$
となる多項式 X を求める計算を引き算といいます。
　　$X=B-A$
と表します。

引き数 [argument]

関数表で，独立変数に当たる数を，引き数といいます。

ひく数 小

10−3＝7のようなひき算で，3をひく数といいます。

微係数 [differential coefficient]

⇨微分係数

被減数 [minuend]

⇨ひかれる数

ピサのレオナルド

[Leonardo Pisano]（1170？〜1240？）

⇨フィボナッチ

ひし形 [rhombus] 小

4辺の長さが等しい四辺形を，ひし形といいます。ひし形は，平行四辺形です。

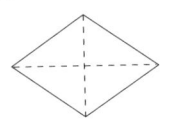

ひし形の対角線は，直交します。また，対角線が直交する平行四辺形は，ひし形となります。

1つの角が直角になると，ひし形は正方形となります。

比重 [specific gravity]

ある物体の重さと，同体積の水の重さとの比を，比重といいます。比重は無名数です。

被乗数 [multiplicand] 中

⇒かけられる数

微小変化 [infinitesimal change]

変数のわずかな変化のことです。その絶対値が限りなく0に近づくような変化ですが，まだ0ではありません。したがって，それで割ることが可能です。

被除数 [dividend] 中

⇒割られる数

ヒストグラム [histogram] 小 中

度数分布を，図のような柱状のグラフに表したものを，ヒストグラムといいます。

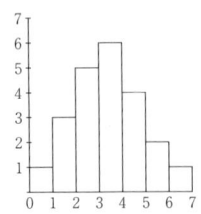

微積分学 [differential and integral calculus]

微分学と積分学とをあわせて微分積分学，略して微積分学といいます。⇒微分学 ⇒積分学

被積分関数 [integrand]

不定積分 $\int f(x)\,dx$ や，定積分 $\int_b^a f(x)\,dx$ における $f(x)$ のように，積分される関数 $f(x)$ を，被積分関数といいます。

ピタゴラス [Pythagoras]

⇒ピュタゴラス

ピタゴラス数 [Pythagorean numbers] 中

⇒ピュタゴラス数

ピタゴラスの定理 [Pythagorean theorem] 中

⇒三平方の定理

左側で連続 [continuous on the left]

⇒左方連続

左極限 [left-side limit]

⇒左方極限値

ひっ算 小

筆記道具を使って行う計算をひっ算といいます。

筆算 [calculation by writing] 小

数字を書きながら，それぞれの演算形式にのっとって計算する方法です。紙と筆記道具があれば，どこでもできます。

必要十分条件 [necessary and sufficient condition] 中

命題「P ならば Q である」も真で，その逆「Q ならば P である」も真であれば，P は Q であるための十分条件であって，かつ，必要条件です。

それで，P を，Q であるための必要十分条件といいます。

このとき、Q も、P であるための必要十分条件となっています。⇨十分条件 ⇨必要条件

必要条件 ひつようじょうけん [necessary condition] 中

命題「P ならば Q である」が真であるとき、Q を、P であるための必要条件といいます。

命題「P ならば Q である」が真であれば、P が成り立つとき、必ず Q が成り立ちます。したがって、もし Q が成り立たなければ、P が成り立つことは不可能です。

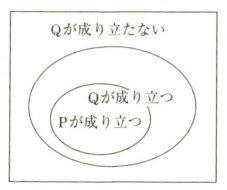

したがって、P が成り立つためには、Q が成り立っていることが必要です。それで、Q を P であるための必要条件というのです。⇨十分条件

等しい ひとしい 小

大きくもなく、小さくもないとき、等しいといいます。数の場合は、同じ数であるという意味です。

a と b とが同じ数であるとき、a と b とは等しいといい、
$$a = b$$
と表します。

$2+3$ と 5 とは、同じ数ですから、
$$2+3=5$$
と書きます。

2つの比の値が等しいとき、それらの比は等しいといいます。

$a:b$ と $c:d$ が等しいとき、
$$a:b=c:d$$
と書きます。

等しい比 ひとしいひ 小

2つの比 $a:b$ と $c:d$ の値が等しいとき、それらの比は等しいといい、$a:b=c:d$ と書きます。

このとき、$\dfrac{a}{b}=\dfrac{c}{d}$ が成り立ちます。そこで、
$$ad=bc$$
が成り立ちます。このことを、外項の積は内項の積と等しい、といいます。⇨外項 ⇨内項

一筆書き ひとふでがき
[unicursal curve, one-stroke sketch] 小

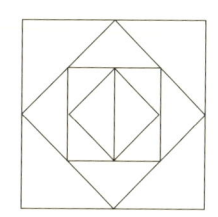

図のように、筆記用具を紙面から離さずに描ける図形を一筆書きの図形といいます。線が奇数本集まる点がないか、2つであれば可能です。

比の値 ひのあたい [value of ratio] 小

比 $a:b$ において、$\dfrac{a}{b}$ をその値といいます。⇨比

比の第一用法 ひのだいいちようほう 小

比を求める問題です。a、b が分かっているとき、b に対する a の比、
$$a:b=a\div b=\dfrac{a}{b}$$
を求めます。

例）クラスの生徒は、36人です。そのうち、めがねを掛けているのは、24人です。

めがねを掛けている生徒の割合を求めなさい。

解き方　$24:36=2:3=\dfrac{2}{3}$

答　3分の2

比の第二用法 ひのだいによようほう 小
比と，比の後項とから，比の前項を求めます。

比の前項＝比の後項×比

$$a=b\times\dfrac{a}{b}$$

とすれば，求められます。
例）クラスの生徒は36人です。そのうち，めがねを掛けている人は，$\dfrac{2}{3}$ です。めがねを掛けている人は，何人ですか。

解き方　$36\times\dfrac{2}{3}=24$

答　24人

比の第三用法 ひのだいさんようほう 小
比と，比の前項とから，比の後項を求めます。

比の後項＝比の前項÷比

$$b=a\div\dfrac{a}{b}$$

とすれば求められます。
例）クラスで，めがねを掛けている人は24人です。めがねを掛けている人の割合は，$\dfrac{2}{3}$ です。クラスの人数を求めなさい。

解き方　$24\div\dfrac{2}{3}=36$

答　36人

微分 びぶん ［differential］
関数 $f(x)$ が微分可能で $f'(x)$ が存在するとき，x の増分を $\varDelta x$ と表すと，$f'(x)\varDelta x$ を関数 $f(x)$ の微分といい，$df(x)$ と表します。$f(x)$ の増分 $\varDelta f(x)=f(x+\varDelta x)-f(x)$ とは違います。

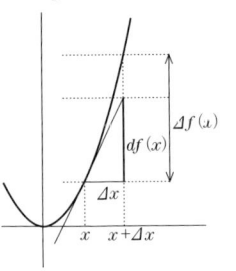

$f(x)=x$ のときは，

$df(x)=dx=f'(x)\varDelta x=1\cdot\varDelta x=\varDelta x$

したがって，$dx=\varDelta x$ が成り立ち，

$df(x)=f'(x)dx$

が成り立ちます。⇨微分する

微分学 びぶんがく ［dfferential calculus］
微分法を用いて関数について研究する数学の1分野です。ニュートン，ライプニッツによって始められました。⇨微分法

微分係数 びぶんけいすう ［differential coefficient］
$x=a$ を含む区間において定義された関数が，極限値

$$\lim_{h\to 0}\dfrac{f(a+h)-f(a)}{h}$$

を持つならば，この極限値を，関数 $f(x)$ の $x=a$ における微分係数といい，$f'(a)$ と表します。

$y=f(x)$ と表すときは，微分係数を $\dfrac{dy}{dx}$ と表します。

$f'(a)$ は，$y=f(x)$ のグラフの点 $(a,f(a))$ における接線の傾きを与えます。

微分商 [differential quotient]

独立変数 x の微分は，
$$dx = (x)' \Delta x = \Delta x$$
です。そこで，$x=a$ における関数 $f(x)$ の微分は
$$df(x) = f'(a) \Delta x$$
$$= f'(a) dx$$
したがって，$f'(a) = \dfrac{df(x)}{dx}$

そのため，微分係数を微分商ともいいます。

微分する [differentiate]

ある関数の導関数が存在するとき，その関数は微分可能であるといいます。導関数を求めることを，その関数を微分するといいます。⇨導関数

微分積分学 [differential and integral calculus]

⇨微積分学

微分積分学の基本定理 [fundamental theorem of differential and integral calculus]

定積分 $\int_a^b f(x)dx$ が存在するときは，区間 $[a, b]$ 内のすべての x に対して，$F(x) = \int_a^x f(t)dt$ は連続です。

また，$f(x)$ が連続であれば，$F(x)$ は微分可能で，$F'(x) = f(x)$ が成り立ちます。

これは，積分学と微分学とを関連付ける定理で，微分積分学の基本定理といいます。

微分法 [method of differentiation]

微分可能な関数の導関数を求める方法を，微分法といいます。微分学を指す場合もあります。⇨微分法の基本公式
⇨微分学

微分方程式 [differential equation]

微分に関する方程式を，微分方程式といいます。多くの場合，微分商の形で，
$$F\left(x,\ y,\ \frac{dy}{dx},\ \cdots,\ \frac{d^n y}{dx^n}\right) = 0$$
と表されます。

偏微分を含む偏微分方程式もあります。偏微分方程式に対して，上記の微分方程式を，常微分方程式といいます。

上記のように，最高階の導関数が n 階であるとき，n 階微分方程式といいます。

微分方程式を満たす関数を，その微分方程式の解といい，微分方程式のすべての解を求めることを，その微分方程式を解くといいます。⇨微分方程式の解

微分方程式の一般解 [general solution of differential equation]

n 階常微分方程式の場合，任意定数を n 個含む解が，一般解を与えます。この任意定数を，積分定数ということがあります。

$y\dfrac{dy}{dx} = -x$ においては，
$$x + y\frac{dy}{dx} = 0$$
したがって，

$$\frac{1}{2}\frac{d(x^2+y^2)}{dx}=0$$

そこで，$x^2+y^2=C$

これが，一般解を与えます。

微分方程式の解（びぶんほうていしきのかい）

[solution of differential equation]

その微分方程式を成り立たせる関数を，その微分方程式の解といいます。また，すべての解を求めることを，その微分方程式を解くといいます。

n 階常微分方程式の場合，任意定数を n 個含む解が，一般解です。任意定数に，特定の値を与えた解が，特殊解です。

一般解で表されない解が存在する場合があります。このような解を，特異解といいます。⇨微分方程式の一般解　⇨微分方程式の特異解

微分方程式の特異解（びぶんほうていしきのとくいかい）

[singular solution of differential equation]

たとえば，$y'^3=27y^2$ において，$y=0$ のときは，この微分方程式が成り立ちます。したがって，$y=0$ は，この微分方程式の解です。

$y\neq 0$ のときは，

$$y'=3y^{\frac{2}{3}}$$

したがって，

$$\frac{dx}{dy}=\frac{1}{3}y^{-\frac{2}{3}}$$

$$x=y^{\frac{1}{3}}+c$$

したがって

$$y=(x-c)^3$$

が一般解です。

ここで c をどう選んでも，$y=0$ という解は得られません。この $y=0$ のように，一般解に含まれない解を，特異解といいます。

微分法の基本公式（びぶんほうのきほんこうしき）

[fundamental formula for differential calculus]

微分法に関して，次の公式が成り立ちます。

$$\{f(x)\pm g(x)\}'=f'(x)\pm g'(x)$$
$$\{f(x)g(x)\}'=f'(x)g(x)+f(x)g'(x)$$
$$\{kf(x)\}'=kf'(x)$$
$$\left\{\frac{f(x)}{g(x)}\right\}'=\frac{f'(x)g(x)-f(x)g'(x)}{\{g(x)\}^2}$$

$y=f(x)$, $z=g(y)$ のとき

$$\frac{dz}{dx}=\frac{dz}{dy}\cdot\frac{dy}{dx}=g'\{f(x)\}f'(x)$$

$x=f(t)$, $y=g(t)$ のとき，

$$\frac{dy}{dt}=\frac{dy}{dx}\cdot\frac{dx}{dt}$$

したがって，

$$\frac{dy}{dx}=\frac{\frac{dy}{dt}}{\frac{dx}{dt}}=\frac{g'(t)}{f'(t)}$$

となります。

ヒポクラテス（キオスの）

[Hyppocrates (of Chios)]（前450頃）

ギリシャの商人で，海難事故に関する訴訟のためアテネに在住中に数学を学び数学者となったといわれています。

プロクロスによると，初めて『原論』を書いた人です。

立方体の倍積問題で，長さの比が $1:2$

である2線分の間に，2本の線分を，それらの比が等しくなるように引く方法が求められれば，解決することを示したといわれています。

これは，
$$a:x=x:y=y:2a$$
となる2線分 x, y を求める問題となります。

実際にこの方法によって解決したのは，ピュタゴラス派のタラスのアルキュタス*です。⇨立方体倍積問題

ヒポクラテスの定理 [Hyppocrates' theorem] 中

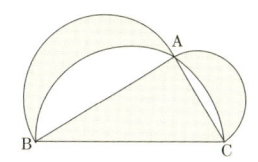

次の図で，2つの月形の面積を求めると，△ABC＋半円 AB＋半円 AC－半円 BC となります。

$$半円 AB = \frac{\pi}{8} AB^2$$

$$半円 AC = \frac{\pi}{8} AC^2$$

$$半円 BC = \frac{\pi}{8} BC^2$$

ですから，

半円 AB＋半円 AC－半円 BC
$$= \frac{\pi}{8}(AB^2+AC^2-BC^2) = 0$$

したがって，2つの月形の面積の和は，△ABC の面積と等しくなります。

この定理を，ヒポクラテスの定理といいます。

ひゃく [hundred] 小

100，10×10のことです。

百分率 [percent] 小

⇨パーセント

ピュタゴラス

[Pythagoras]（前582？～前496？）

どの検定教科書にも，三平方の定理について，古代ギリシャのピュタゴラスが初めて証明したという説が紹介されています。しかし最近の研究では，この定理とピュタゴラスを結びつける証拠は存在しません。

『アテナイの学堂』に描かれたピュタゴラス（ラファエロ，1509年）

ディオゲネス（前412？～前323）によると，ピュタゴラスはサモス出身で，エジプトに行き，神殿で秘儀を学んだといいます。いったんサモスに戻るのですが，40歳のとき，南イタリアのクロトンに移って，ピュタゴラス派と呼ばれる一種の宗教団体をはじめます。霊魂の輪廻を説いています。

後に民衆による焼き討ちに会い，本人も多くの構成員も殺されたといいますが，彼はムサイの神殿に逃れ，40日間断食をして死んだとも伝えられます。また，デロスにおいてプレキュデスを埋葬してからクロトンに戻り，これ以上生きることの意味を見失って，メタポントスに引退し，断食して命を絶ったとも伝えられます。どれが真実かは全く分かっていません。

このピュタゴラス派は存続して、ピロラオスやアルキュタスのような人物を輩出させています。このピュタゴラス派の貢献が、ピュタゴラス個人の業績であるかのような伝説を生みだしたようです。
⇨アルキュタス

ピュタゴラス数
[Pythagorean number, Pythagorean triple] 中

$(3, 4, 5), (5, 12, 13), (8, 15, 17)$
$(9, 12, 15), (20, 21, 29), (7, 24, 25)$
$(9, 40, 41), (11, 60, 61), (12, 35, 37)$

のように、三平方の定理を満たす3つの自然数の組を、ピュタゴラス数、またはピュタゴラスの三つ組といいます。

一般に、m, n が整数のとき、
$m^2-n^2, 2mn, m^2+n^2$
はピュタゴラス数になります。

ひょう (表)
[list] 小

さいふの中のコインの数は次のようでした。

コイン	1円	5円	10円	50円	100円
枚	8	4	7	2	5

このように一目でわかるようにまとめたものを、ひょう（表）といいます。

秒
[second] 小

メートル法の時間の単位です。⇨時間
また、角度の単位です。⇨角の単位

標準偏差
[standard deviation]

分散*の正の平方根を標準偏差といい、σ で表します。

平均値を m とすると、統計資料の68.3%が、$m\pm\sigma$ の区間に入ります。95.4%が、$m\pm2\sigma$ の区間に入ります。99.7%が、$m\pm3\sigma$ の区間に入ります。

秒速
[speed per second] 小

速さ*を表す方法のひとつです。1秒間に進む道のりでしめします。それが、秒速です。
秒速は道のりですから「長さ」です。単位はメートルです。「速さ」を示すには、「秒速何mの速さ」といいます。
音が空気中を伝わる速さは、気温によりますが、およそ秒速340mほどです。

標本
[sample] 中

研究対象を全数調査すると、時間と経費がかかり過ぎるばかりではなく、精度の上でも大きな違いは見られませんので、普通はその一部を選び出して調査します。そのために選び出された一部のものを、標本といいます。また、その個数を標本の大きさといいます。

標本抽出法
[sampling]

調査対象の全体を母集団といいますが、標本は母集団を忠実に代表していなければなりません。そのための具体的な方法を標本抽出法といいます。

(1) 単純抽出法

母集団が均質な場合には、乱数表を用いたり、乱数さい*を用いたり、コンピューターに乱数*を発生させたりして標本が偏らないようにします。これを無作為抽出法といいます。⇨乱数 ⇨乱数さい

(2) 層化抽出法

母集団が均質でないとき、性別や、年齢別、学年別などの層に分けて、標本の

構成比が母集団の構成比と違わないようにします。

(3) 2段抽出法

母集団が均質な場合，全体をいくつのグループに分け，まず調査するグループを選び出し，そのグループについて無作為抽出を行います。

表面積 [surface area] 小

立体の表面の面積です。多面体の場合は，表面の多角形の面積の総和になります。円錐や円柱の場合は，展開したものの面積です。

ひらいた図 小

箱などのように，多角形で囲まれた図形は，いくつかの辺を切ると，図のように，平らにできます。このような図を，ひらいた図といいます。⇨展開図

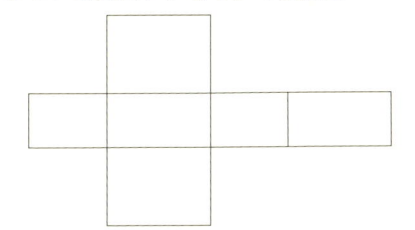

開く [evolve] 中

平方根を求めることを，平方に開くといいます。立方根なども同じです。

比率 [ratio] 小

比，比の値と同じです。⇨比 ⇨比の値

ヒルベルト [David Hilbert] (1862〜1943)

プロシャのケーニヒスベルク生まれの数学者です。クラインに呼ばれて，ゲッティンゲン大学で活躍しました。『数学の基礎』(1899) は，ゲッティンゲン大学におけるユークリッド幾何学の講義録です。

ヒルベルトは，点，直線，平面に関する直感的なイメージを排除して，それらがどのような公理を満たすかだけを基礎として，ユークリッド幾何学を再構成しました。

このような「形式主義」は，20世紀の数学に大きな影響を与えました。ブルバキによる『数学原論』は，その最たるものです。

20世紀に解決すべき23の問題を提起したことで有名です。

その後，ヒルベルトはクーラントと共に『数理物理学の方法』(1922年) を著し，量子力学の基礎付けにも貢献しています。

比例 [proportion] 小 中

(1) ある量の値が a から b まで変わったときに，もう1つの量の値も c から d まで変わり，そのとき $a:b$ の比と，$c:d$ の比とが等しければ，すなわち，$a:b=c:d$ が成り立てば，この2量は，比例の関係にあるといいます。

(2) 2つの量 x，y があって，x の値が2倍，3倍，…となるとき，y の値も同じく2倍，3倍，…となるならば，y は x に比例するといいます。

このとき，
$$y = ax \ (a \neq 0)$$

が成り立ちます。0でない定数 a は比例定数といいます。

比例式 [proportional expression] 小

2つの比 $a:b$, $c:d$ の値が等しいとき，これらの比は相等しいといって，
$$a:b=c:d$$
と表します。この等式を，比例式といいます。

このとき，
$$\frac{a}{b}=\frac{c}{d}$$
が成り立ちますから，
$$ad=bc$$
となります。これを，「比例式において，内項の積と外項の積は等しい」といいます。

比例定数 [proportional constant] 中

⇨比例 ⇨反比例

比例のグラフ [graph of proportion] 中

y が x に比例するとき，
$$y=ax\,(a\neq 0)$$
の関係が成り立ちます。このグラフは，次のようになります。

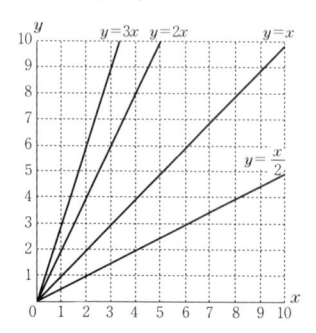

数の範囲を負の数まで広げると，グラフは次のようになります。

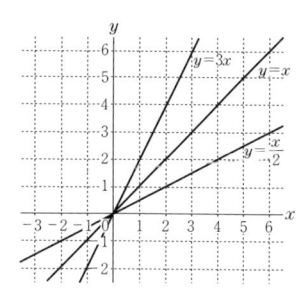

比例の式 小

2つの量 x, y があって，y が x に比例するとき，この関係を式で表すと，次のようになります。
$$y=決まった数 \times x$$
この式を，比例の式といいます。

比例配分 [proportional distribution]

ある量を，指定された割合に分けることを，比例配分といいます。

たとえば，240粒の豆を，兄弟3人が $5:4:3$ の割合に分けるとき，それぞれの取り分は，$5k$, $4k$, $3k$ と表されます。
$$5k+4k+3k=240$$
ですから，
$$k=\frac{240}{5+4+3}$$
となります。そこで，3人の取り分は，それぞれ，
$$240\times\frac{5}{5+4+3}=100$$
$$240\times\frac{4}{5+4+3}=80$$
$$240\times\frac{3}{5+4+3}=60$$
となります。

ふ

負 ふ [negative]
0より小さいことを表します。

分 ぶ 小
1割の10分の1を，1分といいます。

歩合 ぶあい [rate] 小
比の値を，小数で表したものを，歩合といいます。

フィボナッチ
　　[Fibonacci]（1170?～1240?）

ピサのレオナルドのことです。フィボナッチは「ボナッチの息子」という意味だという間違った情報が流れていますが，お父さんの名前はギリエルモです。「フィボナッチ」という名前は，19世紀の数学史家リブリが誤って作った名前です。フィボナッチ数列が有名になったこともあって，いまも，この通称が世界中で流布されています。

多くの植民地を持ち，最盛期にあったイタリアの都市国家ピサ市の税関官吏の子として生まれ，若い頃父の勤務地であったアフリカ北岸のブギア（後のブージー，現在はアルジェリアのベジャイア）で，インド・アラビア数字による計算を学びました。その後，エジプト，シリア，ビザンチンなど，各地を訪れています。インド・アラビア数字による計算は父親が勧めたようです。

1202年に『計算の書（Liber Abaci）』を出版し，1228年に改訂版を出版しました。これが0を含めた完全な十進法を初めてヨーロッパ世界に伝えるものとなりました。
$$(10-2) \times (10-3) = 56$$
から，-2と-3の積を6とする計算法を導いたといいます。

フィボナッチ数列 すうれつ
　　[Fibonacci sequence]

1, 1, 2, 3, 5, 8, 13, …となる数列で，この数列では，$2=1+1$，$3=1+2$，$5=2+3$などとなっています。初項と第2項が1で，一般項が前の2項の和，$a_n = a_{n-1} + a_{n-2}$で与えられます。

植物の葉の付き方など，自然界の現象に数多く出現するとされています。
$$a_n = \frac{1}{\sqrt{5}} \left\{ \left(\frac{1+\sqrt{5}}{2} \right)^n - \left(\frac{1-\sqrt{5}}{2} \right)^n \right\}$$
となります。

フェルマー
　　[Pierre de Fermat]（1601～1665）

フランスの数学者です。フェルマーの定理で知られます。彼はディオファントスの『数論』の余白に，「1つの立方数を2つの立方数に，1つの4乗数を2つの4乗数に，あるいは一般に平方より大きい任意の累乗を2つの累乗に分けることは不可能である。その真に驚くべき証明を発見したが，余白が狭く，入りきらない」と書きました。これはフェルマー

の大定理，または最終定理と呼ばれていましたが，300年後に証明され，本当の定理となりました。

彼は，関数 $f(x)$ の極大値，極小値を求めるために，$f(a+h) = f(a)$ とし，多項式の場合は $f(a+h) - f(a)$ が h で整除されることを利用して

$$\frac{f(a+h) - f(a)}{h} = 0$$

として求めた式に，$h = 0$ を代入して，a を求めました。微分学への道を開いたといえるでしょう。⇨フェルマーの定理

フェルマー点 [Fermat's point]

鋭角三角形△ABC の内部にあって，PA + PB + PC が最小になる点 P を，フェルマー点といいます。

図のように，正三角形△BCD，△CPQ を描くと，PA + PB + PC = AP + PQ + QD となりますから，A, P, Q, D が共線であれば，この和は最小です。

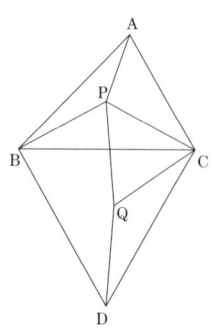

同様に，正三角形△ACE を作れば，P は BE 上にあります。

正三角形△ABF を作れば，P は CF 上にもあります。

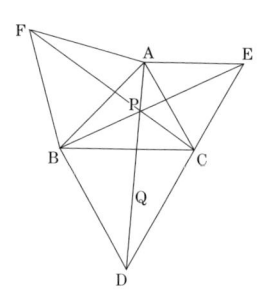

P は AB，BC，CA を弦とし，それぞれ120°を含む3つの弓形が交わる点です。

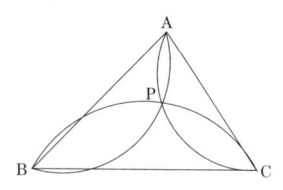

フェルマーの定理 [Fermat's theorem]

方程式 $x^n + y^n = z^n$ （n は3以上の自然数）を満たす自然数解 (x, y, z) は存在しない，という定理です。

この定理は証明が困難であったため，予想と呼ばれていましたが，1995年にアンドリュー・ワイルズによって証明され，正式に定理となりました。

俯角 [angle of depression] 中

ある地点 O から下方にある物体 A を見下ろす直線 OA が，水平方向 OH となす角 ∠HOA を俯角といいます。

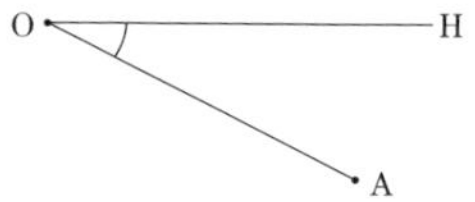

深さ 小

容器の内のり*の高さを，深さといいます。

複確率 [compound probability]

複事象の確率を複確率といいます。
⇨複事象

複号 [double sign] 中

正号＋と負号－をあわせた符号です。どちらかを選びます。複数の複号があり，上同士，および下同士を選ぶときは，複号同順と表します。

±，あるいは∓を用います。

複事象 [compound event]

事象 A に引き続いて事象 B が起こる事象を A と B との複事象といい，AB と表します。

A と B とが同時に起こる積事象 (product event) $A \cap B$ とは異なります。⇨積事象

副尺 [vernier] 中

長さや角度を測定するとき，基本の目盛りを施した物差し（主尺）の1目盛りの端数を読み取るために添えられた動尺です。9目盛りが10等分されています。

図では，主尺の目盛りが5と6の間となっています。また，副尺の目盛りは6のところが主尺の目盛りと一致しています。主尺の1目盛りと副尺の1目盛りとの差0.1が6個分ありますから，半端は0.6です。したがって，測られる物体の長さは，5.6です。

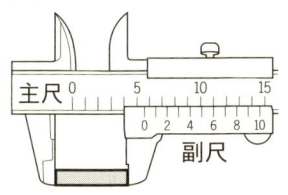

複素数 [complex number]

a, b を実数，i を虚数単位*とするとき，$a + bi$ と表される数を，複素数といいます。

実数単位を1とすれば，複素数は $a \cdot 1 + b \cdot i$ と表されます。1と i とは同格です。1は実在し，i は実在しないと誤解されていますが，1も i も，意識の中にあるだけで，実在はしません。

実数も，虚数も，複素数です。

複素数の四則 [four rules of complex numbers]

複素数の和，差，積，商を，次のように定めます。

$\alpha = a + bi, \beta = c + di$ のとき，
$$\alpha + \beta = (a+c) + (b+d)i$$
$$\alpha - \beta = (a-c) + (b-d)i$$
$$\alpha\beta = (ac - bd) + (ad + bc)i$$
$$\frac{\alpha}{\beta} = \frac{(ac + bd) + (bc - ad)i}{c^2 + d^2}$$

これらを複素数の四則といいます。

複素平面 [complex plane]

直交座標が定められている平面上の点 (a, b) に，複素数 $a + bi$ を対応させた平面を，複素平面，またはガウス平面といいます。

最初に登場したのは，ノルウエーのヴェッセル（C.Wessel）が1797年に学士院に提出した論文においてですが，当時は

注目されませんでした。ガウスは1799年に考え付いて個人的に使っていましたが，公にしたのは1833年です。そのため，ガウス平面とも呼ばれます。

ヴェッセルは測量技師ですから，数が向きしか持たず，正の数と負の数しかないことに不満をもち，方向を持つ数を考えました。つまり，平面上の点が，何かある数を表すと考えたのです。

現代の記号でヴェッセルの考えを述べましょう。

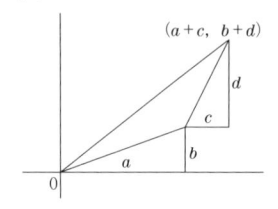

測量技師の彼には，
$$(a, b) + (c, d) = (a+c, b+d)$$
は，自明でしょう。

$(1, 0)$ は 1 ですから，
$$(1, 0) \times (0, 1) = 1 \times (0, 1) = (0, 1)$$
が成り立ちます。何も起こりません。

ところが，掛ける順を変えて
$$(0, 1) \times (1, 0) = (0, 1)$$
とすると，大変なことが起こります。

$(0, 1)$ を掛けると，点$(1, 0)$が，$(0, 1)$に移動するのです。

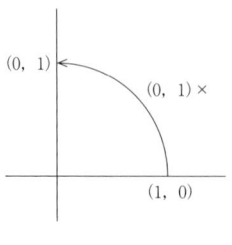

同様に，
$(0, 1) \times (0, 1) = (-1, 0)$

が成り立ちます。

そこで，
$(0, 1) = i$ とすれば，$i \times i = -1$

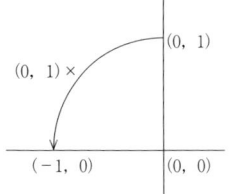

$(0, 1)$ は，実は虚数単位の i であったのです。それで，
$$(a, b) = (a, 0) + (0, b)$$
$$= a \times (1, 0) + b \times (0, 1)$$
$$= a + bi$$

となりました。方向を持つ数は，複素数*でした。

含む ふく [contain]

a が集合 A の元であるとき，集合 A は a を含むといい，
$$A \ni a \quad \text{あるいは} \quad a \in A$$
と表します。

負項 ふこう [negative term]

多項式の中で，負の符号－をもつ単項式を負項といいます。

符号 ふごう [sign] 中

正の数，負の数を表す記号です。正の数は＋，負の数は－をつけて表します。＋は正号，－は負号といいます。合わせて符号といいます。

単項式でも，値が正であるか負であるかにかかわりなく，＋をつけた項を正項，－をつけた項を負項といいい，＋，－を符号といいます。

負号 ふごう [negative sign] 中

負の数を表す符号－を，負号といいます。－は，「マイナス」と読みます。

不合理 ふごうり [inconsequence] 中

一貫性がなく，矛盾していることをい

います。

負数 [negative number] 中

氷点下5度というのは，気温が5℃上昇したときに0℃となるような気温です。この気温を-5℃と表しています。-5は，5を足すと0となる数です。

数直線上では，5を足すと右に5だけ移動しますから，-5は，0から左に5だけ移動した位置にあります。

このように，数直線上で0より左にある数は，0との距離に-をつけて表します。負の符号-を持つ数を負数といいます。つねに，

$$(-a)+a=0$$

が成り立ちます。

負数は0より小さい数です。負数を図で示しましょう。

-5 -4 -3 -2 -1 0 1 2 3 4 5

ふたけたの数 小

10から99までの数を，ふたけたの数といいます。⇨くらい

フックの法則 [Hooke's law]

バネのような弾性体は，ある限界の範囲内では，外力に比例する歪みを受けます。この限界 P を比例限界といいます。

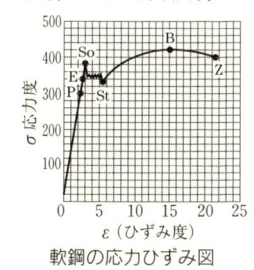

軟鋼の応力ひずみ図

E を超えると元の状態には戻りません。E を弾性限界といいます。

ロバート・フック（1635～1703）が1660年に発見しました。

不定 [indefinite]

たとえば，連立方程式

$$\begin{cases} x-y=3 \\ y-x=-3 \end{cases}$$

の根は，無数にあります。このように，方程式の根が無数にあるとき，その方程式は不定であるといいます。

不定形 [indeterminate form]

(1) 関数 $\dfrac{f(x)}{g(x)}$ において，$f(x) \to 0$，$g(x) \to 0$，あるいは $f(x) \to \infty$，$g(x) \to \infty$ である場合に，不定形といいます。

(2) 関数 $f(x)g(x)$ において，$f(x) \to 0$，$g(x) \to \infty$ である場合も，不定形といいます。

(3) 関数 $f(x)-g(x)$ において，$f(x) \to \infty$，$g(x) \to \infty$ である場合も，不定形といいます。

たとえば，

$$\lim_{x \to 0} \frac{1-\cos x}{\sin x} = \lim_{x \to 0} \frac{1-\cos^2 x}{\sin x(1+\cos x)}$$
$$= \lim_{x \to 0} \frac{\sin^2 x}{\sin x(1+\cos x)} = \lim_{x \to 0} \frac{\sin x}{1+\cos x}$$
$$= 0$$

が成り立ちます。

不定元 [indeterminate element]
⇨元　⇨変数

不定積分 [indefinite integral]

関数 $f(x)$ が区間 $[a,b]$ で積分可能ならば，区間 $[a,b]$ 内の任意の x に対して，区間 $[a,x]$ においても，積分

可能です。定積分の上端 b を不定な x に変えた

$$F(x) = \int_a^x f(t)\,dt$$

を,「不定積分」といいます。

このとき, $F'(x) = f(x)$ が成り立ちますから, 不定積分 $F(x)$ は $f(x)$ の原始関数です。

$F(x)$ が $f(x)$ の原始関数の1つであるとき, 定数 C を加えた関数 $F(x) + C$ もまた, $f(x)$ の原始関数となります。

このような x と C との関数 $F(x) + C$ を, 改めて $f(x)$ の不定積分と名づけ, $\int f(x)\,dx$ と表します。これは, $f(x)$ の原始関数の一般形です。

不定方程式 [indeterminate equation]

たとえば $2x - 3y = 1$ は, 無数の根を持ちますから確かに不定方程式です。しかし, 一般には単に方程式と呼んでいます。この方程式の根は, すべて, ある直線上にあります。したがって, この方程式の解は方程式 $2x - 3y = 1$ のグラフです。

特に, $2x - 3y = 1$ を満たす整数 x, y を求めよ, というような条件がつくとき, これを不定方程式といいます。

このとき, $y = 2(x - y) - 1$
したがって, $x - y = n$ とおくと,
$y = 2n - 1$,
$x = n + y = 3n - 1$

これが方程式 $2x - 3y = 1$ のすべての整数根を与えますから, 不定方程式 $2x - 3y = 1$ の解は,
$$\begin{cases} x = 3n - 1 \\ y = 2n - 1 \end{cases}$$
です。三平方の定理に現れる方程式
$$x^2 + y^2 = z^2$$
も, x, y, z を整数とすれば, 不定方程式です。

不等号 [sign of inequality] 小

大小関係を表す記号 $>$, $<$ を不等号といいます。2は1より大きいので, $1 < 2$ と表します。「1小なり2」などと読みます。この関係は, また, $2 > 1$ と表すこともできます。「2大なり1」などと読みます。

たとえば, x が3以上であることは,
$$x \geq 3$$
と表します。「$x > 3$ あるいは $x = 3$ である」という意味です。「x 大なりイコール3」などと読みます。

$\geq$, $\leq$ も, 不等号です。

不等式 [inequality] 中

数, または式の値の大小関係を不等号 $>$, $<$, $\geq$, $\leq$ を用いて表した式を不等式といいます。

$x^2 + 1 > 0$ のように, x がどんな実数であっても成り立つ不等式を絶対不等式といいます。

$2x - 1 > 3$ のように, 文字 x が, ある範囲内の値をとったときに限り成り立つ不等式を条件付き不等式とい

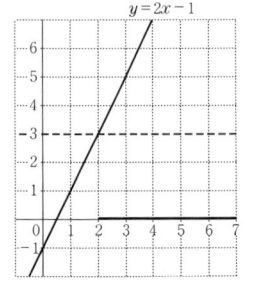

います。

不等式の基本性質 ふとうしきのきほんせいしつ

[fundamental properties of inequality]
不等式には，次のような基本性質があります。ただし，文字は正負の数および0です。

(1) $a>b$, $a=b$, $a<b$ のどれか1つが成り立つ。

(2) $a>b$, $b>c$ ならば，$a>c$ が成り立つ。

(3) $a>b$ ならば $a+c>b+c$ が成り立つ。

(4) $a>b$, $c>0$ ならば $ac>bc$ が成り立つ。

これから，$1>0$ を証明してみましょう。

$1<0$ とすると，(4)から，任意の正の数 a に対して，
  $1a<0a$
が成り立ちます。この式は，
  $a<0$
と同じですから，a が正の数であるという仮定に反します。

$1=0$ とすると，0でない任意の数 a に対して，
  $1a=0a$
したがって，$a=0$ となり，仮定に反します。

$1<0$, $1=0$ が成り立たないので，(1)によって $1>0$ が成り立ちます。

数直線の上で，0から見て，1のある側が大きい側です。

この基本法則は，「大小関係の公理」ともいいます。

プトレマイオス

[Claudios Ptolemaios]（83頃〜168頃）
『アルマゲスト』として知られる『数学集成』(13巻) の著者です。天動説を唱え，後世に大きな影響を与えました。
英語読みではトレミーと呼ばれます。

プトレマイオスの定理 のていり

[Ptolemaios's theorem]
円に内接する四辺形ABCDにおいて，AB・CD＋BC・AD＝AC・BDが成り立ちます。これを，プトレマイオスの定理といいます。この定理の逆*も成り立ちます。

【定理の証明】
  △ACD∽△ABE
とすると
  AB：AC＝BE：CD
  AB・CD＝AC・BE　①
また，△BCA∽△EDA から
  AC：BC＝AD：DE
  AD・BC＝AC・DE　②
①＋②から，
  AB・CD＋BC・AD
  ＝AC・BE＋AC・DE
  ＝AC・BD　（証明終）

負の項 ふのこう [negative term] 中
⇨負項

負の符号 ふのふごう [negative sign] 中
⇨負号

負の方向 [negative direction]
⇨負の向き

負の向き [negative orientation] 中
1つの方向に対して，向きが必ず2つあります。その一方を正の向き，もう一方を負の向きと定めます。

数直線上では，正の数のある側が正の向き，負の数がある側が負の向きです。

回転運動では，時計回りが負の向きです。⇨正の向き

負の無限小 [negative infinitesimal]
無限小*x が，ある値からあと，一貫して負の値をとるならば，無限小 x を負の無限小といいます。x が負の無限小であることを，$x \to -0$ と表します。

負の無限大 [negative infinity]
無限大*x が，ある値からあと，一貫して負の値をとるならば，無限大 x を負の無限大といいます。x が負の無限大であることを，$x \to -\infty$ と表します。

部分集合 [subset]
集合 B の元がすべて，集合 A の元であるとき，集合 B を集合 A の部分集合といいます。

集合 B が集合 A の部分集合であることを，
$$B \subset A$$
と表します。

集合 A に集合 B の元でない元が含まれるとき，B を A の真部分集合といいます。

部分積分法 [integration by parts]
ある区間において，$f(x)$ が積分可能であり，$g(x)$ が微分可能であれば，$f(x)$ の原始関数の1つを $F(x)$ とするとき，
$$\int f(x)g(x)dx = F(x)g(x) - \int F(x)g'(x)dx$$
が成り立ちます。これを，部分積分法といいます。

プラス [plus] 中
足すこと，および足す記号（加号）+ をプラスといいます。また，正号*+ も，プラスといいます。

プラトン [Platon]（前427～前347）
ギリシャの哲学者で，ソクラテスの弟子です。

アカデメイアを開設したことで知られています。アカデメイアでは，数学，天文学，生物学，政治学，哲学を教えていました。その入り口には，「幾何学を知らないものは，入ってはならない」と書かれていたといいます。数学の体系化に貢献しました。

プラトンは正多面体が5つしかないことを知っていて，火の粒子は正四面体，空気の粒子は正八面体，水の粒子は正二十面体，土の粒子は正六面体であると考えました。また，正十二面体には，天空の質料を構成する第五元素を当てています。

ブラフマーグプタ
[Brahmagupta]（598～?）
インドの数学者。20巻の『ブラーマ・

スプタ・シッダーンタ（ブラフマー神啓示による正しい天文学）』(628) を著し、その18巻で0に関する計算方法を述べています。

2次方程式 $ax^2 + bx + c = 0$ を解くのに、両辺に $4a$ を掛ける方法を考えました。幾何学のブラフマーグプタの定理は有名です。⇨2次方程式 ⇨ブラフマーグプタの公式 ⇨ブラフマーグプタの定理

ブラフマーグプタの公式 一のこうしき
[Brahmagupta's formula]

円に内接する四辺形の面積 S は、四辺の長さを a, b, c, d とし、$2s = a + b + c + d$ とすると、

$$S = \sqrt{(s-a)(s-b)(s-c)(s-d)}$$

で与えられます。

この公式を、ブラフマーグプタの公式といいます。

$d = 0$ とすると、ヘロンの公式*

$$S = \sqrt{s(s-a)(s-b)(s-c)}$$

が得られます。

ブラフマーグプタの定理 一のていり
[Brahmagupta's theorem]

円に内接する四辺形 ABCD の対角線が直交するとき、その交点 O を通り辺 CD に垂直な直線は対辺 AB の中点を通る、という定理です。

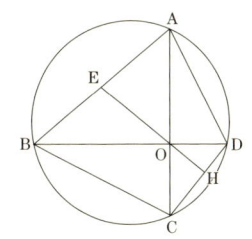

【定理の証明】

直線 OH と AB との交点を E とすると、円周角の定理から、

∠BAC = ∠BDC ……①

また △OHC ∽ △DOC

したがって、

∠HOC = ∠BDC ……②

また対頂角は等しいから

∠HOC = ∠AOE ……③

①②③から、

∠BAC = ∠AOE

そこで、EA = EO、

同様に、EB = EO = EA　（証明終）

フリー・インデックス [free index]
⇨ダミー・インデックス

ブリュソン （前5世紀末〜前4世紀初）

ポントスのヘラクレイア出身のソピステース*です。ブリュソンは、メガラのエウクレイデス（前459〜前380）の弟子といわれていますが、円に内接する正方形から出発して辺の数を2倍、2倍にしていき、同じく外接する正多角形を考え、円の面積が両者の間にあることを利用して円の面積を求める方法を提起しました。

この考え方は、アルキメデスによって受け継がれ、取り尽くし法、搾り出し法などと呼ばれています。

負領域 ふりょういき [negative domain]

関数 $f(x, y)$ の値が負となるような実数 x, y の値を座標とする点 (x, y) の存在する領域*を、関数 $f(x, y)$ の負領域といいます。

なお，領域はひと繋がりで境界を含まない点集合のことです。

不連続 ［discontinuous］
関数 $f(x)$ が，定義域内の点 a において連続でないとき，不連続といいます。

⇨連続

フレンチ・カーブ ［French curve］
雲形定規です。オハイオ州立大学のトーマス・フレンチ教授が発案したので，フレンチ・カーブと呼ばれています。

⇨雲形定規

ふん ［minute］ 小
分と書く時間の単位です。1分は，60秒です。60分が，1時間です。

分散 ［variance］
n 個の統計資料 $\{x_1, x_2, x_3, \cdots x_n\}$ の平均を m とするとき，

$$\frac{1}{n}\sum_{i=1}(x_i-m)^2$$

を分散といいます。

分子 ［numerator］ 小
分数 $\frac{b}{a}$ の b を，分子といいます。

分数 ［fraction］ 小
整数 b を，整数 a で割った商を $\frac{b}{a}$ と表します。この $\frac{b}{a}$ を分数といい，b をその分子，a をその分母といいます。

(1) $\frac{b}{a}$ は，a 倍すると b となる数です。

(2) $\frac{b}{a}$ は $\frac{1}{a}$ を単位として測定した測定値が b であることを表します。つまり

$$\frac{b}{a}=b\times\frac{1}{a}$$

となります。

また，分数 = $\frac{整数}{整数}$ と表されます。

整数と分数を合わせて，有理数と呼んでいます。

分数の四則 ［four rules of fractions］

四則というのは，加法，減法，乗法，除法です。また，分数 $\frac{b}{a}$ は，a 倍すると b となる数です。そこで，分数の加法，減法，乗法，除法は，すべて，ここから導かれます。

【加法・減法】たとえば $\frac{1}{2}+\frac{3}{5}$ を計算するには，まず，分母の最小公倍数である10を掛けます。

$$10\times\left(\frac{1}{2}+\frac{3}{5}\right)=10\times\frac{1}{2}+10\times\frac{3}{5}$$
$$=5+2\times3=11$$

つまり，$\frac{1}{2}+\frac{3}{5}$ は，10倍すると11になる数，$\frac{11}{10}$ です。したがって，

$$\frac{1}{2}+\frac{3}{5}=\frac{11}{10}$$

また，この計算は，

$$\frac{1}{2}+\frac{3}{5}=\frac{1\times5}{2\times5}+\frac{2\times3}{2\times5}=\frac{5+6}{2\times5}=\frac{11}{10}$$

とも表されます。共通の分母に直していますから，通分*といいます。

通分は，分母の最小公倍数*を分母と

するように、それぞれの分数の分母、分子に、同じ数を掛けます。

減法の場合も同様に計算します。

【乗法】たとえば、$\frac{4}{5} \times \frac{2}{3}$ を計算するには、$5 \times 3 = 15$ を掛けてみましょう。

$$5 \times 3 \times \left(\frac{4}{5} \times \frac{2}{3}\right) = \left(5 \times \frac{4}{5}\right)\left(3 \times \frac{2}{3}\right)$$
$$= 4 \times 2$$

そこで、$\frac{4}{5} \times \frac{2}{3}$ は、5×3 倍すると 4×2 となる数ですから、

$$\frac{4}{5} \times \frac{2}{3} = \frac{4 \times 2}{5 \times 3} = \frac{8}{15}$$

と表されます。

常に、分母の積を分母とし、分子の積を分子とします。

【除法】たとえば、$\frac{4}{5} \div \frac{2}{3}$ を計算しましょう。ここでも、割られる数と割る数とに、$5 \times 3 = 15$ を掛ければよいので、

$$\frac{4}{5} \div \frac{2}{3} = \left(15 \times \frac{4}{5}\right) \div \left(15 \times \frac{2}{3}\right)$$
$$= (3 \times 4) \div (5 \times 2) = \frac{3 \times 4}{5 \times 2} = \frac{12}{10} = \frac{6}{5}$$

となります。

ところで、割った数を掛ければ元に戻りますから、

$$\left(\frac{4}{5} \div \frac{2}{3}\right) \times \frac{2}{3} = \frac{4}{5}$$

両辺に $\frac{2}{3}$ の逆数*を掛けると

$$\left(\frac{4}{5} \div \frac{2}{3}\right) \times \frac{2}{3} \times \frac{3}{2} = \frac{4}{5} \times \frac{3}{2}$$

したがって、

$$\frac{4}{5} \div \frac{2}{3} = \frac{4}{5} \times \frac{3}{2}$$

となります。このように、分数で割るときは、その逆数を掛けます。

分数方程式 [fractional equation]

未知数に関する分数式を含む方程式を、分数方程式といいます。

分数方程式を解くには、分母を払って分母のない方程式（整方程式）を導き、その根を求めますが、その中に、もとの方程式の根でないものが含まれることがあります。これを、無縁根といいます。

例) $\dfrac{1}{x-3} + 2 = \dfrac{5x - x^2}{x^2 - 9}$

分母を払うと

$x + 3 + 2x^2 - 18 = 5x - x^2$

$3x^2 - 4x - 15 = 0$

$(3x + 5)(x - 3) = 0$

$x = 3, \ -\dfrac{5}{3}$

$x = 3$ は分母を 0 とするので無縁根です。

$$\text{答} \quad x = -\frac{5}{3}$$

⇨分母を払う　⇨無縁根

分速 [speed per minute] 小

速さを表すのに、1分間に移動する道のりを示します。その道のりが分速です。分速は道のりですから「長さ」です。単位はメートルです。「速さ」を示すには、「分速何mの速さ」といいます。

⇨速さ

分銅 ふんどう [weight]

天秤で用いるおもりを、分銅といいます。

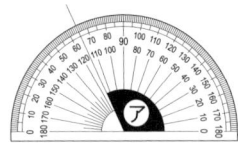

分度器 ぶんどき [protractor, graduator] 小

60分法で角度を測る道具です。図のアの角は、115度です。⇨全円分度器

分配法則 ぶんぱいほうそく [distributive law] 中

数計算の法則に、次の2つがあります。

$a \times (b+c) = a \times b + a \times c$

$(b+c) \times a = b \times a + c \times a$

これを、分配法則といいます。分配律ともいいます。

分布関数 ぶんぷかんすう [distribution function]

確率変数 X について $X \leq x$ となる確率 $P(X \leq x)$ は、x の関数です。

$F(x) = P(X \leq x)$ と表すとき、$F(x)$ を、分布関数といいます。これは、x 以下の累積相対度数にあたります。

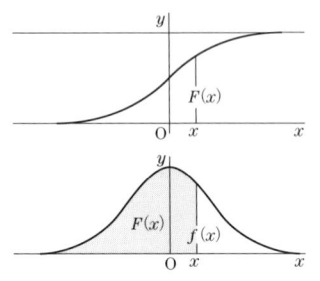

$f(x) = F'(x)$ を、確率密度関数*といいます。正規分布の場合は、およそ上の図のようになります。

分母 ぶんぼ [denominator] 小

分数 $\dfrac{b}{a}$ の a を、分母といいます。

分母の有理化 ぶんぼのゆうりか

[rationalization of denominator] 中

分母に根号で表された数が含まれるとき、これを、根号を含まない形に変形することをいいます。

例) $\dfrac{1}{\sqrt{2}} = \dfrac{\sqrt{2}}{2}$, $\dfrac{1}{\sqrt{3}-1} = \dfrac{\sqrt{3}+1}{2}$

⇨有理数

分母を払う ぶんぼをはらう

[cancel a denominator, eliminate fraction] 中

分数係数の方程式において、両辺に分母の最小公倍数を掛けることによって分母のない方程式とすることを、分母を払うといいます。

不等式でも同様です。

分離量 ぶんりりょう [discrete quantity]

ものの個数を表す量です。測定値が自然数か0です。

分類 ぶんるい [classification] 中

同種のものの集まりを、類といいます。その類を、ある基準によって種に分けることを、分類といいます。そのときの基準を種差といいます。

へ

平角 へいかく [straight angle] 中

角の2辺が一直線となるとき、各々の角は180°となります。この角を、平角といいます。⇨角

平画面 [horizontal plane] 中

水平に置かれた投影図の画面を，平画面といいます。⇨正投影法

平均 [mean] 小

いくつかの数をならしたものを，それらの平均といいます。それらの数を足し，その個数で割って求めます。相加平均ともいいます。

例) 4, 6, 7, 7, 10 の平均は，
$$(4+6+7+7+10) \div 5 = 6.8$$

平均値 [mean value] 中

統計資料の相加平均をいいます。⇨平均

平均値の定理 [mean value theorem]

関数 $f(x)$ が，閉区間* $[a, b]$ で連続で，開区間* (a, b) で微分可能ならば，$\dfrac{f(b)-f(a)}{b-a} = f'(c)$ となる c が，閉区間 $[a, b]$ の内部に少なくとも1つは存在するという定理です。

これは，$(a, f(a))$, $(b, f(b))$ を結ぶ弦に平行な接線が存在するという定理です。

$f(x)$ の原始関数を $F(x)$ とすれば，$F(b) - F(a) = (b-a)f(c)$ となり，

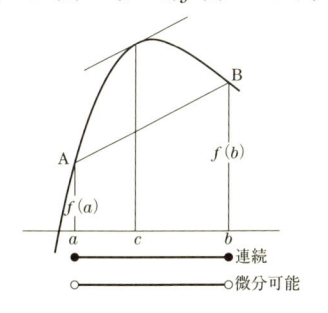

$$\int_a^b f(x)dx = (b-a)f(c)$$

となる c が，閉区間 $[a, b]$ の内部に少なくとも1つは存在するという定理になります。これを，積分の平均値の定理といいます。

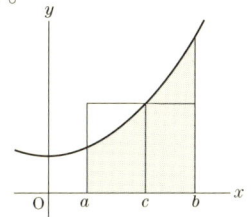

平均の速さ [average speed] 中

ある時間に移動した総道のりをその時間で割ったものを，平均の速さといいます。終始，等速である必要はありません。

平均変化率 [average rate of change] 中

変数の値が a から b まで変化したとき，関数の値が $f(a)$ から $f(b)$ まで変化したとすると $\dfrac{f(b)-f(a)}{b-a}$ を，この区間における，この関数の平均変化率といいます。

閉区間 [closed interval]

数直線上の線分で表される範囲で，両端の点を含むものを，閉区間といいます。$a \leq x \leq b$ を満たす x の集合で，$[a, b]$ と表されます。⇨区間

平行 [parallel] 小 中

同じ平面上にある2直線が共有点を持たないとき，この2直線は平行であるといいます。

直線 a, b が平行であることを，

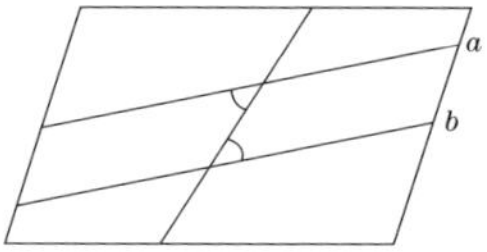

$a \mathbin{/\mkern-2mu/} b$

と表します。

同一平面上の2直線に第3の直線が交わるとき、同位角*あるいは錯角*が等しければ、これら2直線は平行となります。逆に、平行な2直線に第3の直線が交われば、同位角、錯角は等しくなります。

また、「方向の等しい2直線は平行である」と定義することがあります。この場合には、重なる2直線は平行となります。

平面の場合、直線aと平面Pとが共有点を持たないとき、この直線aは平面Pに平行であるといい、

$a \mathbin{/\mkern-2mu/} P$

と表します。「平面Pは直線aと平行である」とはいいません。また、

$P \mathbin{/\mkern-2mu/} a$

と表すこともありません。

また、2平面P, Qが共有点を持たないとき、この2平面は平行であるといい、

$P \mathbin{/\mkern-2mu/} Q$

と表します。

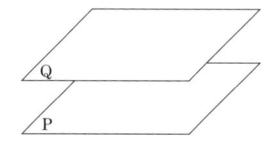

平行移動 [parallel translation] 中

図形を、形を変えずに方向と向きとを保ったまま移動させることを、平行移動といいます。

例) 下図は、三角形の平行移動です。

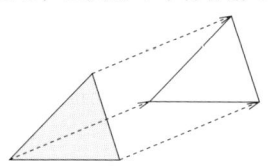

例) $y = ax^2$ のグラフを、右にp、上にqだけ、平行移動します。

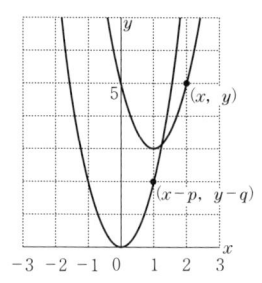

この上の任意の点 (x, y) は、移動する前は点 $(x-p, y-q)$ であり、この点は $y = ax^2$ のグラフ上にありますから、

$y - q = a(x-p)^2$

$y = a(x-p)^2 + q$

これが平行移動した曲線の方程式です。

平行四辺形 [parallelogram] 小中

2組の対辺がそれぞれ平行な四辺形を、平行四辺形といいます。

平行四辺形には次の性質があります。
(1) 対辺の長さが、それぞれ等しい。
(2) 対角の大きさが、それぞれ等しい。
(3) 対角線が、互いに、中点で交わる。

⇨台形

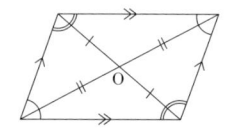

平行四辺形の条件 へいこうしへんけいのじょうけん
[condition of parallelogram]

ある四辺形が平行四辺形となるための条件は，次のどれかが成り立つことです。
(1) 2組の対辺の長さが，それぞれ等しい。
(2) 2組の対角の大きさが，それぞれ等しい。
(3) 1組の対辺が平行で，長さが等しい。
(4) 対角線が，互いに中点で交わる。

平行四辺形の法則 へいこうしへんけいのほうそく
[law of parallelogram]

ベクトル a, b の和は，a, b を2辺とする平行四辺形の対角線の作るベクトルに等しい，という法則です。

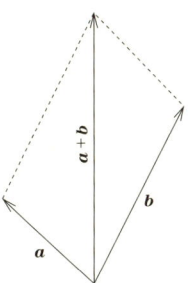

平行線の公理 へいこうせんのこうり
[axiom of parallel lines] 中

「直線上にない1点を通って，この直線に平行な直線は，1本存在して，1本に限る」という公理*です。

はじめ，定理*と考えられて，証明のための努力が続けられましたが，平行線の存在しない空間や，直線上にない1点を通って，その直線に平行な直線が無数に存在する空間が発見され，他の公理から導くことができないことがわかりました。

たとえば，地球表面では，直線の役割を担うのは子午線や赤道のような大円ですが，2本の子午線は必ず両極で交わり，平行線は存在しません。反対に，ポアンカレ*の空間では，平行線は無数に存在します。

それで，定理と思われたこの命題は，ユークリッド空間*という特殊な空間の特性を定める公理（約束事）であることがわかりました。

この公理を，ユークリッド空間の平行線の公理といいます。

平行六面体 へいこうろくめんたい [parallelepiped]

3組の相対する平面が，それぞれ平行である六面体をいいます。どの面も，平行四辺形となります。

平方 へいほう [square] 中

2乗のことです。

平方キロメートル へいほうキロメートル

[square kilometer] 小

面積の単位です。1辺の長さが1キロメートルの正方形の面積です。km^2 と表します。$1000000 m^2$，すなわち100ヘクタールです。

平方根 へいほうこん [square root] 中

平方するとき a となる数を a の平方根といいます。正の数 a には，平方根が2つあります。正の平方根を $\sqrt{a}$ と表し，ルート a と読みます。このとき，もう1つの平方根は，$-\sqrt{a}$ となります。

平方根の近似値 へいほうこんのきんじち

$\sqrt{a} \fallingdotseq b$ となる b を $\sqrt{a}$ の近似値といい，
$$\sqrt{a} = b + h$$
となる h を，その補正と名づけます。この式の両辺を2乗すると，
$$a = b^2 + 2bh + h^2$$

となります。b が $\sqrt{a}$ に十分近ければ，h^2 は十分小となりますから，これを省いて，

$$h \fallingdotseq \frac{a-b^2}{2b}$$

とできます。

したがって，

$$\sqrt{a} \fallingdotseq b + \frac{a-b^2}{2b} = \frac{1}{2}\left(b + \frac{a}{b}\right)$$

が得られます。

例) $a=2$, $b=1$ とすると，

$$\sqrt{a} \fallingdotseq \frac{1}{2}(1+2) = 1.5$$

$b=1.5$ とすれば

$$\sqrt{2} \fallingdotseq \frac{1}{2}\left(1.5 + \frac{2}{1.5}\right) \frac{17}{12} = 1.41666\cdots$$

$b=1.416666\cdots$ のとき，

$$\sqrt{2} \fallingdotseq 1.414218$$

となります。真の値は，

$$\sqrt{2} \fallingdotseq 1.414213562\cdots$$

このようにして平方根を求める方法を，ヘロンの開平法といいます。

この方法は，バビロニアでも知られていましたが，ヘロンが分かりよい形で表したためです。⇨ヘロン

平方センチメートル 小
面積の単位です。1辺の長さが1センチメートルである正方形の面積です。cm^2 と表します。

平方メートル 小
面積の単位です。1辺の長さが1メートルである正方形の面積と同じです。m^2 と表します。

平面 [plane] 小
でこぼこがなく，どのようにずらしても，うら返しても，必ずぴったり重なる面は，平らであると考えられます。

このように，平らで，無限に広がる面を，平面といいます。

平面と2点を共有する直線は，その平面に含まれます。

平面図 [plane projection chart] 中
平画面上に描かれた投影図です。⇨正投影法

平面図形 [plane figure]
三角形や平行四辺形，円など，平面に含まれる図形を平面図形といいます。

平行な2直線は平面図形ですが，ねじれの位置*にある2直線は，平面図形ではありません。

平面の決定
[determination of plane] 中

ドアは自由に回転しますが，ノブで固定することができます。これからもわかるように，2点A, Bを通る直線を含む平面は無数にありますが，1直線上にない3点A, B, Cを通る平面はただ1つです。このことを，1直線上にない3点A, B, Cは1平面を決定する，といいます。

ほかにも，1直線とその上にない1点，平行な2直線，交わる2直線は，1平面を決定します。

べき級数 [power series]
$a_0 + a_1 x + a_2 x^2 + a_3 x^3 + \cdots$ の形で表される級数を，べき級数といいます。たとえば，

$$e^x = 1 + \frac{x}{1!} + \frac{x^2}{2!} + \frac{x^3}{3!} + \cdots$$

$$\sin x = x - \frac{x^3}{3!} + \frac{x^5}{5!} - \frac{x^7}{7!} + \cdots$$

$$\cos x = 1 - \frac{x^2}{2!} + \frac{x^4}{4!} - \frac{x^6}{6!} + \cdots$$

などがあります。

　これらの級数を，マクローリン級数といいます。⇨マクローリン級数

ヘクタール［hectare］小
メートル法における面積の単位で，100アールのことです。1アールは，10メートル四方ですから，1ヘクタールは，100メートル四方の広さです。haと書きます。⇨アール

ヘクトパスカル［hectpascal］
100パスカルの圧力です。1パスカルは，1平方メートル当たり1ニュートンの力が加わる圧力です。大気圧は，1013.25ヘクトパスカルになります。

　記号でhPaと表します。⇨ニュートン(2)

ベクトル［vector］
伝染病を運ぶ小動物を，ベクターといいます。伝染病がP地点からQ地点に伝わったとき，小動物の実際の経路は分からないので，始点Pと終点Qを矢線で示します。このような矢線を，変位といいます。

　変位 a，b の和は，経路を省いて，三角形の第3辺で与えられます。

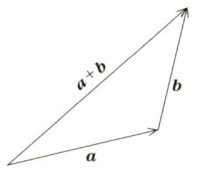

　2つの力 a，b が同一の点に作用するとき，それぞれの力を，その向きを持ち，大きさに比例する長さを持つ矢線で表すと，a，b を2辺とする平行四辺形の対角線に相当する矢線で表される力が生じます。この力を，a，b の合力といいます。

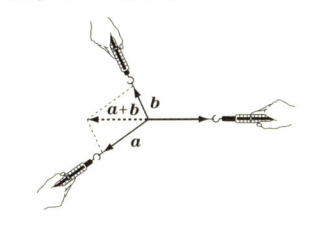

　変位の和も，力の合力も，同一の法則に従っていますから，これを a，b の和と呼び，$a+b$ と表します。

$$a + a = 2a, \quad a + 2a = 3a$$

などとするとき，

$$mb = na$$

が成り立てば，

$$b = \frac{n}{m} a$$

と表します。

　同様に，実数 k に対しても ka を定め，a のスカラー倍と名づけます。

　このような和とスカラー倍の法則に従う実在の量をベクトル量といい，ベクトル量から，距離や力の大きさのような具体的性質を捨て去ったものをベクトルといいます。

　たとえば，ある工場でP，Q，R3種の製品を製造し，1月にはそれぞれ2トン，3トン，4トン，2月にはそれぞれ4トン，2トン，5トン産出したとすると，合計はそれぞれ6トン，5トン，9トンです。これを3次元のグラフに表すと，変位や力と同じ法則に従うことが分かります。

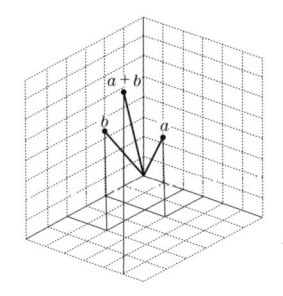

産出もまたベクトル量であることが分かりました。

ベクトルは，ベクトル空間の元でもあります。⇨ベクトル空間

ベクトル空間 [vector space]

集合 V の元 a, b に対して，和 $a+b$ と，スカラー倍 ka が定義され，次の法則が成り立つとき，V をベクトル空間といい，その元をベクトルといいます。

(1) $a+b=b+a$
(2) $(a+b)+c=a+(b+c)$
(3) 任意の a, b に対して，$a+x=b$ となる元 x がただ1通り定まる。
(4) $1a=a$
(5) $k(\ell a)=(k\ell)a$
(6) $k(a+b)=ka+kb$
(7) $(k+\ell)a=ka+\ell a$

(3)から，$a+x=a$ となる元 x が存在します。この x を零ベクトルといい，0 で表します。

また，$a+x=0$ となる元 x が存在します。この x を $-a$ と表します。

これから，

$0a=0$, $(-1)a=-a$

がいえます。

また，$a+x=b$ となる元 x は，

$(-a)+a+x=(-a)+b$

から，$x=(-a)+b=b+(-a)$

となります。これを，簡単に

$x=b-a$

と表します。

ベクトル積 [vector product]

外積 $a\times b$ はベクトルなので，ベクトル積といいます。⇨外積

ベクトル方程式 [vector equation]

ベクトルを用いて書かれた方程式を，ベクトル方程式といいます。

2点 A, B の位置ベクトルを a, b とすると，直線 AB 上の点 P の位置ベクトル r は，

$r=a+t(b-a)$　$(-\infty<t<+\infty)$

と表されます。これが，ベクトル方程式です。

ベクトル量 [vector quantity]

変位，力，速度，加速度，産出，あるいは食品の栄養素など，ベクトルを用いて表すことができる実在の量を，ベクトル量といいます。

ベズーの定理 [Bezout's theorem]

2元連立方程式で，一方が m 次，もう一方が n 次のときは，根の組は mn 組までであるという定理です。

ヘッセの公式 [Hesse's formula]

平面上の点 (x_0, y_0) と直線 $ax+by+c=0$ との距離を与える公式

$$\frac{|ax_0+by_0+c|}{\sqrt{a^2+b^2}}$$

のことです。

ベルヌーイの定理 [Bernoulli's theorem]

1回の試行における確率が p である

事象 A が n 回の試行中に r 回起こる確率は ${}_nC_r p^r q^{n-r}$ である，ただし，$p+q=1$ である，という定理です。ヤコブ・ベルヌーイが証明しました。

ヘロン [Heron]（生没年不明）
アレクサンドリアで活躍したギリシャ人数学者，工学者です。蒸気タービンを発明したり，祭壇で火をたくと神殿の扉が自動的に開く装置を発明したといいます。ヘロンの公式は有名です。⇨ヘロンの公式

ヘロンの公式 [Heron's formula]
三角形の3辺の長さを a, b, c とし，$s = \dfrac{a+b+c}{2}$ とすれば，その面積 S は，
$$S = \sqrt{s(s-a)(s-b)(s-c)}$$
で与えられます。これを，ヘロンの公式といいます。

へん 小
三角形や四角形をつくっている直線を，へんといいます。
また，角を作っている直線も，その角のへんといいます。

辺 [side] 小
1点から出る2本の半直線は，平面を2つの部分に分けます。その1つひとつを角といいます。このとき，2本の半直線を，その角の辺といいます。
多角形は，線分で囲まれた平面図形です。その線分を，その多角形の辺といいます。
多面体は，多角形で囲まれた立体です。その多角形の辺を，多面体の辺といいます。英語では edge です。稜ともいいます。

変位 [diplacement]
位置の変化を変位といいます。始めの点と終わりの点を矢線で結んで，示します。

変域 [domain of variability] 中
関数 $f(x)$ において，変数 x のとる値の範囲を，変域といいます。定義域というときもあります。

偏角 [argument]
基準となる直線 OX を定め，
$$\angle POX = \theta, \quad PO = r$$
である点 P の座標を，(r, θ) と表すとき，θ を偏角といいます。

変化の割合 [rate of change] 中
⇨変化率

変化率 [rate of change]
変数 x の値が x_1 から x_2 まで変化したとき，関数 y の値が y_1 から y_2 まで変化したとすると，$\dfrac{y_2-y_1}{x_2-x_1}$ をこの区間における，関数 y の変化率といいます。正確には，平均変化率です。⇨平均変化率

変曲点 [point of inflexion]
曲線 $y = f(x)$ が凹から凸に，または凸から凹に変わる曲線上の点です。
変曲点を $(a, f(a))$ とすると，$f''(a) = 0$ です。しかし，$f''(a) = 0$ でも，変曲点になるとは限りません。

変数 [variable] 中
1次式 $y = ax + b$ において，文字 x が連続的に値を変えるとき，y もその値を変え，点 (x, y) は，ある直線上を移動します。この x, y のように，いろいろな値をとる文字を変数または不定元などといいます。

この直線が動かないときは，a, b は定数ですが，a が変わればこの直線の傾きが変わりますし，b が変わればこの直線は上下に移動します。したがって，a, b も，広い意味では変数といえます。

数学に変数の概念を導入したのはデカルトです。デカルトは，その著『理性を正しく導き，諸学問において真理を求めるための話，及びこの方法の試論である光学，気象学，幾何学』のなかで，未知の不定な量と呼んでいます。

ドイツの哲学者エンゲルスは『自然の弁証法』の中で，「数学における転回点は，デカルトの変数であった。これによって運動が，また，したがって弁証法が数学に導入され，…」と記して，高く評価しています。⇨デカルト

変数分離型 へんすうぶんりけい [differential equation with separate variables]

微分方程式*が，
$$f(x)dx + g(y)dy = 0$$
と表されるとき，変数分離型といいます。

ほ

ポアンカレ

[Henri Poincare]（1854〜1912）

フランスの数学者です。『科学と仮説』のなかで，直線外の1点を通って，平行線が無数に存在する世界を描きました。

この世界は，半径 R の球形で，中心から x の距離にある点の絶対温度は $R^2 - x^2$ に比例し，そこに住む生物は，気体のように，大きさが絶対温度に比例するというのです。

したがって，中心から遠ざかると，体はますます小さくなり，一歩の長さが短くなり，永久に境界に到着できません。住民にとって，この世界は無限の世界です。

この世界の直線は，境界の大円と直角に交わる円です。したがって，球の直径は直線です。また，この世界での三角形の内角の和は，180度より小です。

方眼紙 ほうがんし [section paper] 小

正方形，あるいは長方形の碁盤目を方眼といいます。方眼が印刷された紙を方眼紙といいます。

目的によって，縦横が等間隔のものから，片対数方眼紙*，両対数方眼紙*，確率紙*，検定確率紙*，流行方眼紙*など，いろいろな方眼紙があります。

包含除 ほうがんじょ

たとえば，20個のみかんを1人3個ずつ分けると何人に分けられるかという問題のように，ある種の量の中に同種の量がいくつ分含まれるかを問う割り算が，包含除です。

いまの例では，20個のみかんの中に3個のみかんが6組含まれていて，2個余ります。

20個のみかんを6人の子供に同数だけ分けると1人何個になるかという問題は，等分除といいます。みかんと子供は，別物です。

しかし，まず1個ずつ配り，また1個ずつ配るというようにすれば，1回に6個のみかんが必要ですから，20割る6と

いう包含除となります。

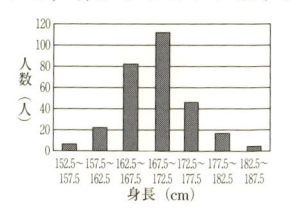

棒グラフ [bar graph] 小

関数の値の変化を線分の長さで表現したグラフを、棒グラフといいます。

方向 [direction]

東西や、南北、あるいは、東から10°北の方向のように、1点から直線が向かう位置を示すのが方向です。平面上に限らず、上下の方向もあります。

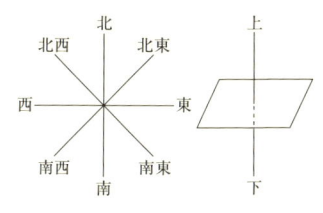

1つの方向に対しては、2つの向きがあります。南北でいえば、南向きと北向きです。南風といえば、南から北に向かって吹く風です。北風といえば、北から南に向かって吹く風です。

向きは2つですから、その一方を＋とすれば、もう一方は－で表せます。＋－は、向きを表す記号です。⇨向き

方向角 [direction angle]

直線が、x軸の正の向きとなす角を、方向角といいます。

傍心 [excenter]

傍接円の中心を、傍心といいます。
⇨傍接円

傍接円 [escribed circle, excircle]

三角形の1辺と、他の2辺の延長とに接する円をいいます。

法線 [normal]

曲線上の1点Pを通り、点Pにおけるこの曲線の接線*に垂直な直線を、この曲線の点Pにおける法線といいます。

また、ある曲面上の1点Pを通り、点Pにおけるこの曲面の接平面（この曲面と点Pだけを共有する平面）に垂直な直線を、この曲面の点Pにおける法線といいます。

方程式 [equation] 中

文字を含む等式が、その文字がある限られた値をとったときに成り立つならば、その等式を方程式といいます。
$2x+3=15$, $x+y=5$などが、方程式です。

方程式の語源は、古代中国の『九章算術』の第8章「方程」によります。方は四角、程は脚付の台に禾を並べたもののことです。禾は、稲や麦、粟などの穀物を指します。

たとえば「上の禾7束から実1斗を減らし、下の禾2束を補えば実が10斗になる。下の禾8束に実1斗と上の禾2束を補うと実が10斗になる。1束の実は、それぞれいくらか。」という問題は、

$7x-1+2y=10$, $2x+1+8y=10$

したがって、

$7x + 2y = 11, 2x + 8y = 9$
という連立1次方程式を解く問題です。この方程式の係数と定数項を，下のように2列に，四角形となるように
　　2　　7
　　8　　2
　　9　　11
と並べたものが方程式です。したがって，方程は連立方程式を意味しました。

方程式のグラフ　ほうていしきの—

[graph of equation] 中

方程式 $x + y = 5$ を満たす x, y の値を座標とする点 (x, y) はすべて，図の直線上にあります。

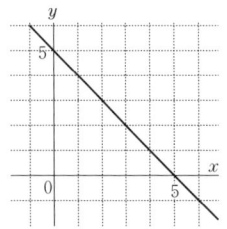

逆に，この直線上にある点 (x, y) の座標 x, y は，方程式 $x + y = 5$ を満たします。このとき，図の直線をこの方程式のグラフといいます。

方程式を解く　ほうていしきをとく　[solve equation]

方程式の根をすべて求めることを，その方程式を解くといいます。

放物線　ほうぶつせん　[parabola] 中

ゴルフの玉や野球のボールは，下のような曲線を描いて飛んでいきます。

空気の抵抗がなければ，この曲線は2次関数 $y = ax^2 + bx + c$ で表されます。

この曲線を，放物線といいます。放物線は右図のように，定点Fと定直線 a とにいたる距離が等しい点Pが描く曲線です。

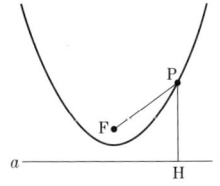

方べき　ほうべき　[power-of-a-point]

定点Pを通る直線が定円Oと2点A, Bで交わるとき，PA・PBの値は一定です。これを，円Oに関する点Pの方べきといいます。

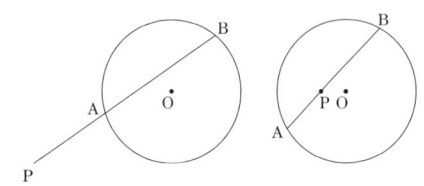

円Oの半径の長さを r とすると，点Pが円内にあれば，方べきは $r^2 - OP^2$, 点Pが円外にあれば，方べきは $OP^2 - r^2$ となります。したがって，方べきは，つねに $OP^2 \sim r^2$ と表されます。

方べきの定理　ほうべきのていり

[power-of-a-point theorem] 中

定点Pを通る2直線が，定円Oと，それぞれ，A, B；C, Dで交わるとすると，
　　PA・PB = PC・PD
が成り立つという定理です。

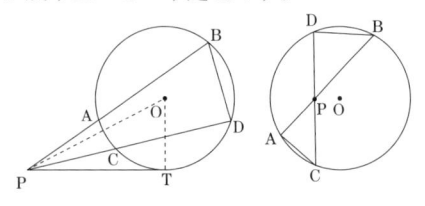

△PAC, △PBD において，∠A = ∠D,

∠B＝∠C がいえますから，
　　△PAC∽△PBD
が成り立ち，
　　PA：PC＝PD：PB
したがって，この定理がいえます。

この定理は，任意の直線 PAB に対して，PA・PB が一定であることを示しています。PA・PB を，円 O に関する点 P の方べきといいます。

とくに，P が円外にあって PC＝PD のときは，PC は接線 PT となり，PA・PB ＝PT² という系が得られます。このとき，
$$PA \cdot PB = OP^2 - OT^2$$
$$= OP^2 - r^2$$

また，P が円内にあるときは，
$$PC^2 = OC^2 - OP^2$$
$$= r^2 - OP^2$$

が成り立ちます。⇨方べき

補角 ほか [supplementary angle]
和が180°となる2角は，互いに補角であるといいます。

補集合 ほしゅうごう [complementary set]
全体集合 E の部分集合を A とするとき，E の元であって A の元でないものは，1つの集合を作ります。この集合を，A の補集合といい，$\overline{A}$ あるいは A^c と表します。

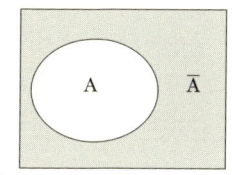

母集団 ほしゅうだん [population] 中
母集団は単なる集団ではなく，ある工場のあるラインで生産された製品，ある圃場で生産されたえんどうまめ，ある地域の中学3年生，などのように，一定の条件を満たすものの集合です。⇨集合

また，母集団の元は，観測可能でなければなりません。観測された結果の数値は，一定の確率分布を示す確率変数でなければなりません。⇨確率変数

カール・ピアソンは，生物統計学の研究過程で，このような母集団の概念に到達しました。⇨ピアソン

補助線 ほじょせん [adjoint line]
図形に関する問題を解くにあたって，問題の中には存在しない直線や円を描くことにより，解を発見できる場合があります。このような補助的な線を，補助線と呼んでいます。

例）三角形の内角の和が180°であることは，錯角の相等を利用して証明します。

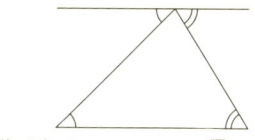

補数 ほすう [complement] 小
⇨余数

母数 ぼすう [modulus]
母集団の平均，分散など，いろいろの代表値を指します。⇨母集団

母線 ぼせん [generating line] 中
円柱，円錐，あるいはその他の柱面，錐面は，直線が移動して描かれたものと考えることができます。
その1本1本の直線を，母線といいます。

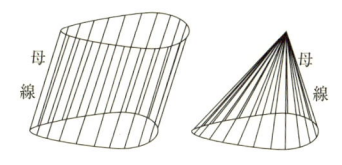

ま

マイクロメーター [micrometer]
機械部品の厚みなどを精密に測定する器具です。ねじの回転によって、その厚みを測定し、1mmの100分の1程度まで読み取ることができます。

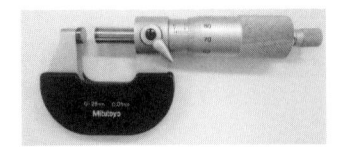

マイナス [minus] 中
引き算の記号「－」をマイナスと読みます。減号といいます。

負数を表す記号「－」もマイナスと読みます。負号といいます。

巻尺 まきじゃく [tape measure]
伸び縮みしない布や薄い鋼鉄の帯でつくられたものさしです。容器の中に巻き込まれるように作られています。

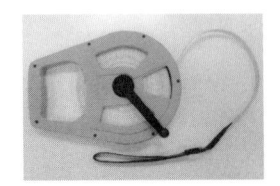

マクローリン級数 きゅうすう
[Maclaurin's series]
$$f(0) + f'(0)x + \frac{f''(0)}{2!}x^2 + \frac{f'''(0)}{3!}x^3 + \cdots$$

を、$f(x)$ のマクローリン級数といいます。収束する範囲内では、その値は $f(x)$ の値と一致します。このとき、この級数を $f(x)$ のマクローリン展開といいます。

マクローリン展開 てんかい
[Maclaurin's expansion]
$f(x)$ のマクローリン級数
$$f(0) + f'(0)x + \frac{f''(0)}{2!}x^2 + \frac{f'''(0)}{3!}x^3 + \cdots$$

が収束するとき、関数 $f(x)$ のマクローリン展開といいます。

例) $e^x = 1 + \dfrac{x}{1!} + \dfrac{x^2}{2!} + \dfrac{x^3}{3!} + \cdots$

$\sin x = x - \dfrac{x^3}{3!} + \dfrac{x^5}{5!} - \dfrac{x^7}{7!} + \cdots$

$\cos x = 1 - \dfrac{x^2}{2!} + \dfrac{x^4}{4!} - \dfrac{x^6}{6!} + \cdots$

$\tan x = x + \dfrac{x^3}{3} + \dfrac{2x^5}{15} + \dfrac{17x^7}{315} + \cdots$

$\log(1+x) = x - \dfrac{x^2}{2} + \dfrac{x^3}{3} - \dfrac{x^4}{4} + \cdots$

$(|x| < 1)$

⇨マクローリン級数

ましかく [square] 小
4つの角が直角*で、4つの辺の長さが等しい四辺形です。正方形といいます。

ます [measure] 小

液体や穀物の体積を測る入れ物です。

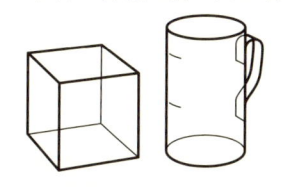

まっすぐな線 小

糸に錘をつけてつるすと、糸はピンと張ります。このとき、糸はまっすぐになったといいます。この糸のような線を、まっすぐな線といいます。

松永良弼（まつながよしすけ）（1694頃～1744）

江戸の荒木村英から、関孝和の数学を学びました。関の『帰源整法』を発展させ、『点竄術』と名づけました。点竄は書いたり消したりという意味で、移項のことです。記号代数といえます。

松永は、『方円算経』（1739）において三角関数の級数展開についても研究しています。またその中で、円周率を51桁まで求めています。

魔方陣 [magic square]

n 行 n 列の正方形の中に、1から n^2 までの数を並べ、各行、各列の数の和が等しくなるようにしたものです。下は、3行3列の例です。

2	9	4
7	5	3
6	1	8

まる [circle] 小

「出た出た月が、まあるいまあるい、真ん丸い、盆のような月が」という歌があります。月や盆が丸いことを教えてくれました。この丸い形のまわりの線が、まるです。答えが合っていると、先生が、赤いペンで、大きな丸をつけます。

でも、黒丸とか、白丸というときは、丸の中の色で、呼んでいるのです。まわりだけでなく、丸い形全体を丸と呼ぶこともあります。

まるめる [round up] 小

切り上げ、切り捨て、四捨五入などを行っておよその数とすることを、丸めるといいます。

万 [ten thousands] 小

$10 \times 10 \times 10 \times 10$ のことを、万といいます。算用数字で、10000と書きます。

万進法 小

私たちの数の数え方は、十（10）ずつ数えます。10が10集まると百（100）、100が10集まると千（1000）、1000が10集まると万（10000）です。この数え方を十進法といいます。

このあとは、十万、百万、千万と続きます。ここまでは今までの単位を組み合わせるだけで、新しい単位はありません。1万が1万個で、億となります。また、1億が1万個で、1兆となります。こんどは、1万個ずつまとめているので

す。このまとめ方を万進法といいます。

満足する [satisfy] 中

ある条件が成り立つことを，その条件を満足するといいます。⇨満たす

み

見上げた角 [angle of elevation] 小
⇨仰角

右側極限値 [right-side limit]

$x-a$ が正の無限小であるとき，x は，a の右側から a に限りなく近づきます。このことを，$x \to a+0$ と表します。

このとき，$f(x)-b$ が無限小となるような定数 b が存在すれば，b を $f(x)$ の $x=a$ における右側極限値といい，

$$b = \lim_{x \to a+0} f(x)$$

と表します。

右側で連続 [continuous on the right]

$x=a$ を含む区間で定義された関数が，$x=a$ において右側極限値 $\lim_{x \to a+0} f(x)$ をもち，$\lim_{x \to a+0} f(x) = f(a)$ であるとき，$f(x)$ は $x=a$ において，右側で連続であるといいます。

ミクロン [micron]

長さの単位で，マイクロメートルともいいます。10^{-6} メートルです。μm と表します。

満たす [satisfy] 中

ある条件が成り立つとき，その条件を満たすといいます。

未知数のある値が，ある方程式を成り立たせるとき，その値は，その方程式を満たすといいます。

未知数 [unknown] 中

方程式に含まれる文字のうち，既知数でないものを，未知数といいます。未知数がある値をとったとき，その方程式が成り立ちます。

たとえば，$ax=b$ では，a, b は既知数で，x が未知数です。⇨方程式

道のり [distance] 小

道に沿って移動した長さを測ったものを，道のりといいます。曲線に沿って移動する場合も，同じです。

導く [imply] 中

仮言命題「A ならば B である」が真であるとき，A は B を導くといいます。このことを，「$A \Rightarrow B$」と表します。

このとき，A を十分条件*，B を必要条件*といいます。

仮言命題「$A \to B$」の「$\to$」と，導くときの「$\Rightarrow$」とは，異なる記号ですが，書物によっては混同しているものもあります。

仮言命題「$A \to B$」でも，A, B は条件ですが，A は仮定，B は結論と呼ばれます。⇨条件

密度 [density] 小

単位体積あたりの質量を密度といいます。単位は，g/cm³ などです。

未定係数法 (みていけいすうほう)

[method of indeter-minate coefficients]
たとえば
$$3x^3 - 7x^2 + 4x - 2$$
を $x^2 - 2x + 1$ で割るとしましょう。商も，余りも高々1次式ですから，
$$3x^3 - 7x^2 + 4x - 2 = (ax+b)(x^2-2x+1) + cx + d$$
と表すと，
$a = 3$,
$-2a + b = -7$,
$a - 2b + c = 4$,
$b + d = -2$

が得られます。そこで，$a=3$, $b=-1$, $c=-1$, $d=-1$ となり，商は $3x-1$，余りは $-x-1$ となります。

このような方法を，未定係数法といいます。

見取り図 (みとりず) [(rough) sketch] 小

物体のおおよその形を表すものを，見取り図といいます。等角投影図，斜投影図などが用いられます。

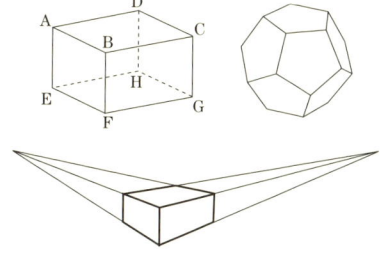

未満 (みまん) [less than ~, below] 小

ある数 a より小さくて，その数まで達していないとき，a 未満といいます。

ミリグラム [milli-gram] 小

1グラムの1000分の1 ⇨グラム

ミリバール [milli-bar]

1バールの1000分の1 ⇨バール

ミリメートル [milli-meter] 小

1メートルの1000分の1 ⇨メートル

ミリリットル [milli-litter] 小

1リットルの1000分の1です。1 mℓ と表します。1立方センチメートル (cubic centi meter) と同じです。立方センチメートルは，cm^3 または cc と表します。
⇨リットル

む

無縁根 (むえんこん)

[extraneous root, insignificant root]

分数方程式や無理方程式において，分母を払ったり，根号を除いたりする際に紛れ込む根で，もとの方程式を満たしません。⇨分数方程式　⇨無理方程式

向き (むき) [orientation] 中

たとえば東西の方向を考えると，東向きと西向きの2つの向きが存在します。冬の間は北風が吹いていますが，春になると東風が吹き始めます。東風は，東から西に向かって吹く風です。西風は，西から東に向かって吹く風です。

数直線上では，正の向きと負の向きがあります。1つの方向に対して，どちらを向くかを決めるのが，向きです。

1つの方向が決まると，必ず2つの向きが決まりますが，向きは2つしかあり

ませんから，＋と－の２つの記号で区別することができます。

△ABCをコイルとすると，電流がABCの向きに流れると，紙面の上側にN極ができます。反対に，ACBの向きに流れますとN極は紙面の下に向かいます。それで，△ABCの面積は正，△ACBの面積は負であると定めることもあります。このように定めた面積を，有向面積といいます。

無限級数 [infinite series]
無限個の項を＋記号で結んだものを無限級数といいます。単に級数というときは，無限級数を意味します。

無限級数は単なる形式で意味を持ちませんが，第 n 項までの和 S_n のつくる数列がある定数 S に収束すれば，この級数は収束する*といい，S をこの級数の値といいます。級数の値を級数の和ということもあります（級数の和と呼ぶと，いくつかの級数を足したものと区別がつきませんので，あまり賛成できません）。⇨級数

無限級数の値 [value of infinite series]
⇨無限級数

無限小 [infinitesimal]
変数 x の絶対値* $|x|$ が，正の数 ε をどんなに小さく選んでも，やがて
$|x|<\varepsilon$
となり，以後その状態が継続するとき，変数 x を無限小といいます。x が無限小であることを，$x\to 0$，または $\lim x=0$

と表します。それぞれ，「x は限りなく 0 に近づく」「x の極限値は 0 である」と読みます。

無限小数 [infinite decimals] 中
小数点以下に，有効数字が無限に続く小数を，無限小数といいます。

そのうちに，同じ数字の配列が繰り返すものと，繰り返しがないものとがあります。

同じ配列が繰り返す無限小数は，循環小数といいます。循環小数は，分数で表すことができますので，有理数です。

⇨循環小数　⇨有理数

循環しない無限小数は，無理数です。
⇨無理数

無限数列 [infinite sequence]
項が無限に続く数列*を，無限数列といいます。無限数列は，$\{a_n\}$ などと表します。

n が無限大*であるとき，$a_n - a$ が無限小*となるような定数 a が存在すれば，この無限数列は収束する*といいます。また，a をその極限値といい，
$$a = \lim_{n\to\infty} a_n$$
と表します。

無限大 [infinity]
変数 x の絶対値* $|x|$ が，正の数 M をどんなに大きく選んでも，やがて
$|x|>M$
となり，以後その状態が継続するとき，変数 x を無限大といいます。x が無限大であることを，$x\to\infty$，または $\lim x = \infty$ と表します。∞ は，英語で point of

infinity といいます。無限大の行先という意味です。∞は「無限遠点」と読むこともあります。

習慣上，∞を「無限大」と読むこともありますが，変数の無限大とは違います。

なお，無限大 x がある値以後ずっと正の値をとれば，x は正の無限大であるといい，$x \to +\infty$，または $\lim x = +\infty$ と表します。

また，無限大 x がある値以後ずっと負の値をとれば，x は負の無限大であるといい，$x \to -\infty$，または $\lim x = -\infty$ と表します。

無限等比級数
[infinite geometric series]

無限等比数列*を＋記号でつないだ級数*を，無限等比級数といいます。

$a \neq 0$ のとき，無限等比級数

$$a + ar + ar^2 + ar^3 + \cdots$$

は，$|r| < 1$ のときに限って収束し，その値は，$\dfrac{a}{1-r}$ です。

無限等比数列
[infinite geometric sequence]

無限に続く等比数列をいいます。初項 a，公比 r の無限等比数列は，$\{ar^{n-1}\}$ と表されます。 ⇨等比数列

無作為抽出法
[random sampling] 中

母集団から標本を抽出するにあたって，作為的な方針を持ち込まないことをいいます。

乱数を用いたりして，偏りを防ぐ場合がありますが，それは，作為とはみなしません。 ⇨乱数

虫くい算 小

わが国で古くから行われているパズルで，虫に食われて見えなくなった計算を復元する遊びです。

例）
```
     9 □ 6 7
  +  □ 8 5 □
  ─────────
   1 4 7 □ 3
```

矛盾 [contradiction] 中

むかし，楚の国の人が楯と矛を売りに来て，この矛はどんな楯も破ることができる，この楯はどんな矛も突き通すことができないといったので，そばにいた人が，その矛でその楯を突けばどうなると聞いたところ，答えられなくなったという故事があります。矛盾というのは，この故事から生まれた言葉です。この故事のように，両立しない命題は「矛盾する」といいます。矛盾するというのは，両方が正しいことはありえないという意味です。このような矛盾は，論理的矛盾といいます。論理的矛盾は，その存在を認めることはできません。

ところで，楯と矛とは，相反する役割を担わされています。矛盾する関係にあるといってもよいでしょう。この矛盾は，実在する矛盾です。

結び [join]

和集合のことを，結びといいます。 ⇨和集合

無名数 [abstract number] 小

無名数というのは，普段使っている数のことです。

たとえば3という数は，3m，3ℓ，3g

などから，長さや，体積，質量といった共通でない性質を捨て去って，単位の3倍であるという共通性に注目して作ったものです。共通性を抜き出すことを抽象（abstract）といいますが，抽象によって得られた数という意味で英語では abstract number と呼ぶのです。日本語では，単位が省かれているので無名数といいます。⇨名数

無理関数 [irrational function]
変数に関する無理式で定義される関数を，無理関数といいます。
例）$y = \sqrt{x}$, $y = \pm\sqrt{9-x^2}$

無理式 [irrational expression]
整理したとき，根号の中に文字が含まれる代数式を無理式といいます。たとえば，$\sqrt{2x+1}$ などです。

無理数 [irrational number] 中
実数の中で，有理数でないものを，無理数といいます。
有理数は，2つの整数の比として表される数です。したがって，無理数は，2つの整数の比として表すことができない数となります。
小数で表すと，循環しない無限小数となります。⇨有理数　⇨実数

無理方程式 [irrational equation]
無理式を含む方程式を，無理方程式といいます。
例）$\sqrt{x+1} = x-1$
両辺を2乗すると，
$x+1 = x^2 - 2x + 1$
$x(x-3) = 0$
そこで，$x = 0, 3$

$x = 0$ は条件に合わないので，根は $x = 3$。
$x = 0$ は，両辺を2乗したために紛れ込んだ根で，無縁根といいます。⇨無縁根

め

名数 [denominated number, concrete number] 小
5cm とか，1ℓ，13g などのように，数に単位記号を書き添えたものを名数と呼んでいます。
名数は，長さや体積，質量などの量の値を測定して，量として表したものです。5cm というのは，5cm の長さそのものを表しています。そのほかの例も同じです。つまり，名数は数ではなく，量そのものです。⇨無名数

命題 [proposition] 中
結婚の申し出をプロポーズといいますが，提案，主張，陳述なども英語ではプロポーズを名詞にしたプロポジション（proposition）といいます。ここでは，判断の内容を文章や式で表したものを命題と呼びます。
命題のなかには，1+1=2 とか，食塩は甘いのように，無条件に真であるか偽であるかが判断できるものがあります。このような命題を定言命題（categorical proposition）といいます。カテゴリーというのは，数や物質などのような広範な

集合で，「最大の類」のことです。その類の中では，真偽がはっきりわかるということです。

これに反して，たとえば，$x=2$ は，x が2であれば真ですが，x が2以外の数であれば偽です。これは，条件つき命題，あるいは単に条件と呼ばれます。つまり

$$\text{命題}\begin{cases}\text{定言命題}\\\text{条件（条件つき命題）}\end{cases}$$

となります。定言命題だけを命題と呼ぶ人もいます。

命題には，次のようなものがあります。

【単称命題】 「東京は日本国の首都である」のように，ただ1つのものに関する命題です。

【特称命題】 「ある x は A である」という命題です。記号で，

$$\exists x \,;\, A(x)$$

と表します。∃は，existの頭文字Eの記号化で，「存在する，ある x は」という意味です。；は関係代名詞で，先行詞 x を修飾します。｜と書くこともあります。それで，この式は「$A(x)$ である x が存在する」「ある x は $A(x)$ である」ということを，意味します。

【全称命題】 たとえば「すべての三角形の内角の和は180°である」のように，「すべての x が A である」という命題です。記号で，

$$\forall x \,;\, A(x)$$

と表します。∀は，arbitrary, all, any の頭文字Aの記号化で，任意の，すべてのという意味です。；は関係代名詞で，すべての x が，$A(x)$ を満たすということを述べています。

【肯定命題と否定命題】 定言命題*のうちで，「x は A である」と肯定するのは「肯定命題」，「x は A でない」と否定するのは「否定命題」です。A の否定命題は，$\overline{A}$ あるいは $\sim A$ で表します。

【仮言命題】 「A ならば B である」という命題です。記号で，

$$A \rightarrow B$$

と表します。

【連言命題】 「A かつ B である」という命題です。A, B がともに真であるときに限って真となる命題です。記号で，

$$A \wedge B$$

と表します。

【選言命題】 「A または B である」という命題です。A, B の少なくとも一方が真であるときに真となる命題です。記号で，

$$A \vee B$$

と表します。

命題関数（めいだいかんすう）[propositional function]
たとえば「△ABC は正三角形である」という命題をとると，△ABC が正三角形であるときは真で，それ以外の場合には偽です。このように，△ABC によってこの命題の真偽が定まるので，この命題を，変数△ABC に関する命題関数と呼びます。propositional の頭文字を使って，P(△ABC) などと表すことができます。

条件つき命題，または，条件と呼ぶこともあります。

命題値 [propositional value]
真理値ともいいます。⇨真理値

メガ [mega]
100万，つまり10^6を表す接頭詞です。メガトンは10^6トン，メガサイクルは10^6サイクルです。

メジアン [median]
統計資料の代表値の1つで，中央値ともいいます。統計資料を大きさの順に並べたとき，中央にくる資料の値です。資料の数が偶数で，中央の資料が存在しないときは，中央の両隣りの2つの資料の相加平均をメジアンとします。

資料に，極端な偏りがある場合には，メジアンが代表値として有効です。

メスシリンダー [measuring cylinder]
目盛りのついた円柱状，あるいは円錐状の容器で，液体の体積を測定するのに使われます。

メディアン [median]
⇨メジアン

メートル [英 metre，米 meter] 小
メートル法の長さの単位です。フランス政府が1791年に，地球子午線の北極から赤道までの長さの1000万分の1を，1メートルと決めました。

1799年には，ダンケルクからバルセロナまでの距離を三角測量で測定し，計算に基づいて1メートルの長さを決定しました。

そして1875年，パリ国際会議でメートル条約が結ばれ，メートル原器をつくって，0℃のときに2本の刻み目の間隔が上記1メートルとなるようにしました。

これは後に，誤差が発見されましたが，1889年に，改めてメートル原器によって1メートルを定義することが定められました。

1960年には，^{86}Kr原子の橙色のスペクトル線（$2p_{10}-5d_5$）の真空中における波長の，1650763.73倍が1メートルと定められ，1983年に，光が真空中で$1/(299792458)$秒の間に進む距離と定められ，現在はこれを用いています。
⇨メートル法

メートル法 [metric system] 小
フランス革命後の1790年3月に，国民会議議員であるタレーラン・ペリゴールの提案で，新しい国際単位を制定することが承認されました。この決議に基づいて，フランス政府が学士院に命じて研究させ，1メートルの長さを定めました（1791）。

この結果に基づいて，面積の単位1アール（are，100m^2），1立方デシメートルの体積を1リットル（litre），4℃の水1リットルの質量を1キログラム（kilogram）と定めました。度量衡と呼ばれる長さ，体積，質量を定めたのでした（1799）。

時間についても，1日を10メートル時，1メートル時を100メートル分，1メートル分を100メートル秒とする案が出されましたが，採用されませんでした。

角度については，地球の周を4万キロとしたのに応じて，1回転の角を400グレード（grade），1グレードを100分，1分を100秒とする案が提案されています。

江戸時代の科学者，帆足万里（1778～1852）は『窮理通』の中で，「漢方は百分を度とし，百秒を分とす。西人，近ごろ更に漢方を用ふ」と紹介しています。これからみても，グレードの方は百分法と呼ばれて普及したようで，いまも電卓に採用されていますが，日常的には1回転＝360度，1度＝60分，1分＝60秒が使われています。

その後，科学，技術の発展に伴い，さまざまな単位が導入されましたが，1960年の国際度量衡総会において，メートル法単位系を拡張した国際単位系（SI）が採択されました。

メートル法には，センチメートル，グラムを用いるCGS単位系と，メートル，キログラムを用いるMKS単位系があります。そのほか，メートル，トンを用いるMTS単位系，質量の代わりに力（キログラム重）を用いる重力単位系もあります。

メネラオスの定理 一のていり

[Menelaos's theorem]

1つの直線が△ABCの辺AB，BC，CAまたはその延長と，それぞれ，点P，Q，Rにおいて交わるとき，次の式が成り立ちます。

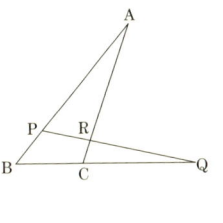

$$\frac{AP}{PB} \cdot \frac{BQ}{QC} \cdot \frac{CR}{RA} = -1$$

これを，メネラオスの定理といいます。

【定理の証明】

図のように，Cを通りPQに平行線を引きABとの交点をSとすると，

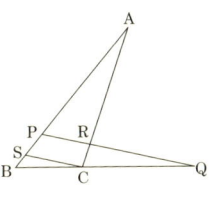

$$\frac{AP}{PB} \cdot \frac{BQ}{QC} \cdot \frac{CR}{RA}$$
$$= \frac{AP}{PB} \cdot \frac{BP}{PS} \cdot \frac{SP}{PA} = -1$$

（証明終）

メネラオスの定理の逆*も，成り立ちます。

【メネラオスの定理の逆】

△ABCの辺AB，BC，CAまたはその延長上の点P，Q，Rが，

$$\frac{AP}{PB} \cdot \frac{BQ}{QC} \cdot \frac{CR}{RA} = -1$$

を満たすならば，P，Q，Rは共線*である。

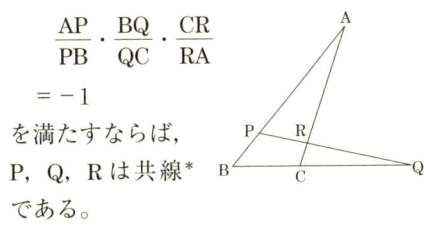

目盛り めもり [scale] 小

物差しや秤，メスシリンダーや分度器などに，測定値を示すために刻んだ線および数値を，目盛りといいます。

方眼紙にも目盛りがつけられていますが，目的によって等間隔の目盛りでない対数方眼紙や確率紙，流行方眼紙などがあります。

面 めん [surface] 小

直方体や立方体を囲んでいる長方形や正方形を，面といいます。

面という言葉は，地面とか，壁面のように使われています。地面は，東西，南

北の2方向に広がっています。壁面は、上下、左右の2方向に広がっています。このように、2方向に広がった空間を面といいます。物体は、面によって囲まれています。面には、無限に広がった平面や曲面があります。

多面体をつくっている多角形を多面体の面といいます。

面積　めんせき［area］小

面積は、平面図形の広さです。古代中国の算術の教科書『九章算術』は、巻第一が「方田」で、長方形の田の面積から始まります。横12歩、縦14歩の方田の面積は168歩となっています。面積というとおり、縦と横の積で求められています。

しかし、英語のareaは、空き地という意味で、掛け算とは関係がありません。

実は、面積という考えは、農耕とともに生まれました。耕地が広いと耕すのが大変です。でも、それだけ収穫も多くなります。

イギリスの場合は、『九章算術』の時代の中国と違って、アイランド・ファームと呼ばれるように、耕地には決まった形はありませんでした。それで、牛に鋤を引かせて1日に耕す広さが1エーカーというように測りました。バビロニアでは、1シェケル（麦180粒）の麦を播く広さが、1シェケルの広さなどと決められていました。日本でも、「1升播き」という広さの単位がありました。日本では、また、1束の稲が収穫される広さが1代と決められていました。

日本では、100束の収穫のうち、3束を租として納めることになっていました。その後、中国の制度が入ってきて、日本でも長さを測って面積を計算するようになりました。収穫ではなく土地の面積で租税を決めれば、不作になっても租税が確実に入ってきます。うまいことを考えたものです。

それはそれとして、面積を長さで計算するようになってから、掛け算の意味がよく分かるようになり、数学が大きな発展を遂げました。『九章算術』の最後の巻は「句股」となっていますが、これは三平方の定理です。こんな定理も発見されるようになりました。

面積は、もともと、長さとは関係のない量でした。それで、エーカーや、シェケル、代という、長さと関係のない面積の単位で測っていたのです。今でも、部屋の広さは、たたみ1枚の広さを単位にして、4畳半や、6畳などといいます。こういう測り方を、直接測定*といいます。

メートル法の面積の単位は、アール（are）です。1辺の長さが10メートルである正方形の面積です。単位の記号はaです。同じように考えると、1辺の長さが1メートルの正方形の面積も、単位にできます。1平方メートルと呼んで、m^2と書きます。

こうすると、面積は、直接測らなくても、長さを測って計算で求められます。

例）長方形の面積＝縦の長さ×横の長さ

平行四辺形の面積＝底辺の長さ×高さ

三角形の面積＝底辺の長さ×高さ÷2

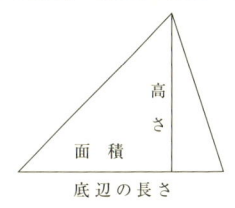

台形の面積＝（上底＋下底）×高さ÷2

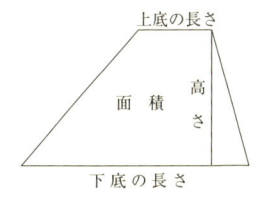

円の面積＝円周率×半径×半径

このように、計算によって値を求める方法を、間接測定法といいます。⇨測定

面積速度 [area velocity]

動径が単位時間に掃く面積を、面積速度といいます。動径ベクトルを r、速度ベクトルを v とすると、面積速度は、

$$\frac{1}{2} r \times v$$

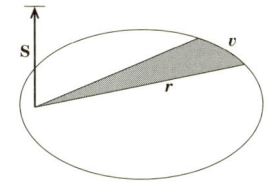

で与えられます。$r \times v$ は r と v の外積*です。

太陽を始点とする惑星の面積速度ベクトルを S とし、加速度ベクトルを a とすると、

$$\frac{d}{dt} S = \frac{1}{2}(v \times v + r \times a)$$

$= \frac{1}{2} r \times a$ となります。

中心力の場では、引力でも、斥力でも、r と a とは同方向ですから、外積は 0 となります。したがって、面積速度は一定です。これを、面積速度一定の法則といいます。

面積速度ベクトルが一定であるということは、その方向も、大きさも変化しないということですから、この運動が面積速度ベクトルと垂直な平面上の運動であることも示しています。

面と辺の平行 小

次頁の図は、直方体の見取り図です。

辺アイと辺カキとは平行ですから，どこまで延ばしても交わりません。それで，辺アイは，どこまで延ばしても，面カキクケと交わることはありません。このとき，辺アイは面カキクケと平行である，といいます。

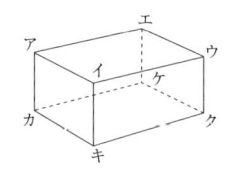

面の垂直 小
直方体の見取り図（上図）で，面アイウエと面イキクウは，辺イウを共有します。このとき，面アイウエと面イキクウは，交わるといいます。

このとき，辺アイと辺イキの作る角をこの2平面の角といいます。

この例では，2平面の角は直角です。それで，面アイウエと面イキクウとは垂直であるといいます。

面の平行 小
直方体の見取り図（上図）で，面アイウエと面カキクケの4つの辺は，どれも平行で，どこまで延ばしても交わりません。それで，この2つの面は，どこまで延ばしても交わることはありません。このような面は，平行であるといいます。

も

濛気差 [astronomical retraction]
天体の観測は大気を通して行われるため，大気による屈折によって天体の位置が実際より高くなることがあります。その高度差を濛気差といいます。

毛利重能
和算家。『塵劫記』の著者吉田光由の師で，『割算書』(1622)と呼ばれる書物の著者です。「今京都に住み割算の天下一と号する者也」と記しています。

文字 [letter] 小
方程式の未知数や既知の定数などを表すのに，xや，a，b，cなどの文字を使います。

文字を使うことで様々な量を一般的に書き表すことが簡単になり，運動や変化，相互連関を表すことが可能になりました。

文字式 [literal expression] 中
文字を含む式を，文字式といいます。

文字の値 中
文字を数に置き換えたとき，その数を，文字の値といいます。

モスクワ・パピルス
[Moscow mathematical papyrus]

V.S.ゴレニシチェフが1893年に購入し，モスクワ美術館に売却したので，ゴレニシチェフのパピルスともいわれます。エジプト第13王朝，前2000～1800年頃のものです。長さはおよそ4.6m，幅は7.6cmです。

上底の1辺が2，下底の1辺が4，高さが6の截頭ピラミッドの体積が，$(2^2+2\times 4+4^2)\times 6\div 3=56$と計算されています。

一般化すれば
$$\frac{1}{3}(a^2+ab+b^2)h$$

となり，正しい結果を与えます。

モード [mode]
統計資料のうちで，度数が最大となる階級*の階級値を，モードといいます。

もとにする量 小
比 $A:B$ で，A を「くらべられる量」，B を「もとにする量」といいます。

もとの数 小
たとえば，バスに5人の乗客がいて，次の停留所で7人乗ったとしましょう。乗客の数は，
$$5+7=12$$
でもとめられます。この5人の5が，「もとの数」です。7人の7は，「たす数」です。

ものさし [scale] 小
長さを測るために，刻み目と測定値の数字を書き込んだものを，ものさしといいます。
定規の中には，ものさしを兼ねたものが見られます。

モーメント [moment]
長さ r の腕の先端で，この腕に垂直に力 F を加えると，腕と力の方向に垂直な直線を軸とする回転力を生じます。その大きさは，rF です。この回転力をモーメントといいます。力の能率ともいいます。

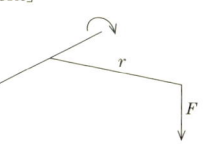

一般の場合には，腕のベクトルを r，力のベクトルを f と表すとき，モーメントは，$r \times f$ で与えられます。$r \times f$ は r と f の外積です。

てこの長さ r の腕の1端に重さ F を，長さ s の1端に重さ G を吊るすと，
$$r:s = G:F$$
が成り立つとき釣り合いますが，このとき，$rF = sG$ が成り立ち，左右のモーメントが相殺することが分かります。

これを，てこの原理といいます。

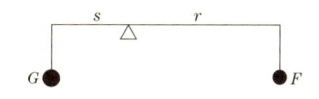

モーリーの定理 [Morley's theorem]
三角形の3つの内角を3等分し，辺に近いもの同士の交点を結ぶと正三角形が得られる，という定理です。

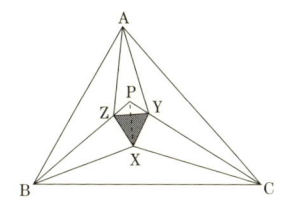

図において，X は $\triangle PBC$ の内心ですから，$\angle XPY = \angle XPZ$ です。それで，$PY = PZ$ がいえれば，
$$\triangle XPY \equiv \triangle XPZ$$
がいえ，$XY = XZ$ です。同様に，
$$XY = XZ = YZ$$
がいえます。

ところで，$\triangle ABC$ の外接円の半径を R とし，内角をそれぞれ 3α，3β，3γ とすると，
$$BP = \frac{2R \sin 3\alpha \sin 2\gamma}{\sin 2(\beta + \gamma)}$$
$$BZ = \frac{2R \sin 3\gamma \sin \alpha}{\sin (\alpha + \beta)}$$

$$CP = \frac{2R\sin 3\alpha \sin 2\beta}{\sin 2(\beta+\gamma)}$$

$$CY = \frac{2R\sin 3\beta \sin \alpha}{\sin (\alpha+\gamma)}$$

これから,やや面倒ですが,三角関数の複雑な計算によって

　PZ − PY
= (BP − BZ) − (CP − CY)
= (BP − CP) + (CY − BZ)
= 0

が導かれます。

や

約 [about] 小
およそ,その値であることを示す言葉です。

約数 [divisor, measure] 小
ある数を割り切ることができる数を,その数の約数といいます。
たとえば,12の約数は,1, 2, 3, 4, 6, 12です。

約数 [divisor, measure] 中
多項式Aが多項式Bで割り切れるとき,$A = BC$となる多項式Cが存在します。Cは,AをBで整除した商で,余りは0です。このとき,BをAの約数といいます。CもAの約数です。

約分 [reduction of fraction to lower terms, reduce] 小
分数の分母,分子を,その公約数で割って,同じ値の分数にすることを約分といいます。

例 $\dfrac{12}{36} = \dfrac{6}{18} = \dfrac{3}{9} = \dfrac{1}{3}$

最大公約数12で約分すれば,
$$\dfrac{12}{36} = \dfrac{1}{3}$$
とできます。

ゆ

有界 [bounded]
適当な正の数Mを選んだとき,すべてのxの値に対して,
$$|x| < M$$
が成り立つとき,変数xは有界であるといいます。
変数xの値が,はじめのうちは
$$|x| \geqq M$$
であっても,ある値からあとは,常に
$$|x| < M$$
が成り立つならば,変数xは広義の有界であるといいます。

また,ある平面図形がその平面内の大きな円の内部に入るとき,その平面図形は有界であるといい,立体の場合には,ある大きな球に入ることをいいます。

優角 [superior angle] 中
一点から出る2本の半直線は,平面を,2つの部分に分けます。その,おのおのを,角といいます。そのうち,大きい方が優角,小さい方が劣角です。

2つの角が等しいときは,平角*といいます。

有限小数 ゆうげんしょうすう [finite decimal] 中

小数点以下の数字が有限個しかない小数を、有限小数といいます。

たとえば、
$$0.25 = \frac{25}{100} = \frac{1}{4}$$
のように、有限小数は、必ず分数の形で表されます。したがって、有理数です。

有限数列 ゆうげんすうれつ [finite sequence]

項の数が有限個である数列です。

優弧 ゆうこ [superior arc] 中

円周上の2点は、円周を2つの部分に分けます。そのおのおのを、弧といいます。そのうち、大きい方の弧が優弧です。小さい方は劣弧といいます。相等しければ、半円の弧といいます。

有向距離 ゆうこうきょり [oriented distance] 中

向きを持つ距離を有向距離といいます。

点Aから点Bまでの有向距離をABと表せば、点Bから点Aまでの有向距離はBAと表され、
$$BA = -AB$$
が成り立ちます。したがって、
$$AA = -AA$$
が成り立ち、
$$2AA = 0$$
$$AA = 0$$
がいえます。

また、点Cが線分AB上にあれば、
$$AC + CB = AB$$
が成り立ちます。そこで、

有向距離の公理

(1) $AA = 0$
(2) $BA = -AB$
(3) 点Cが線分AB上にあれば、
$$AC + CB = AB$$
が成り立ちます。

この公理から、次の定理がいえます。

【定理】 点Cが直線AB上にあれば、
$$AC + CB = AB$$
が成り立つ。

仮に、点CがABの延長上にあれば、Bは線分AC上にあるので、公理(3)から、
$$AB + BC = AC$$
が成り立つ。そこで、公理(2)
$$-BC = CB$$
を、辺々加えると、
$$AB + BC - BC = AC + CB$$
そこで、
$$AC + CB = AB$$
が成り立つ。(証明終)

ほかの場合も、同様です。

この定理から、次の系が導かれます。

【系】 点Oを通る直線上の2点をA, Bとすれば、
$$AB = OB - OA$$
が成り立つ。

この系において、$OA = a$, $OB = b$ を、それぞれ、点A、点Bの座標と名づけると、
$$AB = b - a$$
が成り立ちます。

【定理】 点A、点Bの座標を、それぞれ、a, b とすると、
$$AB = b - a$$
が成り立つ。

有効数字 [significant figure]

測定値や近似値の中で,信頼できる数字を有効数字といいます。

たとえば,25mのプールの長さがcmの位まで正確に測定されていれば,

$$25.00\text{m}$$

と表します。有効数字は,25.00です。00も,有効数字です。

4500gの荷物があって,体重計で100グラムまでしか信頼が置けなければ,

$$4.5 \times 10^3 \text{kg}$$

と表します。有効数字は4.5までです。

誘導単位 [derived unit]

メートル法では,CGS単位系とMKS単位系があります。これは,長さと質量と時間を定義しています。cm,g,s,および m,kg,s が,基本単位です。

面積は cm^2, m^2 のように,基本単位から導かれます。速度は,m/s や km/h のように,長さと時間の基本単位を組み合わせて作ります。

このように,基本単位を組み合わせて作った単位を,誘導単位といいます。

有理化 [rationalization]

無理数を有理数にすることを,有理化といいます。

たとえば,

$$\frac{1}{\sqrt{2}} = \frac{1}{1.41421\cdots}$$

と計算すると,手間が大変です。これを,

$$\frac{1}{\sqrt{2}} = \frac{\sqrt{2}}{\sqrt{2}\sqrt{2}} = \frac{\sqrt{2}}{2} = \frac{1.41421\cdots}{2}$$

とすれば,簡単です。これを,分母を有理化するといいます。

例) $\dfrac{1}{\sqrt{2}+1} = \dfrac{\sqrt{2}-1}{2-1} = \sqrt{2}-1$

有理数 [rational number]

ratio はラテン語で,比のことです。整数の比で表された数という意味で,整数と分数のことです。分数は,有限小数か,循環小数かのどれかになります。

整数 m を整数 n で割ると,余りは,0から $n-1$ までの n 個の数のどれかになります。n 回の割り算中に余りが0となれば,そのけたで割り切れますから,整数か,有限小数となります。

n 回の割り算中に0が現れなければ,同じ余りが2回現れたことになりますから,そこからは繰り返しとなります。⇒循環小数

例)
```
    0.5714285…
7)4.0
  3 5
  ---
    50
    49
    ---
    10
     7
    ---
    30
    28
    ---
    20
    14
    ---
    60
    56
    ---
    40
    35
```

U 型分布 [U-shaped distribution]

次のグラフは,イギリスで毎年7月に雲量を測定したものです。このような分布を,U型分布といいます。

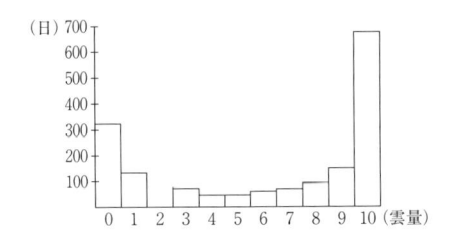

ユークリッド [Euclid]（前300頃）

ギリシャの数学者で，エウクレイデスのことです。一時期，哲学者であるメガラのエウクレイデスと混同されていました。

ユークリッド幾何学やユークリッド空間など，英語読みが用いられるため，ユークリッドと呼ばれます。

生没年は分かりませんが，前300年頃，アレクサンドリアで活躍したと考えられています。『ストイケイア（原論）』*（13巻）の著者として知られます。

ほかにも多くの著作があります。
(1) ギリシャ語の原典があるもの
　『デドメナ』『光学』『反射光学』『音楽原論』『天文現象論』
(2) アラビア語訳が存在するもの
　『図形分割論』『天秤について』
(3) ラテン語訳のあるもの
　『重さと軽さについて』
(4) 失われたもの
　『誤謬推理論』『ポリスマタ』『円錐曲線論』『曲面軌跡論』

ユークリッドは『ストイケイア（原論）』を著した数学者集団の名前で，実在の人物ではない，という説もありますが，今見たように，多くの著書があり，公正な人であったという人物像も残されているところから，実在の人物でないというのは，根拠が薄弱であるとみられています。

ユークリッド幾何学 ―きかがく
[Euclidean geometry] 中

ユークリッドが『ストイケイア』*で体系化した幾何学です。現在では，ヒルベルトらの研究によって発展させられた体系化が行われています。

ユークリッド幾何学の特徴は「平行線の公理」を満たすところにあり，これを満たさない非ユークリッド幾何学と区別して，「ユークリッド幾何学」と呼ばれています。⇨平行線の公理

ユークリッド空間 ―くうかん
[Euclidean space]

大地は巨大な球面の一部で，実際には曲がっていますが，目の前に広がる大地の一部から連想した，平らで無限に続く空間を，ユークリッド空間と呼んでいます。1次元のユークリッド空間は直線で，2次元のユークリッド空間は平面です。

「直線外の1点を通ってこの直線に平行な直線が，必ず1本存在し，かつ，ただ1本に限る」という平行線の公理を満たす空間です。

1直線上にない3点を共有する平面が

完全に含まれるような3次元のユークリッド空間も，考えられています。

平行線が存在しないリーマン空間や，平行線が無数に存在するロバチェフスキー空間と区別して，ユークリッド空間と呼ばれます。

ユークリッドの互除法 (ーのごじょほう)
[Euclidean algorithm] 中
⇨互除法

弓形 (ゆみがた・きゅうけい) [segment] 小
⇨弓形

弓形の角 (ゆみがたのかく・きゅうけいかく) [angle of segment] 中
⇨弓形の角

よ

陽関数 (ようかんすう) [explicit function]
$y = f(x)$ の形で表された関数を陽関数ということがありますが，陽関数という関数があるわけではありません。そのため，「陽関数の形」とか，「陽表示」といいます。

洋算 (ようさん)
ヨーロッパから輸入された西洋数学を，江戸時代に日本で発達した和算と区別して洋算と呼んでいます。明治5年(1872)8月の文部省布達第13号では，「洋法算術」，「西洋数学」を学ぶ方針が示されています。⇨和算

徳川時代は洋学は禁止され，蘭学だけが許されていましたが，明治維新以後，国学か，漢学か，洋学かの論争がありました。

明治5年(1872)8月の「被仰出書」(おおせいだされしょ)は洋学派主導で定められましたが，国学派，漢学派の連携による巻き返しで，明治14年(1881)には，教育令施行規則で「教育の目的は，もっぱら尊王愛国の志気をふるいおこさせるためにある」との方針転換が行われています。数学でも，和算をとるか洋算をとるかの論争がありましたが，洋算を主とする方針は変わりませんでした。⇨和算

容積 (ようせき) [volume] 小
容器に入れることができる最大の体積を，容積といいます。単位は，体積の単位と同じです。

要素 (ようそ) [element]
集合の元を，要素ともいいます。

余角 (よかく) [complementary angle]
2つの角の和が直角であるとき，これら2角は，互いに余角であるといいます。

余割 (よかつ) [cosecant]
三角関数の1つで，sine（正弦）の逆数です。⇨三角関数

余弦 (よげん) [cosine]
三角関数の1つです。動径の長さが1，偏角の大きさが θ である点の x 座標を，$\cos\theta$ と表します。

余弦定理 (よげんていり) [cosine rule]
⇨第1余弦定理，⇨第2余弦定理

よこ [width] 小
よこは，よける（避ける）から生まれたことばで，進行方向に対して，右，左を指します。横断歩道というのも，同じです。それで，長い方がたて，短い方が横です。たとえば「日本縦断」とい

う時には長い方を指します。織物の縦糸，横糸もそうです。

それとは違って，図のような長方形の場合には，左右の辺，またはその幅を，横といいます。

横座標 よこざひょう [abscissa] 中

左右の軸に目盛った座標のことです。x座標です。

横のじく よこのじく 小

教室の気温をしらべて，折れ線グラフにしました。

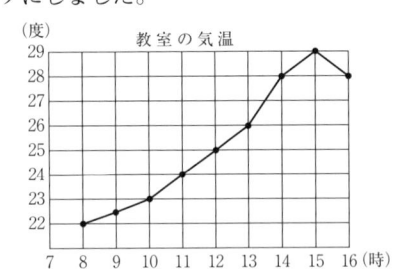

時刻を目盛った横の線を，横のじくといいます。

横ベクトル よこべくとる [row vector]

⇨行ベクトル

余事象 よじしょう [complementary event]

事象Aが起こらないということも，1つの事象です。これを事象Aの余事象といい，$\overline{A}$で表します。

吉田光由 よしだみつよし (1598〜1672)

和算家。毛利重能の弟子です。『塵劫記』の著者として知られます。土木家として著名な角倉了以の子で漢学者の角倉素庵の甥にあたります。素庵について，程大位著『算法統宗』(1593) を学び，『塵劫記』の出版を思い立ったようです。『算法統宗』は算盤の書物で，内容的にはほとんど無関係です。

余集合 よしゅうごう [complementary set]

⇨補集合

余数 よすう [complement] 小

和が10となる2数を，互いに補数であるといいます。この補数のことを，余数と呼ぶことがあります。

なお，和が5となる2数を，互いに余数であるということもあります。

余接 よせつ [cotangent]

三角関数の1つです。余角の正接 (tangent) です。正接の逆数でもあります。⇨三角関数

余対数 よたいすう [cologarithm]

ある数の逆数*の対数*を，その数の余対数といいます。aを底とするxの余対数は，$\operatorname{co}\log_a x$と表します。

したがって，

$$\operatorname{co}\log_a x + \log_a x = 0$$

が成り立ちます。

四色問題 ししょくもんだい

[英 four colour problem, 米 four color problem]

⇨四色問題

ら

ライプニッツ

[Gottfried Wilhelm Leibniz] (1646〜1716)

ドイツの数学者。法律学を学んで、法学士となりました。若い頃、スコラ哲学とデカルトの哲学を比較し、デカルト哲学の優位性を認めましたが、後に独自の哲学体系を作りました。

1666年頃、イスパニアの神学者で哲学者のラモーン・ルールの思想に学んで普遍的記号法を研究しました。認識の方法を、言語や記号による計算に置き換えようとする試みです。記号論理学の先駆けといえるでしょう。

パリで、外交官をしていたとき (1672〜76)、最新の数学に出会い、夢中で勉強して、ニュートンとは独立に微分積分学の創始者となります。いま微分積分学で用いられている記号は、ライプニッツが考案したものです。

ライプニッツは、また、行列式についても研究しています。

新旧の哲学の統一を試みた単子論でも、知られています。その他、多方面で活躍した普遍的な天才です。

ライプニッツの定理

[Leibniz's theorem]

2つの関数 $f(x)$, $g(x)$ が、共通の定義域で微分可能であれば、

$$\{f(x)g(x)\}' = f'(x)g(x) + f(x)g'(x)$$

が成り立ちました。同様に、これら関数が、高階の導関数を持てば、

$$\{f(x)g(x)\}^{(n)} = \sum_{r=0}^{n} {}_nC_r f^{(r)}(x) g^{(n-r)}(x)$$

が成り立ちます。${}_nC_r$ は二項係数*で、

$$f^{(0)}(x) = f(x),\quad g^{(0)}(x) = g(x)$$

とします。これをライプニッツの定理といいます。

落体の運動

[motion of falling body]

落体というのは、落下する物体のことです。ニュートンが見たりんごのように真下に落ちる物体は、自由落下するといいます。

野球やゴルフのボールも、地球の引力によって落下しますから、落体です。

等速で走っている電車の中で、ボールを手放しますと、電車も人もボールも空気も等速で走っていますから、ボールは、等速で前進しながら、落下します。それで、乗客の目からは、自由落下運動に見えます。しかし、外に立っている人が見

ると，ボールは，野球やゴルフのボールのように，曲線を描きながら落下します。

(1) 自由落下運動

等速vで歩く人の歩く距離は下のようなグラフで，速度グラフ（v）と時間軸（t）の間の面積で示されます。

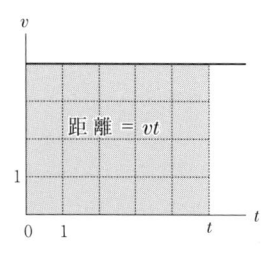

毎時4kmの速さで2時間，毎時3.5kmの速さで2時間，更に毎時3kmの速さで1時間歩いたとしましょう。

このときの距離も，速度のグラフと，時間軸の間の面積で示されます。滑らかに，速度が変化しても同じです。

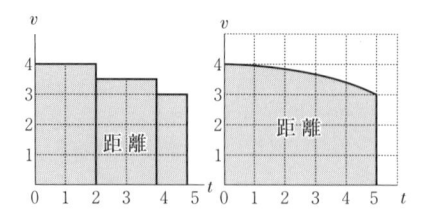

自由落下運動では，速度は落下時間に比例しますから，$v = gt$と表わすと，落下した距離は，上の図の三角形の面積になります。落下距離をsとすると，

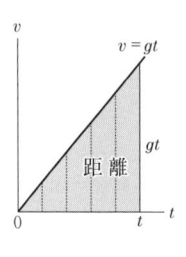

$$s = \frac{1}{2}gt^2$$

となります。t秒後の落下距離をsmとすると，地表近くでは

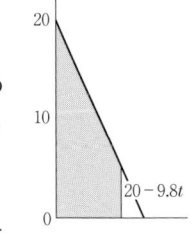

$$s = 4.9t^2$$

となることが知られています。

(2) 放物運動

例えば，秒速20mで真上に投げ上げた物体の速度vm/sは，

$$v = 20 - 9.8t$$

で与えられますから，t秒後の高さymは，

$$y = \frac{1}{2}(20 + 20 - 9.8t)t = 20t - 4.9t^2$$

となります。

点(x_0, y_0)において，秒速v_0，偏角θで投げられた物体のt秒後の位置は，

$$\begin{cases} x = (v_0 \cos \theta)t + x_0 \\ y = -\frac{1}{2}gt^2 + (v_0 \sin \theta)t + y_0 \end{cases}$$

で与えられます。

このとき，速さをvとすると，

$$v^2 = \left(\frac{dx}{dt}\right)^2 + \left(\frac{dy}{dt}\right)^2$$
$$= v_0^2 - 2g(v_0 \sin \theta)t + g^2t^2$$
$$= v_0^2 - 2g\left\{-\frac{1}{2}gt^2 + (v_0 \sin \theta)t\right\}$$
$$= v_0^2 - 2g(y - y_0)$$

そこで，物体の質量をmとすると，

$$\frac{1}{2}mv^2 + mgy = \frac{1}{2}mv_0^2 + mgy_0$$

が成り立ちます。

この式は，$\frac{1}{2}mv^2 + mgy$ の値が一定であることを示しています。mgy は位置のエネルギーですから，$\frac{1}{2}mv^2$ もエネルギーです。これは，速さで決まるので，運動のエネルギーと名付けます。

落体の運動においては，運動のエネルギーと位置のエネルギーとの和は，一定であることを示しています。

ラジアン［radian］
⇨弧度

螺旋（らせん）［spiral］
弦巻線（つるまきせん）ともいいます。朝顔の蔓が巻きつくような線です。バネ秤のバネや，らせん階段に見られます。

ラディアン［radian］
⇨弧度

乱数（らんすう）［random numbers］中

0から9までの10個の数字が，それぞれ確率10分の1で乱雑に並んだものを乱数といい，これを表にまとめたものを乱数表といいます。母集団から標本を選び出すとき，偏りが生じないように，各部分から均等に選ばれるようにする目的で用いられます。

多くのパソコンには，乱数を発生させる機能が備わっています。⇨乱数表

乱数さい（らんすうさい）［random dice］中

正20面体のさいころに，0から9までの10個の数を2面ずつ刻んだものです。通常，青，赤，黄の3個セットで販売されています。同時に投げれば，3桁の乱数*が得られます。

乱数表（らんすうひょう）［table of random numbers］
無作為抽出を行うために，前もって作成された乱数の表です。

カードなどを用いて，最初の数の座標を決め，そこから連続的に選びます。表の下端に達したら，5段なり10段なり先の上端につなげて，同じことを繰り返します。

1の位，10の位，100の位という風に独立に選ぶことによって，何桁の乱数も得られます。同じ番号が選ばれた場合は，除外します。⇨付録［乱数表］

り

リサジューの曲線（のきょくせん）［Lissajous' curve］
J.A.リサジュー（1822～1880）はフランスの物理学者です。

右のような前後と左右の振動周期の異なる単振動を合成することで，リサジューの曲線と呼ばれるさまざまな曲線を描きました。

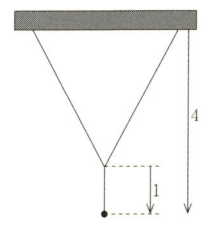

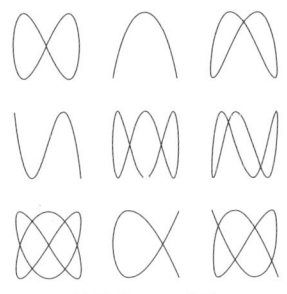

リサジューの曲線

離散型確率変数
[discrete random variable]

確率変数が，有限個か，可算個の値しかとらないとき，その確率変数は離散型であるといいます。

離心率 [eccentricity]

定点Fからの距離と，定直線ℓからの距離の比が一定の値eである点は，$e<1$ならば楕円，$e=1$ならば放物線，$e>1$ならば双曲線を描きます。

このとき，Fを焦点，ℓを準線といいます。

楕円と双曲線の場合には，eは中心と焦点との距離と，中心と頂点との距離の比を与えます。焦点が中心から離れている比率を示すので，離心率といいます。

放物線は中心を持ちませんが，離心率は1とします。円の場合は，2焦点が中心に重なると考えて，$e=0$と定めます。

⇨焦点　⇨準線

率 [rate]

割合のことです。⇨割合

立画面 [vertical plane] 中

投影法で，鉛直に立てられた画面を，立画面といいます。⇨正投影法

立式

教育現場で使われます。文章題において，問題の条件を数式で表すことをいいます。

立体 [solid] 小

平面や曲面で囲まれた図形を立体といいます。立体には，立方体，角柱や角錐，その他の多面体があります。

また，円柱や円錐，球などもあります。⇨空間図形

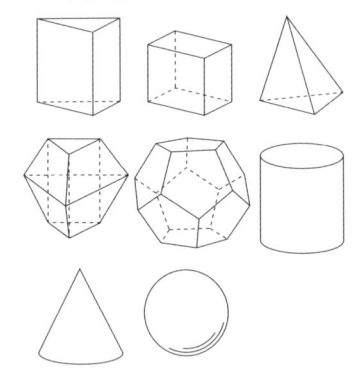

立体幾何学 [solid geometry]

3次元空間，および3次元空間に含まれる図形を研究する幾何学です。平面や直線の位置関係，多面体，柱体，錐体，球などの立体，曲面などを研究対象とします。

リットル [英 litre，米 liter] 小

メートル法の体積の単位で，1辺が10センチメートルの立方体の体積です。

立方 [cube] 中

3乗を指します。aの立方はa^3です。1メートル立方といえば，1mの3乗で，1辺1mの立方体の体積を指します。

5メートル立方は，1辺5mの立方体の体積で，125m³です。

立方根 [cubic root]

3乗するとaとなる数を，aの立方根といい，$\sqrt[3]{a}$と表します。1の立方根は，$1, \dfrac{-1\pm\sqrt{3}i}{2}$です。

$1, \omega, \omega^2$などと表されます。

立方センチメートル

[英 cubic centi-metre，米 cubic centi-meter] 小

体積の単位です。1辺の長さが1cmである立方体と同じ体積を1立方センチメートルといい，1cm³と表します。1ccとも表されますが，今はあまり使われません。1ミリリットルと同じです。1ミリリットルは1mℓと書きます。
⇨ミリリットル

立方体 [cube] 小

6つの面が，すべて正方形である平行六面体です。正六面体ともいいます。

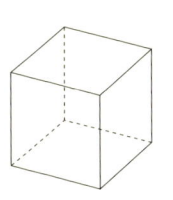

立方体倍積問題

[problem of the duplication of cube]

古代ギリシャの三大作図問題の1つです。「定規とコンパスとを有限回用いて，与えられた立方体の2倍の体積を持つ立方体を作れ」という問題で，作図不能問題*の1つです。

ピュタゴラス派の数学者タラスのアルキュタス（前400～前365）は，この問題を，3つの曲面の交点を利用して解決しました。

立方メートル

[英 cubic metre，米 cubic meter] 小

体積の単位です。1辺の長さが1メートルである立方体と同じ体積です。1m³と表します。

立面図 [elevation] 中

立画面に投影された投影図を立面図といいます。⇨正投影法

リーマン空間 [Riemann space]

数学者リーマン（1826～1866）は，ユークリッド空間内の球面のような曲面に沿って距離を定義し，平行線の存在しない空間を考えました。これを一般化したのが，リーマン空間です。アインシュタインの相対性理論によれば，わたしたちの宇宙はリーマン空間になっています。
⇨空間

流行方眼紙

[epidemic section paper]

感染症やファッションなどの流行現象においては，累積度数がロジスティック曲線*とよばれるS字型の曲線を描きます。

この累積度数を総度数で割った商（単位%）のグラフを，流行方眼紙と呼ばれる方眼紙に描き込むと，ほぼ直線になります。

流行方眼紙では，y軸上の目盛りyが，座標Yが$Y = \log \dfrac{y}{1-y}$によって計算される点に目盛られています。そのため，上端及び下端に近づくほど，方眼の幅が広くなっています。横軸の単位は日あるいは週です。

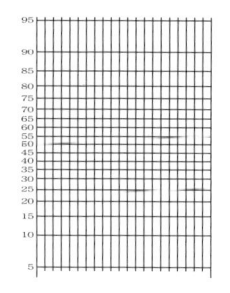

感染症の流行など，人数の累計を総度数（流行が終わっていないときは予想数）で割った商（単位%）をグラフに書きます。

予測に用いる場合，予想数が大きすぎるとグラフは下方に湾曲し，予想数が小さすぎると上方に湾曲します。ほぼ直線になるように，予想数を決めます。

2009年の新型インフルエンザの流行曲線は次のようです。

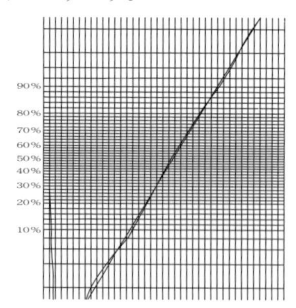

⇨付録［流行方眼紙］

流通座標 [current coordinates]

曲線にそって移動する点 $P(x, y)$ があり，y の増分が x の増分に比例するとき，各増分を $x_2 - x_1$, $y_2 - y_1$ と表すと，
$$y_2 - y_1 = a(x_2 - x_1) \quad (a \neq 0)$$
したがって，
$$y_2 - ax_2 = y_1 - ax_1$$

$y_1 - ax_1$ は初期値なので定数ですから，b とおくと，
$$y_2 - ax_2 = b$$
$$y_2 = ax_2 + b$$

x_2, y_2 を変数 x, y に置き変えると，$y = ax + b$ が得られます。このような座標 (x, y) を，流通座標といいます。

関数 $f(x)$ の $x = a$ における微分係数は，$f'(a)$ です。この a を変数 x に置き換えると，導関数 $f'(x)$ が得られます。この x も，1次元の流通座標です。

量 [quantity] 小
(1) 度量衡の量は，かさ（体積）を測る容器です。そこから，量は，かさを指すようになりました。
(2) 長さや時間，質量など単位を決めて測定できるものを総称して，量といいます。量は，実際に存在しているものです。量を測定したときに得られる数は，実在しません。意識の中に存在するだけです。数の世界は，量の世界の模写となっています。

量には，長さ，面積，体積，質量，重さ，時間，速度など，いろいろの量がありますが，数の世界はただ1つです。長さを測った数も，面積を測った数も，質量を測った数も，区別はありません。

領域 [domain]

単一連結である開集合を，領域といいます。⇨連結 ⇨集合

両対数方眼紙 [logarithmic paper]

縦軸，横軸が，ともに対数目盛りとなっている方眼紙です。全対数方眼紙とも

いいます。$y=x^a$ のグラフを描くのに利用されます。⇨片対数方眼紙

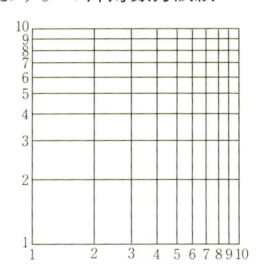

量の加合 [addition of quantities]
同種の2量 a, b を合わせて1つの量とすることを指します。合わせた量を和といい，$a+b$ と表します。量の加合は次の法則を満たします。
(1) $a+b=b+a$ （交換法則）
(2) $a+(b+c)=(a+b)+c$ （結合法則）

量の相等 [equality of quantities]
過不足なく重ねあわすことのできる線分の長さは等しいと考えられます。同じように，2つの量の間に，等しいという関係を考えることができます。

量 a, b が等しいことを，$a=b$ と表します。この関係は，次の法則を満たします。
(1) $a=a$ （反射律）
(2) $a=b$ ならば $b=a$ （対称律）
(3) $a=b$, $b=c$ ならば $a=c$ （推移律）

両辺 [both sides] 中
等式，不等式において，左辺と右辺とを合わせて，両辺といいます。

輪環の順 [cyclic order]
たとえば，a, b, c 3文字の場合は，
$ab+bc+ca$
$(b+c)(c+a)(a+b)$

のように，a を b に変え，b を c に変え，c を a に変えるというように順に書き換えていく方法を，輪環の順といいます。

リンドのパピルス
⇨アーメスのパピルス

隣辺 [adjoining side]
直角三角形の1鋭角の2辺のうち，斜辺でない辺をその角の隣辺といいます。この辺を下に置いて，底辺ということもあります。

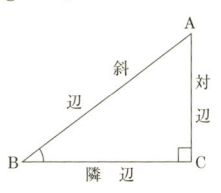

る

類 [class] 中
等質な集合を種といい，種を合わせたものを類といいます。類を種に分けることを，分類といいます。
分類の目印を種差といいます。⇨種差

累加 [cumulation] 小
同じものを次々と加えることを累加といいます。累加は，積を定義します。たとえば，
$a+a+a=3a$
などと表します。

累減 [degression] 小
累は重ねる，減は引き算です。ある数から，同じ数を次々に引くことが累減です。重ねてから引けば，整除を生み出します。たとえば，
$30-7-7-7-7=2$
$30=4\times 7+2$

このとき，7を除数，4を商，2を余りといいます。また，30を被除数といいます。⇨整除　⇨除数　⇨被除数　⇨商　⇨あまり

累次微分法 [repeated differentiation]

逐次微分法ともいいます。

ある関数の導関数*が存在し，その導関数の導関数が存在するというように，次々と微分可能であるとき，これら導関数を，第1階導関数，第2階導関数などと呼びます。また，第2階以上の導関数を総称して，高階の導関数といいます。

これら高階の導関数を次々に求めることを，累次微分法といいます。

第n階導関数を，n次導関数ということもあります。

累乗 [power] 中

同じ数，または同じ文字を次々に掛けた積を，累乗といいます。

たとえば，

$5 \times 5 \times 5 = 5^3$

$a \times a \times a \times a = a^4$

などと表します。右肩の小さな数は，累乗の指数といいます。

このとき，

$a^m \times a^n = a^{m+n}$

$a^m \div a^n = a^{m-n}$

$(a^m)^n = a^{mn}$

$(ab)^m = a^m b^m$

$\left(\dfrac{a}{b}\right)^m = \dfrac{a^m}{b^m}$

が成り立ちます。これを，指数法則といいます。

累乗根 [radical root]

xをn乗するとaとなるとき，xをaのn乗根といいます。また，これらを総称して，累乗根といいます。

類推 [analogy]

ある1つの法則から，似た条件を見て，結論も似ているであろうと判断することを，類推といいます。

類推は，あくまで推理ですから，真であるとは限りません。真であると認めるには，証明が必要です。

累積相対度数 [accumulative relative frequency] 中

累積度数*を総度数で割った商を累積相対度数といいます。

累積度数 [cumulative frequency] 中

度数分布*が，次のようであるとき，

階級	$0 \leq X \leq 5$	$5 < X \leq 10$	$10 < X \leq 15$	$15 < X \leq 20$
度数	3	7	5	2

$X \leq 10$である度数*は$3+7=10$，$X \leq 15$である度数は$3+7+5=15$，$X \leq 20$である度数は$3+7+5+2=17$となります。

このような度数を，累積度数といいます。また，このような度数分布を累積度数分布といいます。

ルート [root]
⇨根号

れ

れい（零）[zero] 小

数字の0です。0個といえば，そのも

のが存在しないことを表します。205と書けば，10の位に数が存在しないことを表します。このような0を，空位の0といいます。空位の0は，バビロニアにも，マヤにもありました。

バビロニアの0　マヤの0

バビロニアの空位は，楔が斜めになったものや，楔が左右にずれたものなど，いくつかの書体があったようです。
628年にブラフマーグプタが著した20巻の『ブラーマ・スプタ・シッダーンタ（ブラフマー神啓示による正しい天文学）』の18巻で，0に関する計算方法を述べています。数としての0が，歴史の舞台に登場したのです。
インドの天文学者ゴウタマシッダルタ（中国名では瞿曇悉達）が718年から729年までかけて著した『開元占経』の中では，「毎空位處恆安一点」，空位のところに点を置くと書かれています。零の記号は「・」であったことがわかります。
歴史上，初めて記号0が現れるのは，インド北部のグワリオールから出土した壁面の銘板で，876年とされていました。また，セデス（George Coedes）は，カンボジアでシャカ暦605年（683年）が，スマトラでシャカ暦の608年（686年）が，それぞれ次のように表されていたことを明らかにしました（ニーダム『中国の科学と文明』）。

605年
608年

零は，空虚を表すサンスクリット語でスーニャと呼ばれていましたが，アラブに入って，アル・スィフルとなり，ラテン語のゼフィルム，ゼフィロからゼロとなりました。また一方で，アル・スィフルから，アル・サイファー，サイファーとなったようです。
フィボナッチ*は，『計算の本』(1202)の中で，「インド人の用いた九つの記号は 9, 8, 7, 6, 5, 4, 3, 2, 1 である。これらと，アラビア人が「zephirum」と呼んだ0を用いれば，どんな数も表せる」と書いています。
漢字の零は，もともと雨のしずくという意味で，零細などと使われていますが，雨のしずくが0と姿が似ているところから，ゼロを表すことになったようです。

零行列 [zero matrix]

任意の (m, n) 型行列 A に対して，常に
$$A + X = A$$
を成り立たせる行列 X を，(m, n) 型の零行列といい，記号 O で表します。
O では，すべての成分が 0 です。

零点 [zero point]

関数の値が0となる点を，その関数の零点といいます。
関数 $f(x)$ の零点は，$f(x) = 0$ という方程式の根です。
$f(x, y)$ の零点は，方程式 $f(x, y) = 0$

のグラフを形づくります。

零ベクトル [zero vector]
$$a + x = x + a = a$$
を成り立たせるベクトル x を零ベクトルといい，0 と表します。

零ベクトルにおいては，すべての成分が 0 です。

列 [column]
行列，または行列式において，縦に並んだ成分を，列といいます。左から，第 1 列，第 2 列と呼びます。

劣角 [inferior angle] 中
一点から出る 2 本の半直線は，平面を 2 つの部分に分けます。その 1 つひとつを角といいますが，そのうちの小さい方が劣角です。なお，大きい方は優角といいます。⇨優角

劣弧 [inferior arc] 中
半円より小さい弧をいいます。⇨優弧

列氏 [Reaumur]
温度目盛りの 1 つです。1731 年に，フランスのレオミュールが，水の氷点を 0 度，沸点を 80 度とする温度目盛りを提唱しました。これが，列氏温度目盛りです。1742 年のセ氏温度目盛りのさきがけです。セ氏温度目盛りでは，沸点を 100 度としました。

列ベクトル [column vector]
成分が縦に並んだベクトルを，列ベクトルといいます。

行列は，列ベクトルから構成されていると見ることができます。同様に，行ベクトル*から構成されているとも見られます。⇨行列

連結 [connected]
ある集合が，共通元を持たない 2 つの閉集合に分割されないことを意味します。

連続 [continuity]
⇨連続関数

連続関数 [continuous function]
ある区間内のすべての点で実数値を取る関数 $f(x)$ が，1 点 $x = a$ において $\lim_{x \to a} f(x)$ を持ち，かつ，$\lim_{x \to a} f(x) = f(a)$ が成り立つならば，$f(x)$ は点 a において連続であるといいます。

また，ある開区間内の各点において連続ならば，$f(x)$ はその区間において連続であるといいます。

このような関数を，連続関数といいます。

連続量 [continuous quantity] 中
長さや重さ，時間のように，単位を決めて測定することができる物を量といいますが，測定によって得られる数が，どんな実数値にもなり得るような量を，連続量といいます。

たとえば，統計調査でサイコロの目の出方を調べるときには，目は 1, 2, 3, 4, 5, 6 という，とびとびの値をとります。このような量は，分離量といいます。それに対して，たとえば身長の分布を調べるときには，何 cm から何 cm までの間に何人というように調べます。こうした量を，連続量といいます。⇨分離量

連比 [continued ratio]
たとえば，$a : b = 2 : 3$，$b : c = 5 : 7$ であるとき，$a : b : c = 10 : 15 : 21$ と表

すことができます。このような比 $a:b:c$ を連比といい，「a 対 b 対 c」と読みます。

このとき，$\dfrac{a}{10}=\dfrac{b}{15}=\dfrac{c}{21}$ が成り立ちます。このとき，
$$a=10k,\ b=15k,\ c=21k$$
となる k が存在します。

連比例 [continued proportion]

$a, b, c, d, e, \cdots$ の間に，
$\dfrac{a}{b}=\dfrac{b}{c}=\dfrac{c}{d}=\dfrac{d}{e}=\cdots$ の関係があるとき，$a, b, c, d, e, \cdots$ は連比例するといいます。

連分数 [continued fraction] 小

たとえば，$\sqrt{2}=1+x$ とおくと，x は1より小です。それで，
$$\dfrac{1}{x}=\dfrac{1}{\sqrt{2}-1}=\sqrt{2}+1=2+y$$ とおけます。

そこで，
$$\sqrt{2}=1+\cfrac{1}{2+\cfrac{1}{y}}$$
となります。

実は，$y=x=\sqrt{2}-1$ ですから，
$$\sqrt{2}=1+\cfrac{1}{2+\cfrac{1}{2+\cfrac{1}{2+\cfrac{1}{2+\cdots}}}}$$
となります。このような分数を，連分数といいます。

最後の $2+\cdots$ を 2 とみれば，この値は
$$\sqrt{2}=1+\cfrac{1}{2+\cfrac{1}{2+\cfrac{1}{2+\cfrac{2}{5}}}}$$
$$=1+\cfrac{1}{2+\cfrac{1}{2+\cfrac{5}{12}}}$$
$$=1+\cfrac{1}{2+\cfrac{12}{29}}=1+\cfrac{29}{70}$$
$$=1.414285$$
となります。

連立2次方程式 [simultaneous quadratic equations]

連立する方程式の最高次数が2次であるものを，連立2次方程式といいます。

例 $\begin{cases} y=x^2 \\ y=\dfrac{1}{2}x+3 \end{cases}$

$x^2=\dfrac{1}{2}x+3$ から，$2x^2-x-6=0$

$(2x+3)(x-2)=0$

そこで，$x=2,\ y=4$ および $x=-1.5,\ y=2.25$ が根です。

グラフで見ると，右のようです。⇨連立方程式

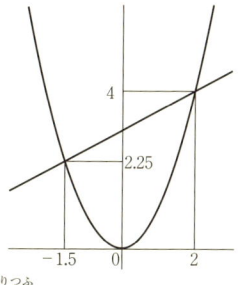

連立不等式 [system of inequalities]

いくつかの不等式が同時に成り立つこ

とが求められるとき，これら不等式を，括弧でくくって示します。このように，括弧でくくられた不等式を，連立不等式といいます。

例1 $\begin{cases} x > 0 & \cdots ① \\ x < 3 & \cdots ② \end{cases}$

この解は，下のようです。

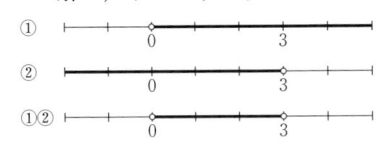

例2 $\begin{cases} y < x - 1 \\ y > -0.5x + 2 \end{cases}$

この解は右のようです。

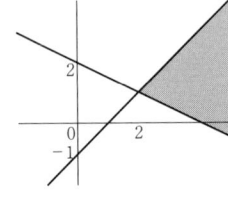

連立方程式 れんりつほうていしき

[simultaneous equations] 中

古代中国の『九章算術』という本に，次の問題があります。「上の稲6束がある。これからとれる籾を18升減らすと，下の稲10束になる。下の稲が15束ある。これからとれる籾を5升減らせば上の稲5束になる。上・下の稲1束からとれる籾は，それぞれ何升か。」というのです。升というのはますのことで，体積の単位です。この時代の1升は，180ミリリットルほどであったといいます。

上の稲1束からとれる籾を x 升，下の稲1束から取れる籾を y 升とすると，x, y は，2つの方程式

$6x - 18 = 10y$
$15y - 5 = 5x$

を満たさなければなりません。

このように，いくつかの方程式が同時に成り立つことが求められるとき，これらの方程式を連立方程式といいます。連立方程式は，括弧を使って，

$\begin{cases} 6x - 18 = 10y \\ 15y - 5 = 5x \end{cases}$

と表します。x, y は，この連立方程式の未知数といいます。

上の方程式から，

$3x - 5y = 9$ ……①

下の方程式から，

$x - 3y = -1$
$3x - 9y = -3$ ……②

がいえますから，①-②から，

$4y = 12$
$y = 3$
$x = 8$

が得られます。

$x = 8$, $y = 3$ は①を満たしますから，①の根です。$x = 8$, $y = 3$ は②を満たしますから，②の根です。したがって，$x = 8$, $y = 3$ は①，②の共通根です。

この共通根を簡単に「連立方程式①，②の根」ということがあります。

連立方程式の根を求めることを，その連立方程式を解く，といいます。

ろ

六角形 [hexagon] 小

接合する6本の直線で囲まれた平面図形を六角形といいます。六角形を囲む直線を，その六角形の辺といいます。ただし，どの辺も，1直線にならないものとします。

辺の接合する点を頂点といいます。
六角形が，各辺の片側にだけあるとき，この六角形は凸六角形といいます。

すべての角の大きさが等しい六角形を等角六角形，すべての辺の長さが等しい六角形を，等辺六角形といいます。

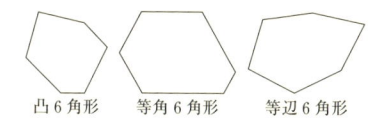

凸6角形　等角6角形　等辺6角形

六十進法 [sexagesimal system] 小

数を，60ずつまとめて一桁上の1とする数の表記法を，六十進法といいます。古代バビロニアで行われていました。現在も，時間，角度は六十進法です。

フランス革命後，メートル法が制定されたとき，時間，角度も十進法にする試みがなされましたが，実行されませんでした。ほかの度量衡と違って，時間，角度についてはすでに国際統一が実現しており，全世界の時計や地図，測角器具を廃棄して作り直すことが困難であったためでしょう。

角度は，たとえば $45°27'36''$ などと表されますが，°は小数点を表す0，′はローマ数字のⅠ，″はローマ数字のⅡです。以下，Ⅲ，Ⅳと続きます。たとえば，

$$\sqrt{2} = 1°24^{Ⅰ}51^{Ⅱ}10^{Ⅲ}$$

などと表されます。ただし，角度も時間も，Ⅱまでで終わりです。

$45°27'36''$ は六十進法で表された数であって，無名数*です。それで，角度を表すには，$45°27'36''$ degree，時間を表すには $45°27'36''$ 時間のように単位記号をつけて名数*としなければなりませんが，記号「°」を degree とみなし，時間の方は $45^h27'36''$ とすることによって，名数として扱っています。

「′」は prime minutes，「″」は second minutes で，以下 third minutes などと続くのですが，minutes（こまかい），second（2番目の）だけがのこり，それぞれ分，秒として，名数のように扱われています。

ロジスティック曲線 [logistic curve]

病気の流行は，感染者と未感染者の接触によって起こります。それで，

$$dy = ky(n-y)dt$$

を解いて $y = \dfrac{n}{2}$ のときを $t=0$ とすると，

$$y = \dfrac{ne^{knt}}{1+e^{knt}}$$

が得られます。n は人口ですが，その期の流行の最終人数となります。

このグラフを，ロジスティック曲線といいます。

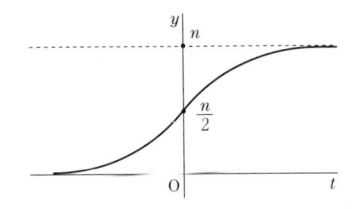

ロジスティック曲線が直線となるように y 軸目盛りを変えた方眼紙を，流行方眼紙といいます。⇨流行方眼紙

ローマ数字 [Roman numerals] 小
ローマで使われていた数字です。現在も，時計の文字盤や，書物の背などに用いられています。

I	II	III	IV	V	VI	VII	VIII
1	2	3	4	5	6	7	8

IX	X	L	C	D	M
9	10	50	100	500	1000

ロールの定理 [Rolle's theorem]
関数 $f(x)$ が，区間 $[a, b]$ で連続で，(a, b) で微分可能のとき，$f(a) = f(b)$ ならば，区間 (a, b) 内に，$f'(c) = 0$ となる c が少なくとも1個は存在するという定理です。

論拠 [basis] 中
論証にあたって根拠とした事柄を，論拠といいます。仮定の場合もありますし，公理や定理の場合もあります。また用語の定義の場合もあります。

証明の途中で導いた関係式である場合もあります。

論証 [proof] 中
⇨証明

論証幾何学 [deductive geometry] 中
私たちは，生活の中で経験した事実から，空間や図形に関して，いろんな知識を蓄えました。これらの知識は，1つひとつがばらばらに成り立つのではなく，お互いに関係しあっていることが分かってきました。

たとえば，三角形の3つの角を寄せ集めると，平らになります。「三角形の3つの内角の和は180°である」ともいいます。

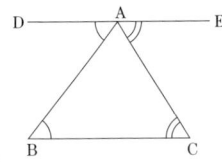

三角形の頂点を通って底辺に平行な直線を引くと，新しく2つの角ができますが，その角は，それぞれ，底角と大きさが同じです。

これらの等しい角を，「平行線の作る錯角」と呼ぶことにすると，「平行線の作る錯角は，大きさが等しい」ということが分かりました。

したがって，三角形の頂角と2つの底角を合わせると，180°となることが分かりました。

このように，ある事柄が成り立つのには，わけがあるのです。このわけを，論拠といいます。

そうすると，「平行線の作る錯角は，大きさが等しい」ということにも，論拠があるはずです。その論拠にも，また別の論拠があるでしょう。このように，論拠探しをすると，切りがありません。

そのため，たとえば，「平行線の作る錯角は，大きさが等しい」ということを出発点にして議論を進めよう，というような約束をします。このような約束を「前

提」や「公理」などといいます。

このように、いくつかの前提から出発して、次々に図形の性質を導き出す幾何学を、論証幾何学といいます。⇨幾何学の歴史

論理 ろん り [logic] 中

考える筋道を、論理といいます。数学でいえば、論証の方法が論理です。

考えるためには、考える道具が必要になります。まず第一は言葉です。1つひとつの言葉の意味が、正確に決められていないと考えることができません。

次に、考える方法が必要です。考える方法というのは、あるいくつかの法則を基礎として成り立っています。これらの法則をもれなく学ばないと、正しく考えることはできません。これらの諸道具が、論理です。

論理演算 ろんりえんざん [calculus of logic]

論理法則を、演算形式で表したものを論理演算といいます。⇨論理法則

論理記号 ろんりきごう [logical symbol]

ある判断の内容を文章や式で表したものを命題といいますが、命題は、A, B, C などの文字で表します。

「A でない」という命題を A の否定命題といい、$\sim A$ とか、$\overline{A}$ で表します。

「A であり、かつ B である」という命題を連言命題といいますが、これを $A \wedge B$ と表します。これは、A と B とがともに真であるときに限って真となる命題です。これを、A と B との論理積といいます。

「A か B かである」という命題を選言命題といいますが、これを $A \vee B$ と表します。これは、A と B との少なくとも一方が真であれば真となる命題です。これを、A と B との論理和といいます。

「A ならば B である」という命題を仮言命題といいますが、これを、$A \rightarrow B$ と表します。これを、含意といいます。特に、$A \rightarrow B$ が真であるときは、「A は B を導く」といい、$A \Rightarrow B$ と表します。

「すべての x は、条件 A を満たす」という命題を全称命題といいますが、これを $\forall x ; A(x)$ と表します。$\forall$ は、「任意の (arbitrary, any)」または、「すべての (all)」の a を記号化したものです。

「ある x は、条件 A を満たす」という命題を特称命題といいますが、これを $\exists x ; A(x)$ と表します。$\exists$ は、「存在する (exist)」の e を記号化したものです。

これらの $\sim$, $-$, $\wedge$, $\vee$, $\rightarrow$, $\Rightarrow$, $\forall$, $\exists$ などを、論理記号といいます。

論理積 ろんりせき [product of propositions]

「$\triangle ABC$ は直角二等辺三角形である」というのは、「$\triangle ABC$ は直角三角形であり、かつ二等辺三角形である」ということを意味します。つまり、「$\triangle ABC$ は直角三角形である」という命題と「$\triangle ABC$ は二等辺三角形である」という命題とが、両方とも成り立つと言っているのです。

本当に $\triangle ABC$ が直角二等辺三角形であれば、この命題は真です。しかし、$\triangle ABC$ が直角三角形でなかったり、二等辺三角形でなかったりすれば、この命題は偽です。

この例のように、2つの命題 A, B

が両方とも真であるときに限って真となる命題を，AとBとの論理積といい，記号$A \land B$で表します。

論理法則 [law of logic]

$\sim(\sim A)$の真理値とAの真理値は，一致します。このとき，これらの命題は同値であるといい，
$$\sim(\sim A) = A$$
と表します。これを，二重否定の法則といいます。

$A = A$を反射法則といいます。

$A = B$ならば$B = A$である，は対称法則です。

$A = B$, $B = C$ならば$A = C$である，は推移法則です。

このような法則を，論理法則といいます。ほかの論理法則を挙げましょう。

【交換法則】
$$A \land B = B \land A, \quad A \lor B = B \lor A$$

【結合法則】
$$(A \land B) \land C = A \land (B \land C)$$
$$(A \lor B) \lor C = A \lor (B \lor C)$$

【分配法則】
$$A \land (B \lor C) = (A \land B) \lor (A \land C)$$
$$A \lor (B \land C) = (A \lor B) \land (A \lor C)$$

【ド・モルガンの法則】
$$\overline{A \land B} = \overline{A} \lor \overline{B}$$
$$\overline{A \lor B} = \overline{A} \land \overline{B}$$

【含意法則】
$$A \to B = \overline{A} \lor B$$

【対偶の法則】
$$\overline{B} \to \overline{A} = A \to B$$

論理和 [sum of propositions]

「引いたカードは絵札であるか，ハートである」という命題は，「引いたカードは絵札である」という命題と，「引いたカードはハートである」という命題の少なくとも一方が成り立つことを示しています。

この例のように，2つの命題A, Bの少なくとも一方が真であるときに真となる命題を，AとBとの論理和といい，記号$A \lor B$で表します。

わ

和 [sum] 小
たし算の答えを、和といいます。2と3の和は、2+3と表されます。この計算が、たし算です。たし算は、加法ともいいます。

+は、加号といい、「たす」あるいは「プラス」と読みます。

126+357は、右のように計算します。これを演算形式といいます。

```
  126
+ 357
-----
  483
```

y 座標 [y coordinate] 中
平面上の点Pの座標が (x, y) と表されるとき、数 y を、点Pの y 座標といいます。y 座標は、また、縦座標とも呼ばれます。⇨座標

y 軸 [y axis] 中
平面上の直交座標軸の縦軸を、y 軸といいます。⇨座標軸

y 切片 [y intercept] 中
座標平面上の直線と y 軸との交点の y 座標を、y 切片といいます。

和差算
たとえば、「兄弟2人がいて、年齢の和は17歳、年齢の差は3歳である。兄、弟は、それぞれ何歳か。」というような問題を、和差算といいます。兄が x 歳、弟が y 歳であるとすれば、

$$x+y=17, \quad x-y=3$$

したがって、両式を足すと

$$2x=20, \quad x=10,$$

したがって、$y=7$ となります。

和算 (本朝数学)
「わさん」ともいいます。和算は、和讃、和産と区別するため、「わざん」と呼ばれました。安政4年(1857)には柳川春三の『洋算用法』が出版されていますが、その洋算と区別するため、いつからか、日本独自の数字である本朝数学が和算と呼ばれるようになりました。

明治政府ははじめ、本朝数学の採用も考え教科書の準備もしましたが、そのときすでに「和算」の語が登場しています。明治政府の洋算採用は、明治5（1872）年です。

わが国に数学が渡来したのは、百済から暦法博士が来朝してからです。その後、隋や唐から直接学ぶようになりました。徴税、暦法、建築、土木の必要からでした。この時代は律令制の時代です。独自の数学を生み出す条件は、存在しませんでした。

封建制に移行すると、商業、工業も盛んになり、士農工商という階級も生まれ、都市も発達しました。

室町時代（1336～1573）には、そろばん*が輸入されています。また、元の朱世傑の『算学啓蒙』(1299)や明の程大位の『算法統宗』(1593)などが伝わり、

江戸時代に入ると,「割算の天下一」と号する毛利重能の『割算書』(1622) が刊行されます。また,吉田光由 (1598頃〜1672) の『塵劫記』(1627) が刊行されます。これはベストセラーになり,海賊版も横行しました。それに対抗して,吉田光由は,1641年に『新編塵劫記』を出版しますが,これに解答のない12問の問題を載せて解答を求めました。これを「遺題」といいます。榎並和澄は1654年に『参両録』を著してこの遺題の解答を載せ,新しく8問の遺題を載せました。このような遺題の流行が,和算を大きく発達させました。

関孝和*(1640頃〜1708)は1674年に『発微算法』を著して,沢口一之が1671年に著した『古今算法記』の遺題を解きました。この中には,高次の連立方程式もありました。関孝和は,ライプニッツより早く,行列式を考えています。円周率は,13桁まで求めています。

なお,建部賢弘 (1664〜1739) は『綴術算経』(1722) で円周率を42桁求めました。残念ながら最後の1桁は違っていました。松永良弼 (1693〜1744) は『方円算経』(1739) で,51桁まで求めています。これは,世界最高の水準でした。松永良弼は,三角関数の級数展開も求めています。

このほか,建部賢弘はオイラーより15年も早く,円弧の2乗を級数展開で求める公式を導いています。

会田安明 (1747〜1817) の著書では,2を底とする指数を仮数,その累乗を真数と記し,仮数から真数を求める表を対数表と呼んでいます。

また,安島直円 (1739〜98) は,14桁の対数表を作成しています。

和田寧 (1787〜1840) は,積分表を100以上,作っています。

内田五観 (1805〜1882) は,関流宗統六伝の免許を受けていますが,洋算にも関心をもち,1865年に,「代数」「微分」「積分」という用語を使っています。

残念ながら,和算の記号がその後の発展に不向きであったこと,科学,工学との結びつきが極端に弱かったことなどを配慮して,明治政府は,洋算への移行を決断しました。洋算への移行が混乱なく行われた理由としては,和算の水準が高かったことが,挙げられるでしょう。

和集合 [union of sets, union]

2つの集合 A, B の元(要素)をすべて合わせた集合を,A と B との和集合といい,$A \cup B$ と表します。$A \cup B$ は,「A ユニオン B」と読みます。コップに似た記号 $\cup$ の形から「A カップ (cup) B」とも読みます。

$$A \cup B = \{x | x \in A \vee x \in B\}$$

とも表されます。$\vee$ は,「または」という記号です。

$$A \cup B = B \cup A$$
$$(A \cup B) \cup C = A \cup (B \cup C)$$

が成り立ちます。

A∪B

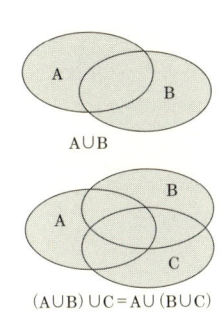

(A∪B)∪C=A∪(B∪C)

和積定理・差積定理 [わせきていり・させきていり]

次の定理を，それぞれ，和積定理，差積定理と呼んでいます．

$$\sin x + \sin y = 2\sin\frac{x+y}{2}\cos\frac{x-y}{2}$$

$$\sin x - \sin y = 2\cos\frac{x+y}{2}\sin\frac{x-y}{2}$$

$$\cos x + \cos y = 2\cos\frac{x+y}{2}\cos\frac{x-y}{2}$$

$$\cos x - \cos y = -2\sin\frac{x+y}{2}\sin\frac{x-y}{2}$$

割られる数 [わられるすう] [divident] 小

$15 \div 3 = 5$ という割り算で，15を割られる数，3を割る数，5を商といいます．

割 [わり] [ten percent] 小

10分の1を1割といいます．1割の10分の1を1分といいます．たとえば32％は，3割2分といいます．

割合 [わりあい] [rate] 小

比率のことを，割合といいます．為替レートというのは，たとえば1ドルを何円と交換するかを示す比率で，円とドルの価値の割合です．

同種の量 a, b があるとき，a の b に対する割合は，$a : b$，あるいは $\dfrac{a}{b}$ で表されます．

たとえば1ドルが97円と交換されるときは，

$$1\text{ドル}:1\text{円} = 97:1$$

となります．内項の積97円と，外項の積1ドルが，等しいのです．

割り切れる [わりきれる] [exactry divisible] 小 中

たとえば，割り算

$$100 \div 4 = 25$$

の場合，100は4で割り切れるといいます．

この場合は，商が整数の範囲で割り切れましたから，100は4で整除されるといいます．また，割り算

$$17 \div 8 = 2.125$$

の場合も，割り切れるといいます．

一般に，整数の割り算で，商が有限小数＊となった場合には，割り切れたといいます．

多項式 A が2つの多項式 B, C の積として

$$A = BC$$

と表されるとき，多項式 A は多項式 B で割り切れるといいます．このときも，多項式 A は多項式 B で整除されるといいます．

割り算 [わりざん] [division] 小

12個のみかんを3人で同じ数となるように分けると，1人4個ずつとなります．このように，ある数を，それぞれが同じ数になるように分ける計算を，割り算といいます．

12個のみかんを3人で同じ数となるよ

うに分ける計算は，

$$12 \div 3 = 4$$

と表します。÷は，「わる」と読みます。また，12を割られる数，3を割る数（除数），4を答えといいます。答えは商ともいいます。⇨商

20個のみかんを6人に分ける場合に，誰もが同じ数だけ受け取るとすると，一人3個となって，2個余ります。このとき，

$$20 = 6 \times 3 + 2$$

という関係が成り立ちます。やはり，20は割られる数，6は割る数，3は答え（商）です。このとき，2は，余りといいます。余りは，割る数より小さくなるようにします。

いま，6人に等しい数となるように分けました。これを，6等分するといいます。このような割り算を等分除といいます。割り算のことを「除法」というからです。

次は，20個のみかんを6人に，1個ずつ配っていきましょう。1回，2回，3回で終わりです。やはり，2個余り，

$$20 = 6 \times 3 + 2$$

という関係が成り立ちます。

この割り算では，20個の中に6個のかたまりがいくつ含まれているかを調べました。それで，このような計算を包含除といいます。

等分除でも，包含除でも，商と余りを求めました。このように商と余りとを求める計算を，「整除」といいます。整除も割り算です。それで，この計算を，割り算の記号を使って，

$$20 \div 6 = 3 \quad \cdots 余り2$$

と表すことがあります。

こんどは，長さが20cmであるカステラを6人に等しく分ける場合を考えましょう。この計算は，

```
      3.33…
    ┌──────
  6 ) 20
      18
      ──
       20
       18
       ──
        20
        18
        ──
         20
```

となります。このように，商を整数*の範囲で止めないで小数*まで求めることを「割り進める」といいます。

このとき，1人分は3.3cm強になります。「強」というのは，そこで切り捨てた，したがってそれよりやや大きいという意味です。

この計算を，

$$20 \div 6 = \frac{20}{6} = 3 + \frac{1}{3}$$

と表すことがあります。$\frac{1}{3}$は，3を掛けると1になる数です。このような数を，分数といいます。

このように，$a \div b = \frac{a}{b}$を求める割り算を，除法といいます。

割り算は除法ともいい，分数や小数を知らないうちは整除という形で表しました。整数の範囲での除法という意味です。分数や小数を知ってからは，商は

分数，小数で表すことができるようになりました。

割り算 [division] 中

A, B が多項式のとき，
$$A = BQ + R \quad (0 \leq \deg(R) < \deg(B))$$
となる多項式 Q, R は，ただ1通りに決まります。この Q を商，R を余りといいました。この Q, R を求める計算を整除といいましたが，これも整式（多項式）の範囲での除法（割り算）です。

割り算の記号 [symbol of division]

記号÷を，割り算の記号といいます。「わる」と読みます。

÷を書く順序（筆順）は，横棒，上の点，下の点です。

この記号は，10世紀ごろの書物で，「divisa est」のかわりに「divisa÷」が用いられていたといいます。÷を単独で割り算の記号として用いたのは，スイスのラーンが1659年に出版した代数学の本が最初といいます。ニュートンが採用してから，イギリスで普及しました。

もともと，$a:b$ は $\dfrac{a}{b}$ のことですから，：は割り算の記号です。ライプニッツが1684年に提唱してから，ドイツ，フランス，ロシアなどでは，現在も：が使われています。

割り進める 小
⇨ 割り算

割る数 [divisor] 小
⇨ 除数　⇨ 割り算　⇨ 割られる数

付　録

- ギリシャ文字　254
- 円周率　255
- 日本の命数法　256
- ストマキオン　257
- 記号表　258
- 乱数表　259
- 三角関数表　260
- 常用対数表　264
- 三角関数とラジアン　266
- 検定確率紙　268
- 流行方眼紙　269

ギリシャ文字

読み方	大文字	小文字
アルファ	A	α
ベータ	B	β
ガンマ	Γ	γ
デルタ	Δ	δ
イプシロン	E	ε
ゼータ	Z	ζ
イータ	H	η
シータ	Θ	θ
イオタ	I	ι
カッパ	K	κ
ラムダ	Λ	λ
ミュー	M	μ

読み方	大文字	小文字
ニュー	N	ν
クサイ	Ξ	ξ
オミクロン	O	o
パイ	Π	π
ロー	P	ρ
シグマ	Σ	σ, ς
タウ	T	τ
ウプシロン	Υ	υ
ファイ	Φ	$\phi(\varphi)$
カイ	X	χ
プサイ	Ψ	ψ
オメガ	Ω	ω

付　録

円周率

いろいろな覚えかたがあります。
　日本語：産医師異国に向こう産後厄無く産婦宮代に虫さんざん闇になく…
　　　　　さんいし いこく む   さんごやくな さんぷみやしろ むし   やみ
　英　語：Yes, I know a number. …
　　　　　 3   1   4   1   5

3.1415926535897932384626433832795028841971693993751058209749445923078164062862089986280348253421170679821480865132823066470938446095505822317253594081284811174502841027019385211055596446229489549303819644288109756659334461284756482337867831652712019091456485669234603486104543266482133936072602491412737245870066063155881748815209209628292540917153643678925903600113305305488204665213841469519415116094330572703657595919530921861173819326117931051185480744623799627495673518857527248912279381830119491…
π

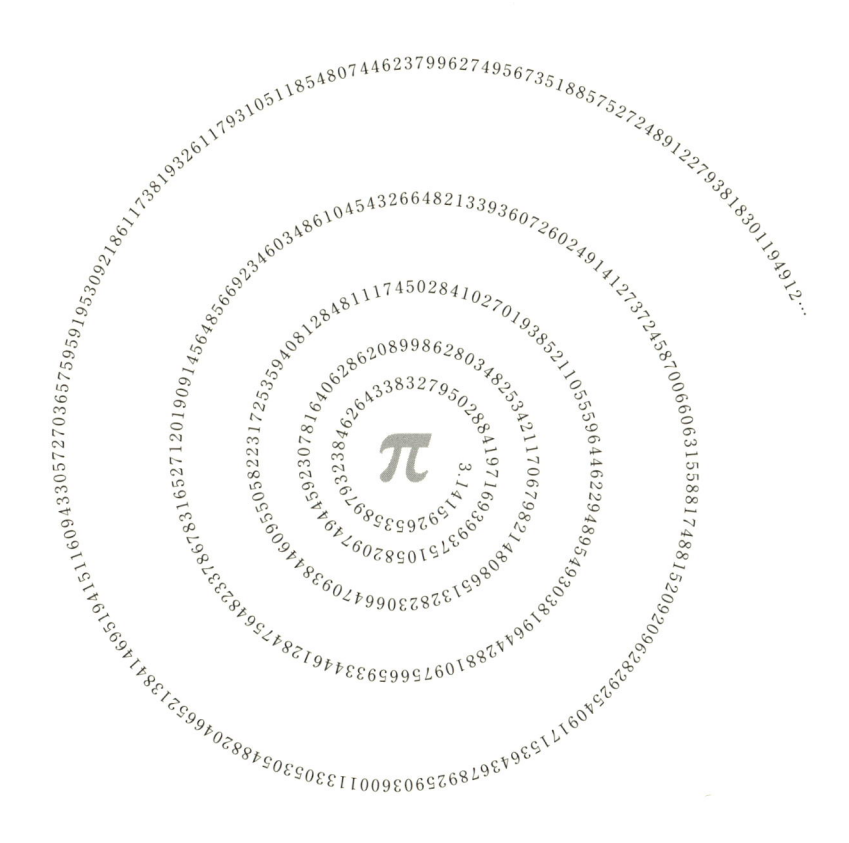

日本の命数法

■大数

一（いち）	10^0	十	10^1	百	10^2	千	10^3
万（まん）	10^4	十万	10^5	百万	10^6	千万	10^7
億（おく）	10^8	十億	10^9	百億	10^{10}	千億	10^{11}
兆（ちょう）	10^{12}	十兆	10^{13}	百兆	10^{14}	千兆	10^{15}
京（けい・きょう）	10^{16}	十京	10^{17}	百京	10^{18}	千京	10^{19}
垓（がい）	10^{20}	十垓	10^{21}	百垓	10^{22}	千垓	10^{23}
秭（じょ）・秭（し）	10^{24}	十秭	10^{25}	百秭	10^{26}	千秭	10^{27}
穣（じょう）	10^{28}	十穣	10^{29}	百穣	10^{30}	千穣	10^{31}
溝（こう）	10^{32}	十溝	10^{33}	百溝	10^{34}	千溝	10^{35}
澗（かん）	10^{36}	十澗	10^{37}	百澗	10^{38}	千澗	10^{39}
正（せい）	10^{40}	十正	10^{41}	百正	10^{42}	千正	10^{43}
載（さい）	10^{44}	十載	10^{45}	百載	10^{46}	千載	10^{47}
極（ごく）	10^{48}	十極	10^{49}	百極	10^{50}	千極	10^{51}
恒河沙（ごうがしゃ）	10^{52}	十恒河沙	10^{53}	百恒河沙	10^{54}	千恒河沙	10^{55}
阿僧祇（あそうぎ）	10^{56}	十阿僧祇	10^{57}	百阿僧祇	10^{58}	千阿僧祇	10^{59}
那由他（なゆた）	10^{60}	十那由他	10^{61}	百那由他	10^{62}	千那由他	10^{63}
不可思議（ふかしぎ）	10^{64}	十不可思議	10^{65}	百不可思議	10^{66}	千不可思議	10^{67}
無量大数（むりょうたいすう）	10^{68}						

■小数

分（ぶ）	10^{-1}	厘（釐）（りん）	10^{-2}	毛（毫）（もう）	10^{-3}
糸（絲）（し）	10^{-4}	忽（こつ）	10^{-5}	微（び）	10^{-6}
繊（せん）	10^{-7}	沙（しゃ）	10^{-8}	塵（じん）	10^{-9}
埃（あい）	10^{-10}	渺（びょう）	10^{-11}	漠（ばく）	10^{-12}
模糊（もこ）	10^{-13}	逡巡（しゅんじゅん）	10^{-14}	須臾（しゅゆ）	10^{-15}
瞬息（しゅんそく）	10^{-16}	弾指（だんし）	10^{-17}	刹那（せつな）	10^{-18}
六徳（りっとく）	10^{-19}	虚空（こくう）	10^{-20}	清浄（しょうじょう）	10^{-21}
阿頼耶（あらや）	10^{-22}	阿摩羅（あまら）	10^{-23}	涅槃寂静（ねはんじゃくじょう）	10^{-24}

※資料によって数詞が異なるものもあるが，ここでは『塵劫記』『算学啓蒙』などに著されているものを参考に，一般的なものを記した。

付　録

ストマキオン

厚紙などにコピーして，切り取って遊んでみましょう。

正方形に並べる並べ方が何通り見つけられるでしょうか。

また，工夫してさまざまな形を作ることができます。下の例は一部です。

算数・数学用語辞典

記号表

	記号	用例	読みと意味
演算	$+$	$a+b$	a プラス b
	$-$	$a-b$	a マイナス b
	$\times, \cdot$	$a \times b$	a 掛ける b
	$\div, /$	$a \div b$	a 割る b
	$:$	$a:b$	a の b に対する比
関係式	$=$	$a=b$	a と b は等しい
	$\fallingdotseq$	$a \fallingdotseq b$	a と b はほぼ等しい
	$\neq$	$a \neq b$	a と b は等しくない
	$>$	$a>b$	a は b より大
	$<$	$a<b$	a は b より小
	$\geqq$	$a \geqq b$	より大きいか等しい
	$\leqq$	$a \leqq b$	より小さいか等しい
初等幾何	$\triangle$	$\triangle ABC$	三角形 ABC
	$\equiv$	$A \equiv B$	A と B は合同
	∞	$A \infty B$	A と B は相似
	$\perp$	$\ell \perp m$	ℓ と m は垂直
	$/\!/$	$\ell /\!/ m$	ℓ と m は平行
	$\angle$	$\angle ABC$	AB と BC がつくる角
定数	e		イー,自然対数の底
	π		パイ,円周率
	i		虚数単位
	ω		オメガ,1 の立方根
関数	$|\ |$	$|a|$	a の絶対値
	$-$	$-a$	マイナス a
	$!$	$n!$	ファクトリアル,n の階乗
	$\sqrt{\ }$	$\sqrt{a}$	ルート,a の平方根
	$\sin$	$\sin x$	サイン,正弦関数
	$\cos$	$\cos x$	コサイン,余弦関数
	$\tan$	$\tan x$	タンジェント,正接関数
	$\cot$	$\cot x$	コタンジェント,余接関数
	$\sec$	$\sec x$	セカント,正割関数
	$\csc$	$\csc x$	コセカント,余割関数
	$\sin^{-1}$	$\sin^{-1} x$	アークサイン,逆正弦関数
	$\cos^{-1}$	$\cos^{-1} x$	アークコサイン,逆余弦関数
	$\tan^{-1}$	$\tan^{-1} x$	アークタンジェント,逆正接関数
	$\log_a$	$\log_a x$	a を底とする x の対数

	記号	用例	読みと意味
数列・極限	$\{\ \}$	$\{a_n\}$	数列
	$\sum$	$\sum_{k=1}^{\infty} a_k$	シグマ,総和
	$\lim$	$\lim a_n$	数列 $\{a_n\}$ の極限
	∞	$+\infty, -\infty$	無限大
	$\to$	$f(x) \to a$	収束
微積分	Δ	$\Delta x, \Delta y$	デルタ,増分
	$\dfrac{d}{dx},\ '$	$\dfrac{dy}{dx},\ y'$	微分係数・導関数
	$\int$	$\int f(x)dx$	$f(x)$ の不定積分
	$\int_b^a$	$\int_b^a f(x)dx$	$f(x)$ の定積分
代数	G.C.M		最大公約数
	L.C.M		最小公倍数
	$_nP_r$	$(=n!/(n-r)!)$	順列の数
	$_nC_r$	$(=n!/r!(n-r)!)$	組合せの数
	$_n\Pi_r$	$(=n^r)$	重複順列の数
	$\det, |\ |$	$\det A, |A|$	行列の行列式
	$\cdot, (,)$	$a \cdot b, (a,b)$	ベクトルの内積
	$\times, [,]$	$a \times b, [a,b]$	ベクトルの外積
確率	P, Pr	$P(E), \Pr(E)$	事象 E の起こる確率
	E	$E(X)$	期待値
集合	$\in$	$x \in X$	x は X に属する
	$\bar{\in}$	$x \bar{\in} X$	$x \in X$ の否定
	$\subset$	$A \subset B$	A は B の部分集合
	$\emptyset$		空集合
	$\cup$	$A \cup B$	ユニオン,和事象
	$\cap$	$A \cap B$	インターセクション,積集合
	$\times$	$A \times B$	A と B の直積
	$(,)$	(a,b)	開区間
	$[,]$	$[a,b]$	閉区間
	$(,]$	$(a,b]$	左半開区間
	$[,)$	$[a,b)$	右半開区間

乱数表

44066	97654	04327	62343	64539	97583	90475	38611	97143	47666
36061	48362	64796	42026	95671	22555	66795	59982	22824	63000
11758	05989	13194	23851	29156	39130	91824	77356	68405	94853
77102	22948	77543	23747	12148	50587	69086	22416	54929	76088
27631	17633	18574	17486	48565	15562	27002	48667	46383	30053
99915	47058	80529	82258	68001	59602	96712	21151	42599	79665
39673	02523	84500	15267	67178	50988	85933	44229	45443	02775
37582	34327	13064	22744	64402	59364	49217	34180	63261	76512
66034	83795	73007	73820	86697	87757	00559	07992	01527	65326
09852	79279	75389	85930	44458	13564	41296	75491	00459	18678
48590	11197	12172	13687	67666	55508	93691	43349	44767	75482
58656	17654	95017	04518	57963	00289	73535	23499	81952	16416
65787	69013	58848	61169	26532	59058	04447	17128	81204	51210
36414	17124	79044	75060	62802	36223	42707	84785	44410	54701
41155	05495	00110	72124	60130	44563	23658	06291	72716	59415
85959	72573	48344	31610	38304	36519	81409	50801	96524	81318
14753	55528	37245	00849	48167	71681	57985	93526	81983	13318
67951	22278	88166	61113	23060	55377	22318	26712	11571	29140
99384	46744	53367	12004	14125	08369	04079	23024	90145	08581
80552	12988	10570	93478	76288	35768	41532	79049	23887	93914
35652	53936	08535	84763	27962	47236	72106	44533	28027	49341
45474	31694	81669	78080	40194	35543	05873	94972	90680	04901
10960	20514	32301	67557	42965	81482	78373	49670	93613	32523
02805	80500	02685	11355	59198	62832	63123	07540	41064	61253
65576	11399	80143	36678	63136	90201	83988	59003	17020	77708
95880	65934	88934	51963	94247	25681	22341	34257	39712	32898
44260	44775	33741	59466	48838	21030	93897	80454	08883	43134
27855	63928	40258	05045	05624	36369	85816	09763	07290	52680
35206	77239	60839	04939	35614	08019	98899	92456	41754	06928
37760	08187	01335	82557	16476	36843	58392	30358	96270	92385
07214	09572	53371	45370	71726	10298	82483	06597	19772	09270
84015	37639	18789	02293	98516	43162	27291	73479	78641	13713
71556	24760	96333	48368	86103	87910	80034	13783	05503	34345
40344	41819	02177	18877	89633	76582	52443	34757	77341	15371
52466	29917	67216	66980	18909	67539	90341	01290	76470	77537
48104	61215	85828	86295	58774	51031	82329	43435	00320	14911
90906	54122	57791	36193	72920	01144	69503	94521	66698	72761
14103	24773	44667	91219	40251	69231	21031	19438	43853	33484
00729	52707	46801	89148	13793	53868	01965	49445	08203	07828
54717	37737	65622	60562	24783	57975	90156	52781	01181	13467

算数・数学用語辞典

三角関数表　$\sin n°$, $\cos n°$, $\tan n°$, $\cot n°$

(1) $\sin 0°0' \sim \sin 45°$

n	0'	6'	12'	18'	24'	30'	36'	42'	48'	54'	60'	
0	.0000	.0017	.0035	.0052	.0070	.0087	.0105	.0122	.0140	.0157	.0175	89
1	.0175	.0192	.0209	.0227	.0244	.0262	.0279	.0297	.0314	.0332	.0349	88
2	.0349	.0366	.0384	.0401	.0419	.0436	.0454	.0471	.0488	.0506	.0523	87
3	.0523	.0541	.0558	.0576	.0593	.0610	.0628	.0645	.0663	.0680	.0698	86
4	.0698	.0715	.0732	.0750	.0767	.0785	.0802	.0819	.0837	.0854	.0872	85
5	.0872	.0889	.0906	.0924	.0941	.0958	.0976	.0993	.1011	.1028	.1045	84
6	.1045	.1063	.1080	.1097	.1115	.1132	.1149	.1167	.1184	.1201	.1219	83
7	.1219	.1236	.1253	.1271	.1288	.1305	.1323	.1340	.1357	.1374	.1392	82
8	.1392	.1409	.1426	.1444	.1461	.1478	.1495	.1513	.1530	.1547	.1564	81
9	.1564	.1582	.1599	.1616	.1633	.1650	.1668	.1685	.1702	.1719	.1736	80
10	.1736	.1754	.1771	.1788	.1805	.1822	.1840	.1857	.1874	.1891	.1908	79
11	.1908	.1925	.1942	.1959	.1977	.1994	.2011	.2028	.2045	.2062	.2079	78
12	.2079	.2096	.2113	.2130	.2147	.2164	.2181	.2198	.2215	.2233	.2250	77
13	.2250	.2267	.2284	.2300	.2317	.2334	.2351	.2368	.2385	.2402	.2419	76
14	.2419	.2436	.2453	.2470	.2487	.2504	.2521	.2538	.2554	.2571	.2588	75
15	.2588	.2605	.2622	.2639	.2656	.2672	.2689	.2706	.2723	.2740	.2756	74
16	.2756	.2773	.2790	.2807	.2823	.2840	.2857	.2874	.2890	.2907	.2924	73
17	.2924	.2940	.2957	.2974	.2990	.3007	.3024	.3040	.3057	.3074	.3090	72
18	.3090	.3107	.3123	.3140	.3156	.3173	.3190	.3206	.3223	.3239	.3256	71
19	.3256	.3272	.3289	.3305	.3322	.3338	.3355	.3371	.3387	.3404	.3420	70
20	.3420	.3437	.3453	.3469	.3486	.3502	.3518	.3535	.3551	.3567	.3584	69
21	.3584	.3600	.3616	.3633	.3649	.3665	.3681	.3697	.3714	.3730	.3746	68
22	.3746	.3762	.3778	.3795	.3811	.3827	.3843	.3859	.3875	.3891	.3907	67
23	.3907	.3923	.3939	.3955	.3971	.3987	.4003	.4019	.4035	.4051	.4067	66
24	.4067	.4083	.4099	.4115	.4131	.4147	.4163	.4179	.4195	.4210	.4226	65
25	.4226	.4242	.4258	.4274	.4289	.4305	.4321	.4337	.4352	.4368	.4384	64
26	.4384	.4399	.4415	.4431	.4446	.4462	.4478	.4493	.4509	.4524	.4540	63
27	.4540	.4555	.4571	.4586	.4602	.4617	.4633	.4648	.4664	.4679	.4695	62
28	.4695	.4710	.4726	.4741	.4756	.4772	.4787	.4802	.4818	.4833	.4848	61
29	.4848	.4863	.4879	.4894	.4909	.4924	.4939	.4955	.4970	.4985	.5000	60
30	.5000	.5015	.5030	.5045	.5060	.5075	.5090	.5105	.5120	.5135	.5150	59
31	.5150	.5165	.5180	.5195	.5210	.5225	.5240	.5255	.5270	.5284	.5299	58
32	.5299	.5314	.5329	.5344	.5358	.5373	.5388	.5402	.5417	.5432	.5446	57
33	.5446	.5461	.5476	.5490	.5505	.5519	.5534	.5548	.5563	.5577	.5592	56
34	.5592	.5606	.5621	.5635	.5650	.5664	.5678	.5693	.5707	.5721	.5736	55
35	.5736	.5750	.5764	.5779	.5793	.5807	.5821	.5835	.5850	.5864	.5878	54
36	.5878	.5892	.5906	.5920	.5934	.5948	.5962	.5976	.5990	.6004	.6018	53
37	.6018	.6032	.6046	.6060	.6074	.6088	.6101	.6115	.6129	.6143	.6157	52
38	.6157	.6170	.6184	.6198	.6211	.6225	.6239	.6252	.6266	.6280	.6293	51
39	.6293	.6307	.6320	.6334	.6347	.6361	.6374	.6388	.6401	.6414	.6428	50
40	.6428	.6441	.6455	.6468	.6481	.6494	.6508	.6521	.6534	.6547	.6561	49
41	.6561	.6574	.6587	.6600	.6613	.6626	.6639	.6652	.6665	.6678	.6691	48
42	.6691	.6704	.6717	.6730	.6743	.6756	.6769	.6782	.6794	.6807	.6820	47
43	.6820	.6833	.6845	.6858	.6871	.6884	.6896	.6909	.6921	.6934	.6947	46
44	.6947	.6959	.6972	.6984	.6997	.7009	.7022	.7034	.7046	.7059	.7071	45
	60'	54'	48'	42'	36'	30'	24'	18'	12'	6'	0'	n

$\cos 45°0' \sim \cos 90°$

付　録

(2) $\sin 45°0' \sim \sin 90°$

n	0'	6'	12'	18'	24'	30'	36'	42'	48'	54'	60'	
45	.7071	.7083	.7096	.7108	.7120	.7133	.7145	.7157	.7169	.7181	.7193	44
46	.7193	.7206	.7218	.7230	.7242	.7254	.7266	.7278	.7290	.7302	.7314	43
47	.7314	.7325	.7337	.7349	.7361	.7373	.7385	.7396	.7408	.7420	.7431	42
48	.7431	.7443	.7455	.7466	.7478	.7490	.7501	.7513	.7524	.7536	.7547	41
49	.7547	.7559	.7570	.7581	.7593	.7604	.7615	.7627	.7638	.7649	.7660	40
50	.7660	.7672	.7683	.7694	.7705	.7716	.7727	.7738	.7749	.7760	.7771	39
51	.7771	.7782	.7793	.7804	.7815	.7826	.7837	.7848	.7859	.7869	.7880	38
52	.7880	.7891	.7902	.7912	.7923	.7934	.7944	.7955	.7965	.7976	.7986	37
53	.7986	.7997	.8007	.8018	.8028	.8039	.8049	.8059	.8070	.8080	.8090	36
54	.8090	.8100	.8111	.8121	.8131	.8141	.8151	.8161	.8171	.8181	.8192	35
55	.8192	.8202	.8211	.8221	.8231	.8241	.8251	.8261	.8271	.8281	.8290	34
56	.8290	.8300	.8310	.8320	.8329	.8339	.8348	.8358	.8368	.8377	.8387	33
57	.8387	.8396	.8406	.8415	.8425	.8434	.8443	.8453	.8462	.8471	.8480	32
58	.8480	.8490	.8499	.8508	.8517	.8526	.8536	.8545	.8554	.8563	.8572	31
59	.8572	.8581	.8590	.8599	.8607	.8616	.8625	.8634	.8643	.8652	.8660	30
60	.8660	.8669	.8678	.8686	.8695	.8704	.8712	.8721	.8729	.8738	.8746	29
61	.8746	.8755	.8763	.8771	.8780	.8788	.8796	.8805	.8813	.8821	.8829	28
62	.8829	.8838	.8846	.8854	.8862	.8870	.8878	.8886	.8894	.8902	.8910	27
63	.8910	.8918	.8926	.8934	.8942	.8949	.8957	.8965	.8973	.8980	.8988	26
64	.8988	.8996	.9003	.9011	.9018	.9026	.9033	.9041	.9048	.9056	.9063	25
65	.9063	.9070	.9078	.9085	.9092	.9100	.9107	.9114	.9121	.9128	.9135	24
66	.9135	.9143	.9150	.9157	.9164	.9171	.9178	.9184	.9191	.9198	.9205	23
67	.9205	.9212	.9219	.9225	.9232	.9239	.9245	.9252	.9259	.9265	.9272	22
68	.9272	.9278	.9285	.9291	.9298	.9304	.9311	.9317	.9323	.9330	.9336	21
69	.9336	.9342	.9348	.9354	.9361	.9367	.9373	.9379	.9385	.9391	.9397	20
70	.9397	.9403	.9409	.9415	.9421	.9426	.9432	.9438	.9444	.9449	.9455	19
71	.9455	.9461	.9466	.9472	.9478	.9483	.9489	.9494	.9500	.9505	.9511	18
72	.9511	.9516	.9521	.9527	.9532	.9537	.9542	.9548	.9553	.9558	.9563	17
73	.9563	.9568	.9573	.9578	.9583	.9588	.9593	.9598	.9603	.9608	.9613	16
74	.9613	.9617	.9622	.9627	.9632	.9636	.9641	.9646	.9650	.9655	.9659	15
75	.9659	.9664	.9668	.9673	.9677	.9681	.9686	.9690	.9694	.9699	.9703	14
76	.9703	.9707	.9711	.9715	.9720	.9724	.9728	.9732	.9736	.9740	.9744	13
77	.9744	.9748	.9751	.9755	.9759	.9763	.9767	.9770	.9774	.9778	.9781	12
78	.9781	.9785	.9789	.9792	.9796	.9799	.9803	.9806	.9810	.9813	.9816	11
79	.9816	.9820	.9823	.9826	.9829	.9833	.9836	.9839	.9842	.9845	.9848	10
80	.9848	.9851	.9854	.9857	.9860	.9863	.9866	.9869	.9871	.9874	.9877	9
81	.9877	.9880	.9882	.9885	.9888	.9890	.9893	.9895	.9898	.9900	.9903	8
82	.9903	.9905	.9907	.9910	.9912	.9914	.9917	.9919	.9921	.9923	.9925	7
83	.9925	.9928	.9930	.9932	.9934	.9936	.9938	.9940	.9942	.9943	.9945	6
84	.9945	.9947	.9949	.9951	.9952	.9954	.9956	.9957	.9959	.9960	.9962	5
85	.9962	.9963	.9965	.9966	.9968	.9969	.9971	.9972	.9973	.9974	.9976	4
86	.9976	.9977	.9978	.9979	.9980	.9981	.9982	.9983	.9984	.9985	.9986	3
87	.9986	.9987	.9988	.9989	.9990	.9990	.9991	.9992	.9993	.9993	.9994	2
88	.9994	.9995	.9995	.9996	.9996	.9997	.9997	.9997	.9998	.9998	.9998	1
89	.9998	.9999	.9999	.9999	.9999	1.0000	1.0000	1.0000	1.0000	1.0000	1.00000	
	60'	54'	48'	42'	36'	30'	24'	18'	12'	6'	0'	n

$\cos 0°0' \sim \cos 45°$

算数・数学用語辞典

(3) $\tan 0°0' \sim \tan 45°$

n	0'	6'	12'	18'	24'	30'	36'	42'	48'	54'	60'	
0	.0000	.0017	.0035	.0052	.0070	.0087	.0105	.0122	.0140	.0157	.0175	89
1	.0175	.0192	.0209	.0227	.0244	.0262	.0279	.0297	.0314	.0332	.0349	88
2	.0349	.0367	.0384	.0402	.0419	.0437	.0454	.0472	.0489	.0507	.0524	87
3	.0524	.0542	.0559	.0577	.0594	.0612	.0629	.0647	.0664	.0682	.0699	86
4	.0699	.0717	.0734	.0752	.0769	.0787	.0805	.0822	.0840	.0857	.0875	85
5	.0875	.0892	.0910	.0928	.0945	.0963	.0981	.0998	.1016	.1033	.1051	84
6	.1051	.1069	.1086	.1104	.1122	.1139	.1157	.1175	.1192	.1210	.1228	83
7	.1228	.1246	.1263	.1281	.1299	.1317	.1334	.1352	.1370	.1388	.1405	82
8	.1405	.1423	.1441	.1459	.1477	.1495	.1512	.1530	.1548	.1566	.1584	81
9	.1584	.1602	.1620	.1638	.1655	.1673	.1691	.1709	.1727	.1745	.1763	80
10	.1763	.1781	.1799	.1817	.1835	.1853	.1871	.1890	.1908	.1926	.1944	79
11	.1944	.1962	.1980	.1998	.2016	.2035	.2053	.2071	.2089	.2107	.2126	78
12	.2126	.2144	.2162	.2180	.2199	.2217	.2235	.2254	.2272	.2290	.2309	77
13	.2309	.2327	.2345	.2364	.2382	.2401	.2419	.2438	.2456	.2475	.2493	76
14	.2493	.2512	.2530	.2549	.2568	.2586	.2605	.2623	.2642	.2661	.2679	75
15	.2679	.2698	.2717	.2736	.2754	.2773	.2792	.2811	.2830	.2849	.2867	74
16	.2867	.2886	.2905	.2924	.2943	.2962	.2981	.3000	.3019	.3038	.3057	73
17	.3057	.3076	.3096	.3115	.3134	.3153	.3172	.3191	.3211	.3230	.3249	72
18	.3249	.3269	.3288	.3307	.3327	.3346	.3365	.3385	.3404	.3424	.3443	71
19	.3443	.3463	.3482	.3502	.3522	.3541	.3561	.3581	.3600	.3620	.3640	70
20	.3640	.3659	.3679	.3699	.3719	.3739	.3759	.3779	.3799	.3819	.3839	69
21	.3839	.3859	.3879	.3899	.3919	.3939	.3959	.3979	.4000	.4020	.4040	68
22	.4040	.4061	.4081	.4101	.4122	.4142	.4163	.4183	.4204	.4224	.4245	67
23	.4245	.4265	.4286	.4307	.4327	.4348	.4369	.4390	.4411	.4431	.4452	66
24	.4452	.4473	.4494	.4515	.4536	.4557	.4578	.4599	.4621	.4642	.4663	65
25	.4663	.4684	.4706	.4727	.4748	.4770	.4791	.4813	.4834	.4856	.4877	64
26	.4877	.4899	.4921	.4942	.4964	.4986	.5008	.5029	.5051	.5073	.5095	63
27	.5095	.5117	.5139	.5161	.5184	.5206	.5228	.5250	.5272	.5295	.5317	62
28	.5317	.5340	.5362	.5384	.5407	.5430	.5452	.5475	.5498	.5520	.5543	61
29	.5543	.5566	.5589	.5612	.5635	.5658	.5681	.5704	.5727	.5750	.5774	60
30	.5774	.5797	.5820	.5844	.5867	.5890	.5914	.5938	.5961	.5985	.6009	59
31	.6009	.6032	.6056	.6080	.6104	.6128	.6152	.6176	.6200	.6224	.6249	58
32	.6249	.6273	.6297	.6322	.6346	.6371	.6395	.6420	.6445	.6469	.6494	57
33	.6494	.6519	.6544	.6569	.6594	.6619	.6644	.6669	.6694	.6720	.6745	56
34	.6745	.6771	.6796	.6822	.6847	.6873	.6899	.6924	.6950	.6976	.7002	55
35	.7002	.7028	.7054	.7080	.7107	.7133	.7159	.7186	.7212	.7239	.7265	54
36	.7265	.7292	.7319	.7346	.7373	.7400	.7427	.7454	.7481	.7508	.7536	53
37	.7536	.7563	.7590	.7618	.7646	.7673	.7701	.7729	.7757	.7785	.7813	52
38	.7813	.7841	.7869	.7898	.7926	.7954	.7983	.8012	.8040	.8069	.8098	51
39	.8098	.8127	.8156	.8185	.8214	.8243	.8273	.8302	.8332	.8361	.8391	50
40	.8391	.8421	.8451	.8481	.8511	.8541	.8571	.8601	.8632	.8662	.8693	49
41	.8693	.8724	.8754	.8785	.8816	.8847	.8878	.8910	.8941	.8972	.9004	48
42	.9004	.9036	.9067	.9099	.9131	.9163	.9195	.9228	.9260	.9293	.9325	47
43	.9325	.9358	.9391	.9424	.9457	.9490	.9523	.9556	.9590	.9623	.9657	46
44	.9657	.9691	.9725	.9759	.9793	.9827	.9861	.9896	.9930	.9965	1.0000	45
	60'	54'	48'	42'	36'	30'	24'	18'	12'	6'	0'	n

$\cot 45°0' \sim \cot 90°$

(4) $\tan 45°0' \sim \tan 90°$

n	0'	6'	12'	18'	24'	30'	36'	42'	48'	54'	60'	
45	1.0000	1.0035	1.0070	1.0105	1.0141	1.0176	1.0212	1.0247	1.0283	1.0319	1.0355	44
46	1.0355	1.0392	1.0428	1.0464	1.0501	1.0538	1.0575	1.0612	1.0649	1.0686	1.0724	43
47	1.0724	1.0761	1.0799	1.0837	1.0875	1.0913	1.0951	1.0990	1.1028	1.1067	1.1106	42
48	1.1106	1.1145	1.1184	1.1224	1.1263	1.1303	1.1343	1.1383	1.1423	1.1463	1.1504	41
49	1.1504	1.1544	1.1585	1.1626	1.1667	1.1708	1.1750	1.1792	1.1833	1.1875	1.1918	40
50	1.1918	1.1960	1.2002	1.2045	1.2088	1.2131	1.2174	1.2218	1.2261	1.2305	1.2349	39
51	1.2349	1.2393	1.2437	1.2482	1.2527	1.2572	1.2617	1.2662	1.2708	1.2753	1.2799	38
52	1.2799	1.2846	1.2892	1.2938	1.2985	1.3032	1.3079	1.3127	1.3175	1.3222	1.3270	37
53	1.3270	1.3319	1.3367	1.3416	1.3465	1.3514	1.3564	1.3613	1.3663	1.3713	1.3764	36
54	1.3764	1.3814	1.3865	1.3916	1.3968	1.4019	1.4071	1.4124	1.4176	1.4229	1.4281	35
55	1.4281	1.4335	1.4388	1.4442	1.4496	1.4550	1.4605	1.4659	1.4715	1.4770	1.4826	34
56	1.4826	1.4882	1.4938	1.4994	1.5051	1.5108	1.5166	1.5224	1.5282	1.5340	1.5399	33
57	1.5399	1.5458	1.5517	1.5577	1.5637	1.5697	1.5757	1.5818	1.5880	1.5941	1.6003	32
58	1.6003	1.6066	1.6128	1.6191	1.6255	1.6319	1.6383	1.6447	1.6512	1.6577	1.6643	31
59	1.6643	1.6709	1.6775	1.6842	1.6909	1.6977	1.7045	1.7113	1.7182	1.7251	1.7321	30
60	1.7321	1.7391	1.7461	1.7532	1.7603	1.7675	1.7747	1.7820	1.7893	1.7966	1.8040	29
61	1.8040	1.8115	1.8190	1.8265	1.8341	1.8418	1.8495	1.8572	1.8650	1.8728	1.8807	28
62	1.8807	1.8887	1.8967	1.9047	1.9128	1.9210	1.9292	1.9375	1.9458	1.9542	1.9626	27
63	1.9626	1.9711	1.9797	1.9883	1.9970	2.0057	2.0145	2.0233	2.0323	2.0413	2.0503	26
64	2.0503	2.0594	2.0686	2.0778	2.0872	2.0965	2.1060	2.1155	2.1251	2.1348	2.1445	25
65	2.1445	2.1543	2.1642	2.1742	2.1842	2.1943	2.2045	2.2148	2.2251	2.2355	2.2460	24
66	2.2460	2.2566	2.2673	2.2781	2.2889	2.2998	2.3109	2.3220	2.3332	2.3445	2.3559	23
67	2.3559	2.3673	2.3789	2.3906	2.4023	2.4142	2.4262	2.4383	2.4504	2.4627	2.4751	22
68	2.4751	2.4876	2.5002	2.5129	2.5257	2.5386	2.5517	2.5649	2.5782	2.5916	2.6051	21
69	2.6051	2.6187	2.6325	2.6464	2.6605	2.6746	2.6889	2.7034	2.7179	2.7326	2.7475	20
70	2.7475	2.7625	2.7776	2.7929	2.8083	2.8239	2.8397	2.8556	2.8716	2.8878	2.9042	19
71	2.9042	2.9208	2.9375	2.9544	2.9714	2.9887	3.0061	3.0237	3.0415	3.0595	3.0777	18
72	3.0777	3.0961	3.1146	3.1334	3.1524	3.1716	3.1910	3.2106	3.2305	3.2506	3.2709	17
73	3.2709	3.2914	3.3122	3.3332	3.3544	3.3759	3.3977	3.4197	3.4420	3.4646	3.4874	16
74	3.4874	3.5105	3.5339	3.5576	3.5816	3.6059	3.6305	3.6554	3.6806	3.7062	3.7321	15
75	3.7321	3.7583	3.7848	3.8118	3.8391	3.8667	3.8947	3.9232	3.9520	3.9812	4.0108	14
76	4.0108	4.0408	4.0713	4.1022	4.1335	4.1653	4.1976	4.2303	4.2635	4.2972	4.3315	13
77	4.3315	4.3662	4.4015	4.4373	4.4737	4.5107	4.5483	4.5864	4.6252	4.6646	4.7046	12
78	4.7046	4.7453	4.7867	4.8288	4.8716	4.9152	4.9594	5.0045	5.0504	5.0970	5.1446	11
79	5.1446	5.1929	5.2422	5.2924	5.3435	5.3955	5.4486	5.5026	5.5578	5.6140	5.6713	10
80	5.6713	5.7297	5.7894	5.8502	5.9124	5.9758	6.0405	6.1066	6.1742	6.2432	6.3138	9
81	6.3138	6.3859	6.4596	6.5350	6.6122	6.6912	6.7720	6.8548	6.9395	7.0264	7.1154	8
82	7.1154	7.2066	7.3002	7.3962	7.4947	7.5958	7.6996	7.8062	7.9158	8.0285	8.1443	7
83	8.1443	8.2636	8.3863	8.5126	8.6427	8.7769	8.9152	9.0579	9.2052	9.3572	9.5144	6
84	9.5144	9.6768	9.8448	10.0187	10.1988	10.3854	10.5789	10.7797	10.9882	11.2048	11.4301	5
85	11.4301	11.6645	11.9087	12.1632	12.4288	12.7062	12.9962	13.2996	13.6174	13.9507	14.3007	4
86	14.3007	14.6685	15.0557	15.4638	15.8945	16.3499	16.8319	17.3432	17.8863	18.4645	19.0811	3
87	19.0811	19.7403	20.4465	21.2049	22.0217	22.9038	23.8593	24.8978	26.0307	27.2715	28.6363	2
88	28.6363	30.1446	31.8205	33.6935	35.8006	38.1885	40.9174	44.0661	47.7395	52.0807	57.2900	1
89	57.2987	63.6646	71.6221	81.8532	95.4947	114.593	143.241	190.987	286.479	572.958	—	0
	60'	54'	48'	42'	36'	30'	24'	18'	12'	6'	0'	n

$\cot 0°0' \sim \cot 45°$

常用対数表 $\log n$

(1) $\log 1.00 \sim \log 5.49$

n	0	1	2	3	4	5	6	7	8	9
1.0	.0000	.0043	.0086	.0128	.0170	.0212	.0253	.0294	.0334	.0374
1.1	.0414	.0453	.0492	.0531	.0569	.0607	.0645	.0682	.0719	.0755
1.2	.0792	.0828	.0864	.0899	.0934	.0969	.1004	.1038	.1072	.1106
1.3	.1139	.1173	.1206	.1239	.1271	.1303	.1335	.1367	.1399	.1430
1.4	.1461	.1492	.1523	.1553	.1584	.1614	.1644	.1673	.1703	.1732
1.5	.1761	.1790	.1818	.1847	.1875	.1903	.1931	.1959	.1987	.2014
1.6	.2041	.2068	.2095	.2122	.2148	.2175	.2201	.2227	.2253	.2279
1.7	.2304	.2330	.2355	.2380	.2405	.2430	.2455	.2480	.2504	.2529
1.8	.2553	.2577	.2601	.2625	.2648	.2672	.2695	.2718	.2742	.2765
1.9	.2788	.2810	.2833	.2856	.2878	.2900	.2923	.2945	.2967	.2989
2.0	.3010	.3032	.3054	.3075	.3096	.3118	.3139	.3160	.3181	.3201
2.1	.3222	.3243	.3263	.3284	.3304	.3324	.3345	.3365	.3385	.3404
2.2	.3424	.3444	.3464	.3483	.3502	.3522	.3541	.3560	.3579	.3598
2.3	.3617	.3636	.3655	.3674	.3692	.3711	.3729	.3747	.3766	.3784
2.4	.3802	.3820	.3838	.3856	.3874	.3892	.3909	.3927	.3945	.3962
2.5	.3979	.3997	.4014	.4031	.4048	.4065	.4082	.4099	.4116	.4133
2.6	.4150	.4166	.4183	.4200	.4216	.4232	.4249	.4265	.4281	.4298
2.7	.4314	.4330	.4346	.4362	.4378	.4393	.4409	.4425	.4440	.4456
2.8	.4472	.4487	.4502	.4518	.4533	.4548	.4564	.4579	.4594	.4609
2.9	.4624	.4639	.4654	.4669	.4683	.4698	.4713	.4728	.4742	.4757
3.0	.4771	.4786	.4800	.4814	.4829	.4843	.4857	.4871	.4886	.4900
3.1	.4914	.4928	.4942	.4955	.4969	.4983	.4997	.5011	.5024	.5038
3.2	.5051	.5065	.5079	.5092	.5105	.5119	.5132	.5145	.5159	.5172
3.3	.5185	.5198	.5211	.5224	.5237	.5250	.5263	.5276	.5289	.5302
3.4	.5315	.5328	.5340	.5353	.5366	.5378	.5391	.5403	.5416	.5428
3.5	.5441	.5453	.5465	.5478	.5490	.5502	.5514	.5527	.5539	.5551
3.6	.5563	.5575	.5587	.5599	.5611	.5623	.5635	.5647	.5658	.5670
3.7	.5682	.5694	.5705	.5717	.5729	.5740	.5752	.5763	.5775	.5786
3.8	.5798	.5809	.5821	.5832	.5843	.5855	.5866	.5877	.5888	.5899
3.9	.5911	.5922	.5933	.5944	.5955	.5966	.5977	.5988	.5999	.6010
4.0	.6021	.6031	.6042	.6053	.6064	.6075	.6085	.6096	.6107	.6117
4.1	.6128	.6138	.6149	.6160	.6170	.6180	.6191	.6201	.6212	.6222
4.2	.6232	.6243	.6253	.6263	.6274	.6284	.6294	.6304	.6314	.6325
4.3	.6335	.6345	.6355	.6365	.6375	.6385	.6395	.6405	.6415	.6425
4.4	.6435	.6444	.6454	.6464	.6474	.6484	.6493	.6503	.6513	.6522
4.5	.6532	.6542	.6551	.6561	.6571	.6580	.6590	.6599	.6609	.6618
4.6	.6628	.6637	.6646	.6656	.6665	.6675	.6684	.6693	.6702	.6712
4.7	.6721	.6730	.6739	.6749	.6758	.6767	.6776	.6785	.6794	.6803
4.8	.6812	.6821	.6830	.6839	.6848	.6857	.6866	.6875	.6884	.6893
4.9	.6902	.6911	.6920	.6928	.6937	.6946	.6955	.6964	.6972	.6981
5.0	.6990	.6998	.7007	.7016	.7024	.7033	.7042	.7050	.7059	.7067
5.1	.7076	.7084	.7093	.7101	.7110	.7118	.7126	.7135	.7143	.7152
5.2	.7160	.7168	.7177	.7185	.7193	.7202	.7210	.7218	.7226	.7235
5.3	.7243	.7251	.7259	.7267	.7275	.7284	.7292	.7300	.7308	.7316
5.4	.7324	.7332	.7340	.7348	.7356	.7364	.7372	.7380	.7388	.7396

(2) log 5.50 ～ log 9.99

n	0	1	2	3	4	5	6	7	8	9
5.5	.7404	.7412	.7419	.7427	.7435	.7443	.7451	.7459	.7466	.7474
5.6	.7482	.7490	.7497	.7505	.7513	.7520	.7528	.7536	.7543	.7551
5.7	.7559	.7566	.7574	.7582	.7589	.7597	.7604	.7612	.7619	.7627
5.8	.7634	.7642	.7649	.7657	.7664	.7672	.7679	.7686	.7694	.7701
5.9	.7709	.7716	.7723	.7731	.7738	.7745	.7752	.7760	.7767	.7774
6.0	.7782	.7789	.7796	.7803	.7810	.7818	.7825	.7832	.7839	.7846
6.1	.7853	.7860	.7868	.7875	.7882	.7889	.7896	.7903	.7910	.7917
6.2	.7924	.7931	.7938	.7945	.7952	.7959	.7966	.7973	.7980	.7987
6.3	.7993	.8000	.8007	.8014	.8021	.8028	.8035	.8041	.8048	.8055
6.4	.8062	.8069	.8075	.8082	.8089	.8096	.8102	.8109	.8116	.8122
6.5	.8129	.8136	.8142	.8149	.8156	.8162	.8169	.8176	.8182	.8189
6.6	.8195	.8202	.8209	.8215	.8222	.8228	.8235	.8241	.8248	.8254
6.7	.8261	.8267	.8274	.8280	.8287	.8293	.8299	.8306	.8312	.8319
6.8	.8325	.8331	.8338	.8344	.8351	.8357	.8363	.8370	.8376	.8382
6.9	.8388	.8395	.8401	.8407	.8414	.8420	.8426	.8432	.8439	.8445
7.0	.8451	.8457	.8463	.8470	.8476	.8482	.8488	.8494	.8500	.8506
7.1	.8513	.8519	.8525	.8531	.8537	.8543	.8549	.8555	.8561	.8567
7.2	.8573	.8579	.8585	.8591	.8597	.8603	.8609	.8615	.8621	.8627
7.3	.8633	.8639	.8645	.8651	.8657	.8663	.8669	.8675	.8681	.8686
7.4	.8692	.8698	.8704	.8710	.8716	.8722	.8727	.8733	.8739	.8745
7.5	.8751	.8756	.8762	.8768	.8774	.8779	.8785	.8791	.8797	.8802
7.6	.8808	.8814	.8820	.8825	.8831	.8837	.8842	.8848	.8854	.8859
7.7	.8865	.8871	.8876	.8882	.8887	.8893	.8899	.8904	.8910	.8915
7.8	.8921	.8927	.8932	.8938	.8943	.8949	.8954	.8960	.8965	.8971
7.9	.8976	.8982	.8987	.8993	.8998	.9004	.9009	.9015	.9020	.9025
8.0	.9031	.9036	.9042	.9047	.9053	.9058	.9063	.9069	.9074	.9079
8.1	.9085	.9090	.9096	.9101	.9106	.9112	.9117	.9122	.9128	.9133
8.2	.9138	.9143	.9149	.9154	.9159	.9165	.9170	.9175	.9180	.9186
8.3	.9191	.9196	.9201	.9206	.9212	.9217	.9222	.9227	.9232	.9238
8.4	.9243	.9248	.9253	.9258	.9263	.9269	.9274	.9279	.9284	.9289
8.5	.9294	.9299	.9304	.9309	.9315	.9320	.9325	.9330	.9335	.9340
8.6	.9345	.9350	.9355	.9360	.9365	.9370	.9375	.9380	.9385	.9390
8.7	.9395	.9400	.9405	.9410	.9415	.9420	.9425	.9430	.9435	.9440
8.8	.9445	.9450	.9455	.9460	.9465	.9469	.9474	.9479	.9484	.9489
8.9	.9494	.9499	.9504	.9509	.9513	.9518	.9523	.9528	.9533	.9538
9.0	.9542	.9547	.9552	.9557	.9562	.9566	.9571	.9576	.9581	.9586
9.1	.9590	.9595	.9600	.9605	.9609	.9614	.9619	.9624	.9628	.9633
9.2	.9638	.9643	.9647	.9652	.9657	.9661	.9666	.9671	.9675	.9680
9.3	.9685	.9689	.9694	.9699	.9703	.9708	.9713	.9717	.9722	.9727
9.4	.9731	.9736	.9741	.9745	.9750	.9754	.9759	.9763	.9768	.9773
9.5	.9777	.9782	.9786	.9791	.9795	.9800	.9805	.9809	.9814	.9818
9.6	.9823	.9827	.9832	.9836	.9841	.9845	.9850	.9854	.9859	.9863
9.7	.9868	.9872	.9877	.9881	.9886	.9890	.9894	.9899	.9903	.9908
9.8	.9912	.9917	.9921	.9926	.9930	.9934	.9939	.9943	.9948	.9952
9.9	.9956	.9961	.9965	.9969	.9974	.9978	.9983	.9987	.9991	.9996

三角関数とラジアン

角		$\cos x$	$\sin x$	$\tan x$	$\cot x$
x (ラジアン)	α (度)				
0.00	0°00′00″	+1.00000	0.00000	0.00000	∞
0.05	2°51′53″	+0.99875	+0.04998	+0.05004	+19.98333
0.10	5°43′46″	+0.99500	+0.09983	+0.10033	+9.96664
0.15	8°35′40″	+0.98877	+0.14944	+0.15114	+6.61660
0.20	11°27′33″	+0.98007	+0.19867	+0.20271	+4.93315
0.25	14°19′26″	+0.96891	+0.24740	+0.25534	+3.91632
0.30	17°11′19″	+0.95534	+0.29552	+0.30934	+3.23272
0.35	20°03′13″	+0.93937	+0.34290	+0.36503	+2.73951
0.40	22°55′06″	+0.92106	+0.38942	+0.42279	+2.36522
0.45	25°46′59″	+0.90045	+0.43497	+0.48306	+2.07012
0.50	28°38′52″	+0.87758	+0.47943	+0.54630	+1.83059
0.55	31°30′46″	+0.85252	+0.52269	+0.61311	+1.63124
0.60	34°22′39″	+0.82534	+0.56464	+0.68414	+1.46170
0.65	37°14′32″	+0.79608	+0.60519	+0.76020	+1.31544
0.70	40°06′25″	+0.76484	+0.64422	+0.84229	+1.18723
0.75	42°58′19″	+0.73169	+0.68164	+0.93160	+1.07353
0.80	45°50′12″	+0.69671	+0.71736	+1.02964	+0.97121
0.85	48°42′05″	+0.65998	+0.75128	+1.13833	+0.87848
0.90	51°33′58″	+0.62161	+0.78333	+1.26016	+0.79355
0.95	54°25′52″	+0.58168	+0.81342	+1.39838	+0.71511
1.00	57°17′45″	+0.54030	+0.84147	+1.55741	+0.61209
1.05	60°09′38″	+0.49757	+0.86742	+1.74332	+0.57362
1.10	63°01′31″	+0.45360	+0.89121	+1.96476	+0.50897
1.15	65°53′25″	+0.40849	+0.91276	+2.23450	+0.44753
1.20	68°45′18″	+0.36236	+0.93204	+2.57215	+0.38878
1.25	71°37′11″	+0.31552	+0.94898	+3.00957	+0.33227
1.30	74°29′04″	+0.26750	+0.96356	+3.60210	+0.27762
1.35	77°20′57″	+0.21901	+0.97572	+4.45522	+0.22446
1.40	80°12′51″	+0.16997	+0.98545	+5.79789	+0.17248
1.45	83°04′44″	+0.12050	+0.99271	+8.23810	+0.12138
1.50	85°56′37″	+0.07074	+0.99749	+14.10142	+0.07091
1.55	88°48′30″	+0.02079	+0.99978	+48.07849	+0.02080
1.60	91°40′24″	−0.02920	+0.99957	−34.23254	−0.02921
1.65	94°32′17″	−0.07912	+0.99687	−12.59926	−0.07937
1.70	97°24′10″	−0.12884	+0.99166	−7.69660	−0.12993
1.75	100°16′03″	−0.17825	+0.98399	−5.52038	−0.18115
1.80	103°07′57″	−0.22720	+0.97385	−4.28626	−0.23330
1.85	105°59′50″	−0.27559	+0.96128	−3.48806	−0.28669
1.90	108°51′43″	−0.32329	+0.94630	−2.92710	−0.34163
1.95	111°43′36″	−0.37018	+0.92896	−2.50948	−0.39849
2.00	114°35′30″	−0.41615	+0.90930	−2.18504	−0.45766

付　録

x (ラジアン)	角 α (度)	$\cos x$	$\sin x$	$\tan x$	$\cot x$
2.05	117°27′23″	−0.46107	+0.88736	−1.92456	−0.51960
2.10	120°19′16″	−0.50485	+0.86321	−1.70985	−0.58485
2.15	123°11′09″	−0.54736	+0.83690	−1.52898	−0.65403
2.20	126°03′03″	−0.58850	+0.80850	−1.37382	−0.72790
2.25	128°54′56″	−0.62817	+0.77807	−1.23863	−0.80734
2.30	131°46′49″	−0.66628	+0.74571	−1.11921	−0.89348
2.35	134°38′42″	−0.70271	+0.71147	−1.01247	−0.98769
2.40	137°30′36″	−0.73739	+0.67546	−0.91601	−1.09169
2.45	140°22′29″	−0.77023	+0.63776	−0.82802	−1.20770
2.50	143°14′22″	−0.80114	+0.59847	−0.74702	−1.33865
2.55	146°06′15″	−0.83005	+0.55768	−0.67186	−1.48840
2.60	148°58′08″	−0.85689	+0.51550	−0.60160	−1.66224
2.65	151°50′02″	−0.88158	+0.47203	−0.53544	−1.86764
2.70	154°41′55″	−0.90407	+0.42738	−0.47273	−2.11538
2.75	157°33′48″	−0.92430	+0.38166	−0.41292	−2.42154
2.80	160°25′41″	−0.94222	+0.33499	−0.35553	−2.81270
2.85	163°17′35″	−0.95779	+0.28748	−0.30015	−3.33169
2.90	166°09′28″	−0.97096	+0.23925	−0.24641	−4.05855
2.95	169°01′21″	−0.98170	+0.19042	−0.19397	−5.15538
3.00	171°53′14″	−0.98999	+0.14112	−0.14255	−7.01525
3.05	174°45′08″	−0.99581	+0.09146	−0.09185	−10.88736
3.10	177°37′01″	−0.99914	+0.04158	−0.04162	−24.02885
3.15	180°28′54″	−0.99996	−0.00841	+0.00841	+118.94173
3.20	183°20′47″	−0.99829	−0.05837	+0.05847	+17.10156
3.25	186°12′41″	−0.99413	−0.10820	+0.10883	+9.18830
3.30	189°04′34″	−0.98748	−0.15775	+0.15975	+6.25995
3.35	191°56′47″	−0.97836	−0.20690	+0.21158	+4.72636
3.40	194°48′40″	−0.96680	−0.25554	+0.26442	+3.78185
3.45	197°40′34″	−0.95282	−0.30354	+0.31868	+3.13795
3.50	200°32′27″	−0.93642	−0.35087	+0.37470	+2.66883

検定確定紙

例） サイコロを10回ずつ投げ，その内決めた目の数が出た回数の累計を，投げた総数回で割った商を記入します。10回中，1の目が出た回数が2とすると，確立は 2÷10＝0.2 です。さらに10回投げて1の目が3回でた場合は，(2＋3)÷(10＋10)＝5÷20＝0.25 です。サイコロの目は1から6まであるので，サイコロが正確ならば，確率は1/6≒0.17に向かいます。

また，コインの場合は投げると表か裏のどちらかが出るので，確率は2分の1，つまり0.5(50%)に向かいます。

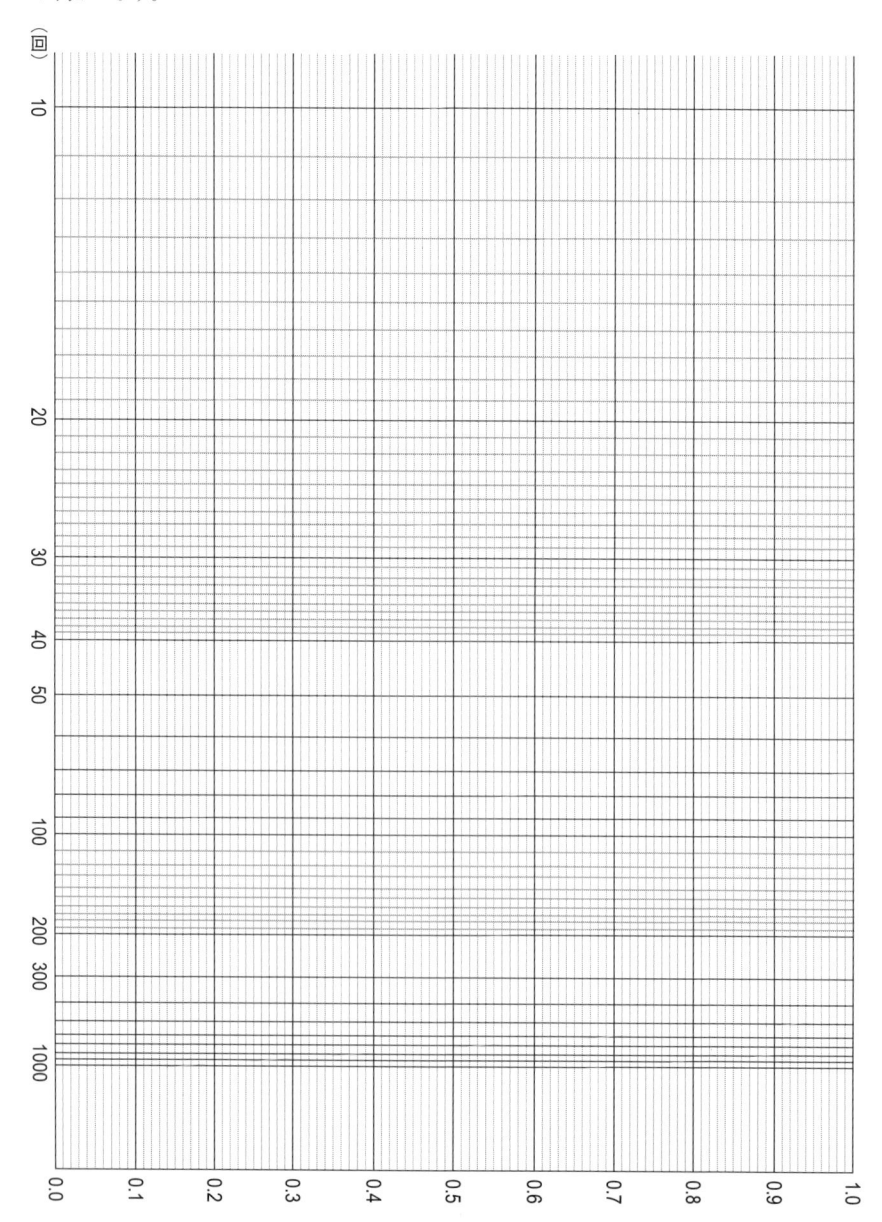

付　録

流行方眼紙

　感染症やファッションの流行など，人数の累計を総人数（流行が終わっていないときは適当に予想した総数）で割った商（単位：％）をグラフに描きます。横軸の目盛りは等間隔ですが，1目盛りを1日，あるいは1週間とします。予想数が大きすぎたり小さすぎたりすると，グラフは上下に湾曲します。グラフがほぼ直線になるように，予想数を修正して計算します。ほぼ直線になった時の数が予想される総人数です。

　例）学校でのインフルエンザの流行の場合：1日目の患者数が3人，二日目の患者数が5人で，予想される総人数を200人とした場合，1日目は3÷200＝0.015（1.5％）2日目は（3＋5）÷200＝8÷200＝0.04（4％）をグラフに記入します。2日目以降は，重複を避けるため新規の欠席人数を加算していきます。

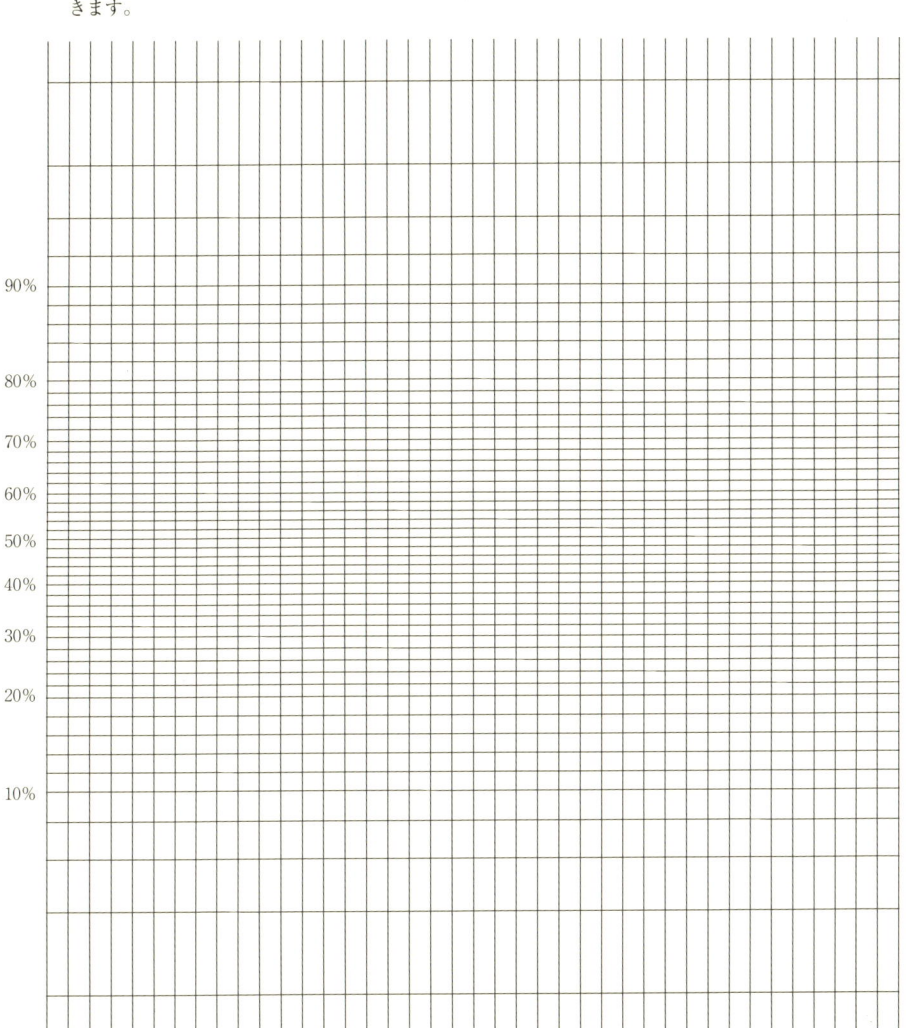

索引

算数・数学用語辞典◉索引

＊[1] 算数を扱う小学校学習内容 [2] 数学を扱う中学校・高等学校学習内容と一般的内容 [3] 人名 [4] 書名の4分野に分け、まとめました。
＊それぞれ、見出し語以外に本文中の語句も収集し、掲載しました。なお、見出し語として収録されている箇所はページ数の書体をボールドにしてあります。
＊本文で空項目として参照が送ってあるものについては⇨で参照先を示してあります。その際、索引の分野をまたぐ場合は、参照先の番号を[ ]で示してあります。

[1] 小学校学習内容

あ
厚さ……**6**
あまり……**6**, 109, 238
アール……**9**
あん算……**12**

い
以下……**12**
以上……**12**
1……**12**
位置の表し方……**15**
一の位……**15**
市松もよう……**15**
1万……**15**
一回転の角……**15**
インド・アラビア数字……**17**

う
植木算……**18**
内のり……**18**, 188

え
円……**22**
円グラフ……**22**
円周……**23**
円周率……**23**
円錐……**23**
円柱……**24**

円の面積……**25**, 221

お
おうぎ形……**27**
億……**27**
帯グラフ……**27**
重さ……**28**, 168
およその数……**28**, 57, 59, 211
折れ線グラフ……**28**
温度……145

か
外項……**29**
概算……**30**
概数……**30**, 87
角……**34**
角すい ⇨角錐[2]
拡大図……**35**
角柱……**35**
角度……**35**, 145, 198
角の大きさ……**35**
角の頂点……**36**
角の辺……**36**
かけ算……**37**
かけられる数……**38**, 61
かける数……**38**, 61
かさ……**38**
かさの単位……**38**
かず……**38**
数（かず）……**38**
かずのせん……**39**

かたち……**39**
括弧……**39**
下底……**40**
仮分数……**41**
かわる量……**42**

き
奇数……**45**
逆数……**48**
球……**49**
曲線……**55**
曲面……**55**
きょり……**56**
切り上げ……**28**, **57**, 168
切り捨て……**28**, **59**, 168
キログラム……**59**
キロメートル……**59**
キロリットル……**59**

く
偶数……**60**
九九……**61**
組み合わせ方……**63**
くらい（位）……15, **63**
グラフ……**64**
くらべられる量……**64**
グラム……**64**
くり上がり……**64**
くり上げる……**64**
くり下がり……**64**
くり下げる……**65**

270

け

けいさん	**65**
計算	**65**
計算のきまり	**65**
計算のじゅんじょ	**65**
けた（桁） ⇨くらい	

こ

後項	**69**
公式	**69**
合同	**70**, 160
公倍数(1)	**70**, 75
公約数(1)	**71**, 76, 225
こたえ	**72**
コンパス	**74**
コンピュータ	**74**

さ

差	**75**
さいころ	**75**
最小公倍数(1)	**75**
最大公約数(1)	**72**, 76
さんかく	**80**
三角形	**80**, 106, 160
三角形の内角の和	**81**
三角形の面積	**81**
三角定規	**81**
三角柱	**81**
算数	**83**
算用数字 ⇨インド・アラビア数字	

し

時（じ）	**85**
しかく	**85**
四角形	**85**
四角柱	**85**
時間	**85**, 184, 196
しき	**86**
しきつめ	**86**
時刻	**86**

四捨五入	28, **87**, 168
時速	**89**, 171
実線	**90**
質量	28, **64**, 152
四辺形	**85**, 111, 122, 178, 200
じゅう	**91**
重力	**28**
縮尺	**93**
縮小	**93**
縮図	**93**
十進記数法	**15**, 18
十進法	**15**, 65, 94
じゅんじょ	**95**
順序数	**95**
商	**95**, 238
定規	**95**, 223
正午	**96**
小数	**96**, 123
小数点	**97**
上底	**97**
しりょう	**99**
資料の整理	**99**
人口密度	**99**
真分数	**100**

す

垂直	**102**, 222
すうじ	**102**
数直線	**104**
図形	**105**
ストマキオン	**105**

せ

正三角形	**106**
整数	**108**
整数の割り算	**108**
正多角形	**109**
正八角形	**110**
正方形	**85**, 111, 210
積	**111**, 237
千	**113**
線	**113**
全円分度器	**114**

線対称	**114**, 123
センチメートル	**115**

そ

測定	**117**
測定値	**117**
側面	**118**
側面積	**118**
そろばん	**120**

た

対応する角	**121**
対応する点	**121**
対応する辺	**122**
対角線	**122**
台形	**85**, 122
台形の面積	**122**
対称	**123**
帯小数	**123**
対称点 ⇨線対称 ⇨点対称	
対称の軸	**123**
対称の中心	**124**
体積	38, **126**, 229, 234, 235
帯分数	41, **127**
多角形	109, **128**
たかさ	**128**
たこ形	**129**
たし算	86, **129**, 247
たてのじく	**129**
たてる	**129**
多面体	**144**
たんい	**131**
単位	**131**
単位あたり	**131**

ち

柱状グラフ ⇨ヒストグラム	
中心	**135**
中心角	**135**
兆	**136**
ちょう点	**136**
頂点	**136**

271

索　引

長方形 ……………85, 122, **136**
直線 ………………… **137**, 174
直方体 ……………………**137**
直角 ………………………**137**
直角三角形 ………………**138**
直径 …………………22, **138**

つ
通分 ………………………**139**

て
定幅曲線 …………………170
底辺 ………………**142**, 237
底面 ………………………**142**
底面積 ……………………**142**
デシリットル ……………**143**
点 …………………………**144**
展開図 ……………………**144**
点線 ………………………**144**
点対称 ……………**123**, **144**

と
度 …………………………**145**
等脚台形 …………………85
等号 ………………………**147**
等分する …………………**149**
トン ………………………**152**

な
内項 ………………………**153**
ながさ ……………………**154**
長さ ………………**145**, **155**
ながしかく ………………**155**
ならす ……………………**156**
並べ方 ……………………**156**

に
二位数 ……………………**156**
二等辺三角形 ……………**160**

の
のこり ……………………**165**
のべ人数 …………………**165**

は
倍 …………………………**166**
倍数 ………………… 70, **166**
はかり ……………………**168**
はかる ……………………**168**
はした・はんぱ …………**168**
端数 ………………………**168**
パーセント ………………**169**
幅 …………………………**170**
パーミル …………………**171**
速さ ……………89, **171**, 184, 197
ばら ………………………**172**
半円 ………………………**172**
半回転の角 ………………**172**
半径 ………………………**172**
番号 ………………………**172**
半直線 ……………………**174**
反比例 ……………………**174**
半分 ………………………**174**
繁分数 ……………………**174**

ひ
比 …………………**175**, 240
ひかれる数 ………………**177**
ひき算 ………………86, **177**
引き算 ………………67, 75
ひく数 ……………………**177**
ひし形 ………………85, **178**
ヒストグラム ……………**178**
ひっ算 ……………………**178**
筆算 ………………………**178**
等しい ……………………**179**
等しい比 …………………**179**
一筆書き ……………44, **179**
比の値 ……………**179**, 187
比の第一用法 ……………**179**
比の第三用法 ……………**180**
比の第二用法 ……………**180**

ひゃく
ひゃく ……………………**183**
百分率 　⇨パーセント
ひょう（表） ……………**184**
秒 …………………………**184**
秒速 ………………………**184**
表面積 ……………………**185**
ひらいた図 ………………**185**
比率 ………………**185**, 249
比例 ………………………**185**
比例式 ……………29, **186**, 153
比例の式 …………………**186**

ふ
分（ぶ） …………………**187**
歩合 ………………………**187**
深さ ………………………**188**
ふたけたの数 ……………**191**
不等号 ……………………**192**
ふん（分） ………………**196**
分子 ………………………**196**
分数 100, 127, 174, **196**, 241, 250
分速 ………………………**197**
分度器 ……………………**198**
分母 ………………………**198**

へ
平均 ………………………**199**
平行 ………………**199**, 222
平行四辺形 ……85, 122, 178, **200**
平行六面体 ………137, 235
平方キロメートル ………**201**
平方センチメートル ……**202**
平方メートル ……………**202**
平面 ………………………**202**
ヘクタール ………………**203**
へん ………………………**205**
辺 …………………………**205**

ほ
方眼紙 ……………………**206**
棒グラフ …………………**207**
補数 　⇨余数

ま

ましかく・・・・・・・・・・・・・・・・・・**210**
ます・・・・・・・・・・・・・・・・・・・・・・・・**211**
まっすぐなせん・・・・・113, 137, **211**
まる・・・・・・・・・・・・・・・・・・・・・・・・**211**
まるめる・・・・・・・・・・・・・・・・・・・**211**
万・・・・・・・・・・・・・・・・・・・・・・・・・・**211**
万進法・・・・・・・・・・・・・・・・15, **211**

み

見上げた角　⇨仰角[2]
道のり・・・・・・・・・171, 184, 197, **212**
密度・・・・・・・・・・・・・・・・・・・・・・・**212**
見取り図・・・・・・・・・・・・・・・・・・**213**
未満・・・・・・・・・・・・・・・・・・・・・・・**213**
ミリグラム・・・・・・・・・・・・・・・・**213**
ミリメートル・・・・・・・・・・・・・・**213**
ミリリットル・・・・・・・・・・・・・・**213**

む

虫くい算・・・・・・・・・・・・・・・・・・**215**
無名数・・・・・・・・・・・・・・・・・・・・**215**

め

名数・・・・・・・・・・・・・・・・・・・・・・・**216**
命数法・・・・・・・・・・・・・・・・・・・・・・15
メートル・・・・・・・・・・・・・・155, **218**
メートル法・・・・・9, 64, 85, 90, 133, 155, **218**, 234
目盛り・・・・・・・・・・・・・・・・・・・・**219**
面・・・・・・・・・・・・・・・・・・・・・・・・・**219**

面積・・・・・・・・・・・・・・・・・・**220**, 221
面積の単位・・・・・・9, 201〜203, 218
面対称・・・・・・・・・・・・・・・・・・・・123
面と辺の平行・・・・・・・・・・・・・**221**
面の垂直・・・・・・・・・・・・・・・・・**222**
面の平行・・・・・・・・・・・・・・・・・**222**

も

文字・・・・・・・・・・・・・・・・・・・・・・・**222**
もとにする量・・・・・・・・・・・・・**223**
もとの数・・・・・・・・・・・・・・・・・**223**
ものさし・・・・・・・・・・・・・・・・・**223**

や

約・・・・・・・・・・・・・・・・・・・・・・・・・**225**
約数・・・・・・・・・・・・・・・・・・・・・・**225**
約分・・・・・・・・・・・・・・・・・・・・・・**225**

ゆ

弓形（ゆみがた）　⇨弓形（きゅうけい）[2]

よ

容積・・・・・・・・・・・・・・・・・・・38, **229**
よこ・・・・・・・・・・・・・・・・・・・・・・**229**
横のじく・・・・・・・・・・・・・・・・・**230**
余数・・・・・・・・・・・・・・・・・・・・・・**230**

り

立体・・・・・・・・・・・・・・・・・・・・・・**234**

リットル・・・・・・・・・・・・・・・・・**234**
立方センチメートル・・・・・・・**235**
立方体・・・・・・・・・・・・・・・・・・・・**235**
立方メートル・・・・・・・・・・・・・**235**
量・・・・・・・・・・・・・・・・・・・・・・・・**236**

る

累加・・・・・・・・・・・・・・・・・・・・・・**237**
累減・・・・・・・・・・・・・・・・・・・・・・**237**

れ

れい（零）・・・・・・・・・・・・・・・・**238**
連分数・・・・・・・・・・・・・・・・・・・・**241**

ろ

六十進法・・・・・・・・・・・・・・170, **243**
六角形・・・・・・・・・・・・・・・・・・・**243**
ローマ数字・・・・・・・・・・・・・・・**244**

わ

和・・・・・・・・・・・・・・・・・・・・129, **247**
割られる数・・・・・・・・・・・・・・・**249**
割・・・・・・・・・・・・・・・・・・・・・・・・**249**
割合・・・・・・・・・・・・・・・・・・・・・・**249**
割り切れる・・・・・・・・・・・・・・・**249**
割り算・・・・・・・・・・・・・・・・・6, **249**
割り進める　⇨割り算
割り進める・・・・・・・・・・・・・・・**250**
割る数　⇨割り算　⇨割られる数

[2] 中学校・高等学校学習内容，一般

あ

明るさ・・・・・・・・・・・・・・・・・・・・・・6
アキレスと亀・・・・・・・・・・・・・・・・6
アークコサイン　⇨逆余弦
アークサイン　⇨逆正弦

アークタンジェント　⇨逆正接
足・・・・・・・・・・・・・・・・・・・・・・・・・・6
値・・・・・・・・・・・・・・・・・・・・・・・・・・6
圧力・・・・・・・・・・・・・・・・**6**, 172, 203
アナログ・・・・・・・・・・・・・・・・・・・・6
余り・・・・・・・・・・・・・・・・・・・・7, 108
余りの定理・・・・・・・・・・・・・・・・・・7

アーメスのパピルス・・・・・・7, 170
アラビア数字　⇨インド・アラビア数字[1]
アラビアの数学・・・・・・・・・・・・・・8
アルキメデスの原理・・・・・・・・・10
アルゴリズム・・・・・・・・・・・・・・・11

索引

い

e ································ **12**, 89
移項 ···································· **12**
位相角 ································ **12**
1元方程式 ··························· **12**
1次関数 ········· **12**, 64, 137, 141
1次結合 ····························· **13**
1次式 ································ **13**
1次従属 ····························· **13**
1次独立 ····························· **13**
1次の項 ····························· **13**
1次不等式 ··························· **13**
1次変換 ····························· **13**
1次変換の合成 ····················· **14**
1次方程式 ··························· **14**
一対一の対応 ······················· **15**
位置ベクトル ······················· **15**
一様分布 ····························· **15**
一般角 ································ **15**
一般項 ································ **16**
緯度 ··································· **16**
移動平均 ····························· **16**
因数 ······························ **16**, 115
因数分解 ························ **16**, 115
インドの数学 ······················· **17**

う

ヴェクトル ⇨ベクトル
上に凹 ⇨下に凸
上に凸 ⇨下に凹
右辺 ································ **18**, 237
裏 ····································· **18**
雨量 ⇨降水量
うるう年（閏年）············· **19**, 86
運動 ································· **19**
運動の公理 ························· **19**
運動の3法則······················· **19**
運動の第1法則···················· **19**
運動の第3法則···················· **20**
運動の第2法則···················· **20**
運動の方程式 ⇨運動の第2法則

え

鋭角 ·································· **20**
鋭角三角形 ························· **20**
エーカー ····························· **20**
エジプトの幾何学················· **20**
x 座標 ····························· **21**
x 軸 ⇨座標軸
エラトステネスの篩·············· **21**
円 ···································· **22**
演繹 ·································· **22**
円関数 ⇨三角関数
遠近法 ······························· **22**
演算 ······························ 11, **22**
演算記号 ····························· **23**
円周角 ·························· **23**, 112
円周率
 ······9, **23**, 58, 119, 134, 166, 248
円順列 ································ **23**
円錐 ·································· **23**
円錐曲線 ························ **24**, 139
円錐面 ···························· **24**, 55
円積曲線 ························· **24**, 35
円積問題 ························· **24**, 78
円積率 ···························· **24**, 99
延長 ···························· **25**, 32, 77
鉛直 ·································· **25**
鉛直線 ······························· **25**
鉛直面 ······························· **25**
円の方程式 ························· **25**
円の面積 ············ 7, 17, 21, **24**, 195

お

オイラー図 ························· **26**
オイラーの多面体定理···· **26**, 44
おうぎ形 ····························· **27**
黄金比 ································ **27**
黄金分割 ····························· **27**
折れ線 ································ **28**
温度 ································· 240

か

解 ································ **29**, 73

外延 ·································· **29**
外延量 ······························· **29**
外角 ·································· **29**
概括 ·································· **29**
階級 ⇨度数
階級値 ⇨度数
開区間 ······························· **29**
階差 ·································· **29**
階差数列 ····························· **30**
概算 ·································· **30**
階乗 ·································· **30**
外心 ·································· **30**
解析 ·································· **30**
解析学 ······························· **30**
外接 ·································· **30**
外接円 ······························· **30**
回転 ·································· **31**
回転移動 ····························· **31**
回転軸 ······························· **31**
回転体 ························ **31**, 170
回転の軸 ⇨回転
概念 ··························· 29, **31**
解伏題之法 ························· **32**
外分する ····························· **32**
開平 ·································· **32**
開立 ·································· **33**
ガウス分布 ···················· **33**, 36
ガウス平面 ························· 189
限りなく近づく ··················· **34**
角 ···································· **34**
角錐 ·································· **35**
角錐台 ······························· **35**
角速度 ······························· **35**
拡大図 ······························· **35**
角の3等分······24, **35**, 58, 77, 119
角の単位 ····························· **35**
角の二等分線 ······················· **36**
確率 ····· **36**, 37, 45, 46, 60, 68, 96,
 114, 125, 147, 149, 150, 157,
 167, 189, 198, 204, 233
確率紙 ······························· **36**
確率分布 ······················ 15, 120
確率変数 ················ 15, **36**, 37, 45
確率密度関数············ 15, **37**, 198
掛け算 ······························· **38**

索　引

加減法 …… 38
仮言命題　⇨命題
数（かず） …… 38
仮数 …… 39
仮説検定 …… 39, 68
加速度 …… 39
片対数方眼紙 …… 39, 88
傾き …… 39
括線 …… 40
割線 …… 40
仮定 …… 40
仮定法 …… 40
カテナリー　⇨懸垂線
過不足算 …… 40
貨幣 …… 41
加法 …… 41
加法定理 …… 42
加法の結合法則 …… 41, 66
加法の交換法則 …… 41
還元算 …… 42
関数 …… 12, 37, **42**, 43, 54, 67, 88, 92, 125, 146, 151, 157, 178, 180, 181, 198, 216, 217, 229, 239, 240
関数がとる値 …… 76, 77
関数関係 …… 121
関数尺 …… 43
関数の値　⇨値
関数のグラフ　⇨関数
関数方程式 …… 43
慣性の法則　⇨運動の第1法則
完全四角形 …… 43
カンデラ …… 43

き

偽 …… 43
幾何学 …… 20, 58, 67, 71, 77, 78, 98, 143, 185, 194, 195, 228, 234, 244
幾何学の歴史 …… 44
棄却域 …… 44
危険率 …… 45
記号代数学 …… 59, 177
基準量　⇨もとにする量[1]

奇順列 …… 45
奇数 …… 45
記数法 …… 64
軌跡 …… 45
基線 …… 45
期待値 …… 45
帰納 …… 45
帰納法 …… 46
帰謬法　⇨背理法
基本確率 …… 46
基本作図 …… 46
基本事象 …… 46, 87
基本単位 …… 47, 227
基本ベクトル …… 47
逆 …… 47
逆関数 …… 47
逆行列 …… 47
逆三角関数 …… 47
逆正弦 …… 48
逆正接 …… 48
逆説 …… 48
逆比 …… 174
既約分数 …… 48
逆余弦 …… 49
逆理　⇨逆説
弓形 …… 49
弓形の角 …… 49
九章算術 …… 49
級数 …… **50**, 147, 149, 202, 210, 214, 215
級数展開 …… 88, 248
球の体積 …… 50
球の表面積 …… 51
共円 …… 51
仰角 …… 51
共線 …… 51
共点 …… 51
行ベクトル …… 51
行列 …… 13, **52**, 111
行列式 …… 32, **52**, 111
行列式の基本法則 …… 53
行列の積 …… 14, 53
行列の和 …… 54
極限値 …… **54**, 79, 180
極座標 …… 54

極小値 …… **55**
極大値 …… **55**
極値 …… **55**
虚数 …… **56**, 90, 189
虚数単位 …… 56
距離 …… **56**, 226
ギリシャの数学 …… 57
近似値 …… 59

く

空間 …… **59**, 228
空間図形 …… 60
空事象 …… 60
空集合 …… 60
偶順列 …… 60
偶数 …… 60
偶然性 …… 60
区間 …… 60
区間縮小法 …… 60
九九の歴史 …… 61
具象 …… 62
区分求積法 …… 62
組合せ …… **62**, 169
組み合わせ …… 63
組立除法 …… 63
雲形定規 …… 63
位　⇨位取り記数法
位取り記数法 …… 64
グラフの方程式 …… 64
グレゴリオ暦 …… 19

け

京 …… **65**
系 …… **65**
計算 …… **65**
形式不易の原理 …… **65**
係数 …… 66
経度 …… 66
結合法則 …… 37, 65, **66**
決定論 …… 66
結論 …… 66
ケーニヒスベルクの橋の問題 …… 66

275

索　引

ケプラーの法則 ……… **67**
元 ……… **67**
弦 ……… **67**
減加法 ……… **67**
減減法 ……… **67**
減号 ……… **67**
言語代数 ……… **67**
検算 ……… **67**
原始関数 ……… **67**, 112, 192
減少の状態 ……… **68**
懸垂線 ……… **68**
検定 ……… **68**
検定確率紙 ……… **68**
原点 ……… **69**, 78
減法 ……… **67**, **69**

こ

弧 ……… **69**, 226, 240
項 ……… **69**
高階の導関数　⇨高次導関数
交角 ……… **69**
交換法則 ……… 37, 65, **69**
公差　⇨等差数列
高次導関数 ……… **70**
高次微分 ……… **70**
降水量 ……… **70**
合成関数の導関数 ……… **70**
合成数 ……… **70**, 119
交線 ……… **70**
肯定命題と否定命題 ……… 217
交点 ……… **70**
光度 ……… **70**
合同 ……… **70**, 80, 117
勾配　⇨傾き
公倍数(1) ……… **70**, 75
公倍数(2) ……… **71**, 76
公比　⇨等比数列
降べきの順 ……… **71**
公約数 ……… 76, 77
公約数(1) ……… **71**, 76
公約数(2) ……… **71**, 77
公理 ……… **71**, 44
互換 ……… **71**
コサイン ……… **72**, 83

コーシーの平均値の定理 ……… **72**
互除法 ……… **72**, 134
弧度 ……… **73**
根 ……… 14, 18, **73**
根元事象　⇨基本事象
根号 ……… **73**
混循環小数 ……… **73**
根と係数との関係 ……… **74**
根の公式 ……… 70, **74**

さ

サイクロイド ……… **75**
最小公倍数(1) ……… **75**
最小公倍数(2) ……… **76**
最小値 ……… **76**
最大公約数(1) ……… **76**
最大公約数(2) ……… **77**
最大値 ……… **77**
最頻値　⇨モード
サイン ……… **77**
作図 ……… 46, **77**
作図題 ……… **77**, 30
作図の公法 ……… **77**
作図不能問題 ……… **77**
差集合 ……… **78**
錯角 ……… **78**
座標 ……… **78**
座標幾何学 ……… 44, **78**, 143
座標系 ……… **79**
座標軸 ……… **79**
座標平面 ……… 64, **79**, 247
差分 ……… **79**
左辺 ……… **79**, 237
左右極限値 ……… **79**
左右微分係数 ……… **79**
左右連続 ……… **79**
算 ……… **79**
三角関数 ……… 42, 47, **80**, 84, 160
三角関数のグラフ ……… **80**
三角形の合同条件 ……… **80**
三角形の相似条件 ……… **81**
三角形の法則 ……… **81**
三角形の面積 ……… **81**
三角錐 ……… **81**

三角比 ……… **82**
三角比の由来 ……… **82**
算術 ……… **83**
算術平均　⇨平均[1]
3乗 ……… **83**
三垂線の定理 ……… **83**
三線座標 ……… **83**
三段論法 ……… 22, **84**, 115
三倍角の公式 ……… **84**
三平方の定理 ……… 17, **84**, 134, 220

し

始域 ……… **85**, 91
四角錐 ……… **85**
式の値 ……… **86**
軸 ……… **86**
シグマ記号 ……… **86**
試行 ……… **86**
子午線 ……… 16, 66, 96, 122
仕事 ……… **86**
事実問題 ……… **86**
事象 ……… 46, **87**, 167, 230
四色問題 ……… **87**
指数(1) ……… **87**
指数(2) ……… **87**
次数 ……… **88**
指数関数 ……… **88**
指数曲線 ……… **88**
指数法則 ……… **88**, 238
始線 ……… **88**
自然数 ……… **88**
自然対数 ……… **89**, 164
自然対数の底 ……… 12, **89**
四則 ……… **89**
下に凹 ……… **89**
下に凸 ……… **90**
実験式 ……… **90**
実数 ……… **90**, 189
実線 ……… **90**
実長 ……… **90**
質量 ……… **90**, 91
質量不変の法則　⇨質量保存則
質量保存則 ……… **91**
指標 ……… **91**

シムソンの定理 …………… 91	剰余 ⇨余り	**せ**
捨象 ………………… 29, 92	常用対数 ……………… 39, 98	
写像 ………………………… 91	剰余の定理 ⇨余りの定理	正 …………………………… 106
斜投影図 ………………… 213	初項 ………………………… 98	正規直交系 ……………… 106
斜辺 ………………………… 91	除数 ………………… 98, 238	正弦 ⇨三角関数
種 …………………………… 91	助変数 ……………………… 98	正割 ………………………… 82
終域 …………………… 91, 92	除法 ………………… 98, 250	正弦曲線 ………………… 106
周期 ………………………… 92	資料 ………………………… 99	正弦定理 ………………… 106
集合 ………………………… 92	ジレンマ …………………… 99	正項 ……………………… 106
重心 ………………… 92, 135	真 …………………………… 99	正号 ……………………… 106
収束 ⇨収束する	塵劫記 ……………………… 99	正三角形 ………… 106, 223
収束する ………………… 93	真数 ⇨対数	整式 ……………………… 107
従属変数 ……………… 42, 151	振動数 …………………… 100	斉次積 ⇨重複（ちょうふく）組
自由度 …………………… 93	振動する ………………… 100	合せ
十分条件 ………………… 93	振幅 ……………………… 100	正四面体 ………………… 107
重力 ……… 25, 90, 92, 133, 168	シンプソンの公式 ……… 100	整除 ………… 107, 237, 250, 251
縮小 ……………………… 93	信頼区間 ………………… 100	整除される ………… 108, 249
縮図 ……………………… 93	真理値 …………… 100, 149, 246	正接 ⇨三角関数 ⇨三角比
樹形図 …………………… 94		正接定理 ………………… 109
種差 ……………………… 94	**す**	正多面体 ………………… 109
首線 ⇨始線		正投影法 ………………… 109
循環小数 …………… 73, 94	推計学 ⇨推測統計学	正二十面体 ⇨正多面体
瞬間速度 ………………… 94	垂心 ……………………… 101	正の項 …………………… 110
準線 ……………………… 95	垂線 ………………… 6, 101	正の数 …………………… 110
順列 …………… 45, 60, 71, 95	推測統計学 ……………… 102	正の符号 ………………… 110
商 ………………………… 95	垂直 ……………………… 102	正の向き ………………… 110
小円 ……………………… 95	垂直二等分線 …………… 102	正の無限大 ……………… 110
消去する ………………… 95	推定 ……………………… 102	正八面体 ⇨正多面体
消去法 …………………… 96	推理 ……………………… 102	正比例 ⇨比例
象限 ……………………… 96	推論 ……………………… 102	成分 ……………………… 111
条件 ………… 40, 45, 93, 96, 217	数（すう）⇨数（かず）	正方行列 ………………… 111
条件付確率 ……………… 96	数学の歴史 ……………… 102	正六面体 ………………… 111
条件つき命題 ……… 40, 217	数値積分 ………………… 104	積事象 …………… 96, 111, 150
正午 ……………………… 96	数ベクトル ……………… 104	積集合 …………………… 111
正子 ……………………… 96	数列 …………… 98, 104, 226	積分 ……………………… 112
小数 ………… 94, 96, 97, 214, 226	数列の極限 ……………… 104	積分学 …………………… 112
消点 ……………………… 97	数列の和 ⇨級数の和	積分定数 ………………… 112
焦点 ⇨楕円 ⇨放物線 ⇨双	スカラー ………………… 105	積分法 …………………… 112
曲線	スカラー積 ……………… 105	接弦定理 ………………… 112
照度 ……………………… 97	スカラー量 ……………… 105	接する ………………… 112
昇べきの順 ……………… 97	ステヴィンの法則 ⇨平行四辺	接線 ……………………… 112
乗法 ……………………… 98	形の法則	絶対値 …………………… 113
乗法の結合法則 ………… 66	ストイケイア ………… 44, 105	接点 ……………………… 113
証明 ……………………… 98	ストマキオン ………… 58, 105	切片 ……………………… 113
正面図 ⇨立面図		ゼノンの逆理 …………… 113

277

索引

ゼロ ⇨零[1]
全確率 … 114
漸化式 … 114
漸近線 … 114
線形代数学 … 114
線形微分方程式 … 114
選言命題 … 101, 217, 245
線織面 … 55
全称命題 … 217, 245
全数調査 … 114
全体集合 … 114
線対称な図形 … 115
全対数方眼紙 ⇨両対数方眼紙
前提 … 115
線分 … 115

そ

素因数 … 115
素因数分解 … 115
層 … 115
増加 … 115
層化抽出法 … 115
増加の状態 … 115
双曲線 … 24, 116
相似 … 81, 93, 116
相似の位置 … 117
相似の中心 ⇨相似の位置
相似比 … 117
相対性理論 … 44, 90, 235
相対度数 … 117
総度数 … 117
増分 … 117
測定値 … 118
測定値の公理 … 118
速度 … 118, 171
速度ベクトル … 118
側面図 … 118
測量 … 118
素数 … 21, 119
ソピステース … 57, 119

た

第1象限 ⇨象限

第1余弦定理 … 121
大円 … 121
対角 … 122
大括弧 … 122
対偶 … 122
台形公式 … 122
大圏コース … 122
第3画法 … 123
第3象限 ⇨象限
対称移動 … 123
対称行列 … 123
対称軸 … 123
対称の中心 … 124
対数 … 98, 124, 230
代数学の歴史 … 124
対数関数 … 125
代数系 … 125
大数の法則 … 125
対数微分法 … 126
対数方眼紙 … 126
代数和 … 126, 129
対頂角 … 126
第2象限 ⇨象限
代入する … 126
代入法 … 127
第2余弦定理 … 127
代表値 … 127
対辺 … 127
第4象限 ⇨象限
楕円 … 24, 127
互いに素 … 128
多角形 … 29
高さ … 129
多項式 … 69, 97, 107, 129
縦 … 129
縦座標 … 129
縦軸 … 129
縦ベクトル ⇨列ベクトル
多胞体 … 130
ダミー・インデックス … 53, 130
多面体 … 26, 130
多面体定理 … 26, 130
単位 … 131
単位行列 … 132
単位点 … 78, 132

単位分数 … 132
単項式 … 69, 107, 132
タンジェント … 83, 132
単称命題 … 217
単振動 … 35, 132
断面 … 132
断面図 … 132

ち

値域 … 132
チェヴァの定理 … 133
力 … 90, 133, 161
置換積分法 … 133
中央値 ⇨メジアン
中国の数学 … 134
抽象 … 29, 91, 134, 216
中心角 … 135
中線 … 135
中点 … 135
中点連結定理 … 135
頂角 … 136
頂点 … 136
重複組合せ … 136
重複順列 … 136
直円錐 … 136
直積 … 136
直接測定 … 137
直線の式 … 137
直線の方程式 … 137
直角二等辺三角形 … 138
直径 … 138
直交弦の定理 … 138
直交する … 138

つ

通径 … 139
月形 … 139
鶴亀算 … 139
つるまき線 ⇨螺線

て

底 ⇨対数

278

定円	140
底角	140
定義	140
定言命題	141, 216
定数	141
定数項	141
定積分	141
定点	142
テイラー展開	142
定理	142
てこの原理	223
デザルグの定理	143
デジタル	143
展開する	144
天元術	144
点線	144
点対称な図形	145
転置行列	145

と

同位角	145
投影図	⇨正投影法
等円	146
等角投影図	146, 213
等確率	33, 150
等加速度運動	146
導関数	70, 146, 158, 181, 238
等脚台形	122, 146
統計	146
動径	146
統計学	146
統計資料	127, 218
統計的確率	147
動径ベクトル	221
等根	147
等差級数	147
等差数列	114, 147
同次	147
等式	147
等式の性質	148
透視図	97, 148
同次積	136, 148
等周問題	148
同心円	149
同側内角	149
同値	149
等比級数	149
等比数列	149, 215
同様に確からしい	149
同類項	150
解く	150
特称命題	150, 217, 245
独立試行	150
独立試行の定理	150
独立事象	150
独立変数	42, 151, 177
度数	117, 151, 238
度数分布	151, 238
凸関数	151
凸多角形	29, 151
ド・モアブルの公式	151
ド・モルガンの法則	151
度量衡	145, 152, 218, 236
トリレンマ	152
トレミーの定理	⇨プトレマイオスの定理
鈍角	152
鈍角三角形	152

な

内角	153
内心	153
内積	153
内接	154
内接円	154
内接多角形	154
内対角	154
内分する	154
内包	154
内包量	154
長さが等しい	155
ナノメートル	155
ナポレオンの定理	155
ナポレオンの問題	156
並数	156

に

二角一対辺の合同	156
二角夾辺の合同	156
2元1次方程式	156
2元1次方程式のグラフ	⇨2元1次方程式
二項係数	157
二項式	157
二項定理	157
二項展開	157
二項分布	157
2次関数	157, 208
2次式	158
2次導関数	158
2次不等式	158
2次方程式	70, 159
二重否定の法則	159
2乗	159
2乗に反比例する	160
2乗に比例する	160
二等分線	160
二倍角の公式	160
二辺夾角の合同	160
二面角	160
二面角の大きさ	161
ニュートン(2)	161
ニュートンの定理	161
ニュートンの方法	162
ニュートン・ライプニッツの定理	162
任意抽出法	⇨無作為抽出法

ぬ

| 抜き取り検査 | 162 |

ね

ネイピア数	89
ネイピアの対数	163
ねじれの位置	164
年	164

の

濃度 ………………………… **164**
ノギス ……………………… **165**
ノット ……………………… **165**

は

場合の数 …………………… **166**
π（パイ）………… 23, 26, **166**
媒介変数　⇨助変数
倍角の公式　⇨二倍角の公式
倍数 ………………… 70, 71, **167**
排中律 ……………………… **167**
排反事象 …………………… **167**
背理法 ……………………… **167**
秤 …………………………… **168**
パスカル(2) ………………… **169**
パスカルの三角形 ………… **169**
パスカルの定理 …………… **169**
破線 ………………………… **169**
発散する …………………… **170**
パッポス・ギュルダンの定理
 …………………………… **170**
パッポスの定理 …………… **170**
母集団 ……………………… 184
パピルス …………………… **170**
バビロニアの数学 ………… **170**
ハミルトン・ケーリーの定理
 …………………………… **171**
パラドックス ……………… **172**
パラメータ　⇨助変数
バール ……………………… **172**
範囲 ………………………… **172**
半角の公式 ………………… **172**
半球 ………………………… **172**
反射律 ……………………… **172**
反数 ………………………… **173**
半対数方眼紙　⇨片対数方眼紙
パンタグラフ ……………… **173**
判断 ………………………… **173**
半直線 ……………………… **174**
反比 ………………………… **174**
反比例 ……………………… **174**
反比例のグラフ …………… **174**

半平面 ……………………… **175**
判別式 ……………………… **175**
万有引力の法則 …………… **175**

ひ

比較 ………………………… **177**
被加数 ……………………… **177**
引き算 ……………………… **177**
引き数 ……………………… **177**
微係数　⇨微分係数
被減数　⇨ひかれる数[1]
比重 ………………………… **178**
被乗数　⇨かけられる数[1]
微小変化 …………………… **178**
被除数　⇨割られる数[1]
ヒストグラム ……………… **178**
微積分学 …………… 161, **178**
被積分関数 ………………… **178**
ピタゴラス数　⇨ピュタゴラス数
ピタゴラスの定理　⇨三平方の定理
左側で連続　⇨左方連続
左極限　⇨左方極限値
必要十分条件 ……………… **178**
必要条件 …………………… **179**
否定命題 …………… 159, 245
一筆書き …………… 66, **179**
微分 ………………………… **180**
微分学 ……………………… **180**
微分係数 …………………… **180**
微分商 ……………………… **181**
微分する …………………… **181**
微分積分学　⇨微積分学
微分積分学の基本定理 …… **181**
微分法 ……………………… **181**
微分方程式 ………………… **181**
微分方程式の一般解 ……… **181**
微分方程式の解 …………… **182**
微分方程式の特異解 ……… **182**
微分法の基本公式 ………… **182**
ヒポクラテスの定理 ……… **183**
ピュタゴラス数 …………… **184**
標準偏差 …………………… **184**

標本 ………………… **184**, 215, 233
標本抽出法 ………………… **184**
標本調査 …………………… 163
開く ………………………… **185**
比例 ………………………… **185**
比例定数　⇨比例　⇨反比例
比例のグラフ ……………… **186**
比例配分 …………………… **186**

ふ

負 …………………………… **187**
フィボナッチ数列 …… 114, **187**
フェルマー点 ……………… **188**
フェルマーの定理 ………… **188**
俯角 ………………………… **188**
複確率 ……………………… **189**
複号 ………………………… **189**
複事象 …………… 96, 114, 150, **189**
副尺 ………………… 165, **189**
複素数 ……………… 33, **189**
複素数の四則 ……………… **189**
複素平面 …………………… **189**
含む ………………………… **190**
負項 ………………………… **190**
符号 ………………………… **190**
負号 ………………………… **190**
不合理 ……………………… **190**
負数 ………………………… **191**
フックの法則 ……………… **191**
不定 ………………………… **191**
不定形 ……………………… **191**
不定元　⇨元
不定積分 …………………… **191**
不定方程式 ………… 17, 59, **192**
不等式 ……………… 13, 158, **192**, 241
不等式の基本性質 ………… **193**
プトレマイオスの定理 …… **193**
負の項　⇨負項
負の符号　⇨負号
負の方向　⇨負の向き
負の向き …………………… **194**
負の無限小 ………………… **194**
負の無限大 ………………… **194**
部分集合 …………………… **194**

索 引

部分積分法 …………… 194
プラス ………………… 194
ブラフマーグプタの公式 …… 195
ブラフマーグプタの定理 …… 195
フリー・インデックス ⇨ダミー・インデックス
負領域 ………………… 195
不連続 ………………… 196
フレンチ・カーブ ……… 196
分散 …………………… 196
分数の四則 …………… 196
分数方程式 …………… 197
分銅 …………………… 198
分配法則 ……… 37, 41, 65, 198
分布関数 ……………… 198
分母の有理化 ………… 198
分母を払う …………… 198
分離量 ………………… 198
分類 ………… 91, 94, 198, 237

へ

平角 …………………… 198
平画面 ………………… 199
平均値 ………………… 199
平均値の定理 ………… 199
平均の速さ …………… 199
平均変化率 …………… 199
閉区間 ………………… 199
平行 …………………… 199
平行移動 ……………… 200
平行四辺形 …………… 200
平行四辺形の条件 …… 201
平行四辺形の法則 …… 201
平行線の公理 …… 201, 228
平行六面体 …………… 201
平方 …………………… 201
平方根 ………… 18, 32, 185, 201
平方根の近似値 ……… 201
平面図 ………………… 202
平面図形 ……………… 202
平面の決定 …………… 202
べき級数 ……………… 202
ヘクトパスカル ……… 203
ベクトル ………… 15, 81, 203

ベクトル空間 …… 114, 204
ベクトル積 …………… 204
ベクトル方程式 ……… 204
ベクトル量 …… 203, 204
ベズーの定理 ………… 204
ヘッセの公式 ………… 204
ベルヌーイの定理 …… 204
ヘロンの公式 ………… 205
辺 ……………………… 205
変位 …………………… 205
変域 …………………… 205
偏角 …………………… 205
変化の割合 ⇨変化率
変化率 ………………… 205
変曲点 ………………… 205
変数 …………………… 205
変数分離型 …………… 206

ほ

包含除 ………………… 206
方向 …………………… 207
方向角 ………………… 207
傍心 …………………… 207
傍接円 ………………… 207
法線 …………………… 207
方程式 …… 12, 14, 124, 125, 156, 159, 192, **207**, 212, 216, 241, 242
方程式のグラフ ……… 208
方程式を解く ………… 208
放物線 …… 24, 157, 208
方べき ………………… 208
方べきの定理 ………… 208
補角 …………………… 209
補集合 ………………… 209
母集団 ………………… 209
補助線 ………………… 209
母数 …………………… 209
母線 …………………… 209

ま

マイクロメーター …… 210
マイナス ……………… 210

巻尺 …………………… 210
マクローリン級数 …… 210
マクローリン展開 …… 210
魔方陣 ………………… 211
万進法 …………… 15, 65, 211
満足する ……………… 212

み

右側極限値 …………… 212
右側で連続 …………… 212
ミクロン ……………… 212
満たす ………………… 212
未知数 ………… 67, 212
導く …………………… 212
未定係数法 …………… 213
ミリバール …………… 213

む

無縁根 …………… 213, 216
向き …………… 207, 213
無限級数 ………… 86, 93, 214
無限級数の値 ⇨無限級数
無限小 ……… 34, 93, 194, 214
無限小数 ………… 214, 216
無限数列 ……………… 214
無限大 ………… 110, 214, 194
無限等比級数 ………… 215
無限等比数列 ………… 215
無作為抽出法 ………… 215
矛盾 …………………… 215
結び …………………… 215
無理関数 ……………… 216
無理式 ………………… 216
無理数 …………… 216, 227
無理方程式 …………… 216

め

命題 …………………… 216
命題関数 ……………… 217
命題値 ………………… 218
命題の裏 ……………… 19
メガ …………………… 218

索引

め

メジアン ……………… **218**
メスシリンダー ……… **218**
メディアン ⇨メジアン
メートル法 …… 47, 85, 133
メネラオスの定理 …… **219**
面積速度 ……………… **221**
面積の単位
　………… 9, 20, 201〜203, 218

も

濛気差 ………………… **222**
文字式 ………………… **222**
文字の値 ……………… **222**
モスクワ・パピルス
　………………… 21, 170, **222**
モード ………………… **223**
モーメント …………… **223**
モーリーの定理 ……… **223**

や

約数 …………………… 71, **225**

ゆ

有界 …………………… **225**
優角 …………………… **225**
有限小数 ………… **226**, 249
有限数列 ……………… **226**
優弧 …………………… **226**
有向距離 ……………… **226**
有効数字 ……………… **227**
誘導単位 ……………… **227**
有理化 ………………… **227**
有理数 ……………… 216, **227**
U型分布 ……………… **227**
ユークリッド幾何学 … 44, **228**
ユークリッド空間
　…………… 44, 60, 71, **228**
ユークリッドの互除法 ⇨互除法
弓形（ゆみがた）の角 ⇨弓形（きゅうけい）の角

よ

陽関数 ………………… **229**
洋算 ……………… **229**, 247
要素 …………………… **229**
余角 …………………… **229**
余割 …………………… **229**
余弦 …………… 80, 82, **229**
余弦定理 ⇨第1余弦定理, ⇨第2余弦定理
横座標 ………………… **230**
横ベクトル ⇨行ベクトル
余事象 ………………… **230**
余集合 ⇨補集合
余接 …………………… 82, **230**
余対数 ………………… **230**
四色問題（よんしょくもんだい）
　⇨四色問題（ししょくもんだい）

ら

ライプニッツの定理 … **231**
落体の運動 …………… **231**
ラジアン ⇨弧度
螺旋 …………………… **233**
ラディアン ⇨弧度
乱数 …………………215, **233**
乱数さい ……………… **233**
乱数表 ………………… **233**

り

リサジューの曲線 …… **233**
離散型確率変数 ……… **234**
離心率 ………… 55, **234**
率 ……………………… **234**
立画面 ………………… **234**
立式 …………………… **234**
立体幾何学 …………… **234**
立方 …………………… **234**
立方根 …………… 18, 33, **235**
立方体倍積問題 …… 77, **235**
立面図 ………………… **235**
リーマン幾何学 ……… 44
リーマン空間 ……… 71, **235**

略語代数学 …………… 177
流行方眼紙 ……… **235**, 244
流通座標 ……………… **236**
量 ……………………… 240
領域 …………………… **236**
両対数方眼紙 ………… **236**
量の加合 ……………… **237**
量の相等 ……………… **237**
両辺 …………………… **237**
輪環の順 ……………… **237**
リンドのパピルス ⇨アーメスのパピルス
隣辺 …………………… **237**

る

類 ……………………… **237**
累次微分法 …………… **238**
累乗 …………………… **238**
累乗根 ………………… **238**
累乗の指数 …… 87, 88, 124, **238**
類推 …………………… **238**
累積相対度数 … 36, 198, **238**
累積度数 ………… **235**, **238**
ルート ⇨根号

れ

零行列 ………………… **239**
零点 …………………… **239**
零ベクトル …………… **240**
列 ……………………… **240**
劣角 …………………… **240**
劣弧 …………………… **240**
列氏 …………………… **240**
列ベクトル …………… **240**
連結 …………………… **240**
連言命題 …… 101, 217, 245
連続 ⇨連続関数
連続関数 ……………… **240**
連続量 ………………… **240**
連比 …………………… **240**
連比例 ………………… **241**
連立1次方程式 ……… 38
連立2次方程式 ……… **241**

連立不等式 ……… **241**	論証幾何学 ……… 44, **244**	y 軸 ……… **247**
連立方程式 ……… 96, **242**	論理 ……… **245**	y 切片 ……… **247**
	論理演算 ……… **245**	和差算 ……… **247**
ろ	論理記号 ……… **245**	和算 ……… 229, **247**
	論理積 ……… **245**	和算家 ……… 32, 124, 222, 230
ロジスティック曲線 …… 235, **243**	論理法則 ……… **246**	和集合 ……… **248**
ロバチェフスキー幾何学 …… 44	論理和 ……… **246**	和積定理・差積定理 …… **249**
ロバチェフスキー空間 ……… 71		割り切れる ……… **249**
ロールの定理 ……… **244**	**わ**	割り算 ……… **251**
論拠 ……… **244**		割り算の記号 ……… **251**
論証 ⇨証明	y 座標 ……… **247**	

[3] 人名索引

あ

アアフ・メス ……… 7	
会田安明 ……… 124, 248	
アインシュタイン ……… 44, 52, 53, 60, 90, 235	
安島直円 ……… 248	
アポロニウス ……… 59	
アーメス ……… 7	
アリスタルコス ……… 8	
アリストテレス ……… 8, 57, 58	
アルキメデス ……… **9**, 50, 58, 105	
アルキュタス ……… **11**, 184, 235	
アル・キンディー ……… 8	
アル・コワリズミ ⇨アル・フワーリズミー	
アルフレッド・ブレイ・ケンプ ……… 87	
アル・フワーリズミー ……… 8, **11**, 73, 124	
アル・マムーン ……… 8	
アールヤバタ ……… 17, 82	
アンティフォン ……… 120	
アンドリュー・ワイルズ ……… 188

い

う

ヴィエト ⇨ビエタ
ウィリアム・オートレッド …… 75
ウイリアム・ジョーンズ 26, 166

ヴェッセル ……… 189
ヴォルフガング・ハーケン …87
内田五観 ……… 248

え

エウクレイデス ⇨ユークリッド
エウデモス ……… 58
エウドクソス ……… 58
エドムント・ハレー ……… 147
榎並和澄 ……… 248
エラトステネス ……… 9, **21**

お

オイラー ……… **26**, 66, 166

か

カール・ピアソン ……… 147, 209
ガウス ……… **33**, 190
ガリレオ ……… 20, **42**, 50, 90, 161
ガルトン ……… 176

き

ギュルダン ……… 170

く

クシランダー ……… 97

け

ケトレー ……… **66**, 147
ケネス・アッペル ……… 87
ケプラー ……… 67

こ

ゴウタマシッダルタ ……… 239
コーシー ……… 72
ゴットフリート・アッヘンヴァル ……… 146

し

シムソン ……… 91
朱世傑 ……… 134, 247
徐光啓 ……… **98**, 105, 134
ジョン・ウォリス ……… 97
ジョン・コッホ ……… 87
シンプソン ……… 100

せ

関孝和 ……… 53, 32, **111**, 248
ゼノン ……… **6**, 48, 57, 113

283

索　引

銭宝琮 ……………………… 62

そ
祖沖之 ……………… 134, **119**

た
建部賢弘 …………………… 248
タレス ………………… 57, **131**

ち
チェヴァ …………………… 133

つ
ツェノン　⇨ゼノンの逆理

て
テアイテトス ……………… 58
ディオファントス ………… 125
ティコ・ブラーエ ………… 67
テイラー …………………… 142
程大位 ……………… 230, 247
デカルト …… 20, 44, 78, **142**, 206
デザルグ …………………… **143**

と
ド・モアブル ……………… 151
ド・モルガン ………… 87, 151
トーマス・フレンチ …… 63, 196
トレミー ……………… **152**, 193

な
ナポレオン ………… 155, 156

に
ニーダム …………………… 239
ニュートン
　………… 19, 20, 67, **161**, 175, 251

ね
ネイピア …………… 97, **163**

は
パーシー・ヒーウッド …… 87
バスカラⅡ世 ……………… 18
パスカル ……… 143, **168**, 169
パッポス …………………… 170
ハンケル …………………… 66

ひ
ピアソン …………… 176, **176**
ビエタ ……………… 125, **177**
ピサのレオナルド　⇨フィボナッチ
ピタゴラス　⇨ピュタゴラス
ヒッパルコス ……………… 82
ヒッピアス ………… 24, 35, 119
ヒポクラテス（キオスの）57, **182**
ピュタゴラス ……… 57, 84, **183**
ヒルベルト ………… 44, **185**

ふ
フィボナッチ ……… **187**, 239
フェルマー ………… **187**, 188
フック ……………………… 191
プトレマイオス …… 8, 82, **193**
プラトン ………… 57, 58, 120, **194**
ブラフマーグプタ … 17, **194**, 239
フランシス・ガスリー …… 87
ブリュソン ………………… **195**
プロクロス …………… 57, 58

へ
ヘッセ ……………………… 204
ヘロドトス ………………… 20
ヘロン …………… 81, 202, **205**

ほ
ポアンカレ ………………… 206

ま
マクローリン ……… 203, 210
松永良弼 …………… **211**, 248
マテオリッチ ………… 98, 105
マルティン・シュマイツェル
　…………………………… 146

め
メネラオス ………………… 219

も
毛利重能 ………… **222**, 230, 248
モーリー …………………… 223

や
ヤコブ・ベルヌーイ
　…………………… 126, 150, 205
柳川春三 …………………… 247

ゆ
ユークリッド
　…………… 8, 44, 98, 105, **228**

よ
吉田光由 …… 24, 99, 111, **230**, 248

ら
ライプニッツ … **231**, 248, 251, 67

り
リサジュー ………………… 233
リーマン …………… 44, 71, 235
李治 ………………………… 144

劉徽 …………………51, 80, 134
リンド ………………………7

ロバチェフスキー ………44, 71
ロール ………………………244

わ
和田寧 ………………………248

[4] 書名索引

あ
アーメスのパピルス ………7
『アルマゲスト』 ………82, 193
『アールヤバティーヤ』 …17, 82

え
『円錐曲線試論』 ……………168
『円錐曲線論』（アポロニウス）…59
『円錐曲線論』（ユークリッド）
　…………………………228
『円錐体と球状体について』 …9
『円の測定』 ……………9, 58

お
『驚くべき対数の規則の構成』
　…………………………163
『重さと軽さについて』 ……228
『音楽原論』 …………………228

か
『開元占経』 …………………239
『解伏題之法』 ………32, 111
『科学概論』 …………………176

き
『幾何学』 ……………………79
『幾何原本』 …………98, 105, 134
『幾何学の基礎』 ……………44
『帰源整法』 …………………211
『九章算術』 …………49, 80, 84, 103, 134, 207, 220, 242
『球と円柱について』 …9, 58

『窮理通』 ……………………219
『曲面軌跡論』 ………………228

け
『計算の書』 …………………187
『計算の本』 …………………239
『弦の表』 ……………………82
『原論』 ⇨ストイケイア

こ
『光学』 ………………………228
『誤謬推理論』 ………………228

さ
『算学啓蒙』 …………62, 134, 247
『算術』 ………………………125
『算法統宗』 …………………247
『参両録』 ……………………248

し
『自然の弁証法』 ……………206
『シッダーンタ・シロマニ』 …18
『緝古算経』 …………………134
『周髀』 ………………………145
『シュルバスートラ』 ………17
『塵劫記』 ……………99, 111, 248
『新編塵劫記』 ………………248

す
『数学原論』 …………………185
『数学の基礎』 ………………185
『図形分割論』 ………………228
『ストイケイア』

　………………44, 58, 98, **105**, 228
『ストマキオン』 ……9, 58, **105**
『砂粒を数えるもの』 ……9, 58

そ
『測円海鏡』 …………………144

た
『代数学』 ……………………97
『対数の驚くべき規則の叙述』 97
『太陽と月の大きさと距離について』 ………………8, 58
『綴術算経』 …………………248

て
『デドメナ』 …………………228
『天秤について』 ……………228
『天文現象論』 ………………228

に
『人間とその諸能力の発達について―社会物理学試論―』 66

は
『発微算法』 …………………111
『反射光学』 …………………228

ひ
『ビージャガニタ』 …………18
『ヒシャブ・アルジャブル・ワルムカバラ』 ……………11

索引

ふ
『浮体について』 ……………9
『ブラーフマスプタ・シッダーンタ』 ……………17, 239

へ
『平面板の釣り合いについて』 9

ほ
『方円算経』 ……………211, 248
『放物線の求積』 ……………9, 58
『方法』 ……………9, 58
『方法序説』 ……………79, 143
『ポリスマタ』 ……………228

む
『無限解析序説』 ……………26

も
モスクワ・パピルス……………**222**

よ
『洋算用法』 ……………247

ら
『螺旋について』 ……………9

り
『理性を正しく導き，諸学問において真理を求めるための話，およびこの方法の試論である光学，気象学，幾何学』
……………79, 143, 206
『リーラーバーティー』 ………18

れ
『歴史』 ……………20

わ
『割算書』 ……………248

【図版協力・出典一覧】
p.9　シラクサの遺跡／写真提供：佐々木なおみ
p.11　『ヒシャブ・アルジャブル・ワルムカバラ』／中村滋著『数学の花束』岩波書店　2008
　　　p.231より転載
p.32　「解伏題之法」　行列式／『関流算法五部之書』より　早稲田大学図書館所蔵
p.111　関孝和像／(財)高樹会蔵　射水市新湊博物館保管
p.120　ローマそろばん／写真提供：トモエ算盤株式会社

〔編著者略歴〕

武藤　徹（むとう　とおる）
1925年神戸市生まれ。数学者。1947年東京帝國大学理学部数学科卒業。1947年東京都立第四中学校（現都立戸山高等学校）に赴任。「理数教育研究会」「科学教育研究協議会」設立などに参加。ＮＨＫ教育テレビ「高校数学講座」初代講師。1986年都立戸山高等学校定年退職。現在も現役の高校，大学教師と数学ゼミを定期的に開いている。著書に『算数教育をひらく』（大月書店），『数学読本Ⅰ・Ⅱ・Ⅲ』（三省堂），『武藤徹著作集』全5巻（合同出版），『新しい数学の教科書　発想力をのばす中学数学』全2巻（文一総合出版）ほか。

三浦基弘（みうら　もとひろ）
1943年旭川市生まれ。大東文化大学講師。1965年東北大学工業教員養成所卒。1996年東京都立大学大学院工学研究科博士課程単位取得退学。1965年東京都立小石川工業高等学校に赴任。ＮＨＫ教育テレビ「高校生の科学　物理」講師，「エネルギーの科学」講師。地域で20年間，夏休みに「算数・数学教室」を開く。2004年東京都立田無工業高等学校定年退職。著書に『物理の学校』（東京図書），『楽しい科学』（東京図書），『話題源　数学』（分担執筆，東京法令出版），『光弾性実験構造解析』（共著　日刊工業新聞社）ほか。

装　　丁　中島かほる
図版作成　関根惠子

算数・数学用語辞典	2010年 6月30日　初版発行
	2010年12月15日　再版発行

編著者	武藤　徹　三浦基弘
発行者	松林孝至
印刷所	㈱フォレスト
製　本	渡辺製本㈱
発行所	㈱東京堂出版
	〒101-0051　東京都千代田区神田神保町1-17
	電話03-3233-3741　振替00130-7-270

©2010 MUTOH Tohru, MIURA Motohiro
Printed in Japan
ISBN978-4-490-10780-7 C0541

東京堂出版の本

価格は税込みです。

算数が大好きになる事典　　上野富美夫編　A5判　210頁　1995円
◎算数を楽しく学んで，数学も好きになろう。楽しく学べるように工夫された、長年の授業経験を持つ編者による楽しい算数の話題63種。

算数パズル事典　　　　　　上野富美夫編　A5判　180頁　2310円
◎パズルなら，算数が苦手でも楽しく取り組める。算数への興味がわいてくる，さまざまなパズルの問題と解答を体系的に紹介。

数学パズル事典　　　　　　上野富美夫編　A5判　234頁　2310円
◎数学パズルの代表的な問題と解答を紹介。数字パズル・図形パズル・推理パズルなど190のパズルを収録。楽しみながら数学的思考が高まる。

日常の数学事典　　　　　　上野富美夫編　A5判　282頁　2940円
◎私たちの身の回りの事柄には，数学の目で見てみると，その原理や謎がわかるものが多い。そんな日常生活と数学の関係を楽しく解説。

数学マジック事典　　　　　上野富美夫編　A5判　210頁　2310円
◎数学の美にトリックという娯楽を加えた数学マジック。奇術と魔術と数学的思考が大きな楽しみを生む，数学マジック館。

日常の化学事典　　　　　　左巻健男監修・山田洋一・吉田安規良編
　　　　　　　　　　　　　　　　　　　　　　A5判　368頁　2940円
◎日常生活の中で興味・関心を持つテーマを約110採録し，身近な疑問に化学の視点からQ＆A方式で答える読み物事典。

日常の物理事典　　　　　　近角聡信著　A5判　342頁　2940円
◎圧力鍋はなぜ早く煮える？　ブーメランはなぜもどる？　台所や乗り物など，身近な物理現象をわかり易く解説。中学生・高校生の理科教育に。

続　日常の物理事典　　　　近角聡信著　A5判　326頁　2940円
◎好評の『日常の物理事典』第2弾。続編ではローストビーフの熱伝導、イチローの振り子打法，地下鉄が運ぶ空気の量など，143項目を収録。